Rückstellungen bilden, auflösen und buchen

Michele Schwirkslies

Rückstellungen bilden, auflösen und buchen

in Handels- und Steuerbilanz

2. aktualisierte und überarbeitete Auflage

Haufe Group
Freiburg · München · Stuttgart

Bibliografische Information der Deutschen Nationalbibliothek

Die Deutsche Nationalbibliothek verzeichnet diese Publikation in der Deutschen Nationalbibliografie; detaillierte bibliografische Daten sind im Internet über http://dnb.dnb.de/ abrufbar.

Print:	ISBN 978-3-648-17816-4	Bestell-Nr. 11031-0002
ePub:	ISBN 978-3-648-17818-8	Bestell-Nr. 11031-0100
ePDF:	ISBN 978-3-648-17817-1	Bestell-Nr. 11031-0151

Michele Schwirkslies
Rückstellungen bilden, auflösen und buchen
2. aktualisierte und überarbeitete Auflage, August 2024

www.haufe.de
info@haufe.de

Bildnachweis (Cover): © everythingpossible, iStock

Produktmanagement: Dipl.-Kfm. Kathrin Menzel-Salpietro
Lektorat: Helmut Haunreiter

Inhaltsverzeichnis

1 Einführung

Wie bildet man eine Rückstellung für Garantieverpflichtungen? Was ist bei der Ansammlungsrückstellung zu beachten? Wie bildet und bewertet man Rückstellungen für Abbruchkosten? Wie ermittelt man steuerrechtliche Rückstellungen dem Grunde und der Höhe nach? Welche Voraussetzungen müssen vorliegen, damit man eine Rückstellung für Prozesskosten bilden kann? Löst man Rückstellungen besser erfolgswirksam auf oder nicht? Wann bietet sich die Auflösung von Rückstellungen an?

All diese Fragen stellen sich Mitarbeiter von Steuer- und Wirtschaftsprüfungskanzleien, in Rechnungswesenabteilungen, aber auch Steuerberater im Rahmen der jährlichen Jahresabschlusserstellung. Rückstellungen bilden nach einer Statistik der Deutschen Bundesbank im Durchschnitt ca. 20–22 % der Bilanzsumme, sodass es sich um eine Position in der Bilanz handelt, die eine wesentliche Auswirkung auf das Jahresergebnis hat. Diese Auswirkung der Rückstellungen gewinnt noch an Bedeutung, weil mit deren Bildung oder Auflösung eine Steuerungswirkung verbunden ist. Das Bilden von Rückstellungen führt zu Aufwand, die Auflösung kann dagegen entweder erfolgsneutral oder gewinnerhöhend erfolgen. Unter welchen Voraussetzungen und in welcher Höhe Rückstellungen gebildet werden können, hängt von zahlreichen Sachverhalten ab. Hinzu kommt, dass die Rechtsprechung diese Sachverhalte nicht nur stetig konkretisiert, sondern das gesamte Thema auch neu überdenkt und weiterentwickelt.

Mit dem Bilanzrechtsmodernisierungsgesetz (BilMoG), das am 29.5.2009 in Kraft getreten ist, hat der Gesetzgeber umfangreiche Änderungen bei den Ansatz- und Bewertungsvorschriften für Rückstellungen vorgenommen, die auch heute noch die Basis für die Bildung von Rückstellungen dem Grunde und der Höhe nach darstellen. Ziel des Gesetzgebers war es, die deutschen Rechnungslegungsstandards mit dem BilMoG an den internationalen Rechnungslegungsstandard anzupassen. So wurde unter anderem § 249 Abs. 2 HGB a. F. abgeschafft, wodurch Aufwandsrückstellungen in den Jahresabschlüssen, deren Geschäftsjahre nach dem 31.12.2009 begannen, nicht mehr gebildet werden konnten. Gewinnsprünge können seither nicht mehr durch das Bilden von Aufwandsrückstellungen geglättet werden. Ein Vorteil der Streichung des § 249 Abs. 2 HGB a. F. besteht aber in der besseren Vergleichbarkeit der Informationen, die sich aus dem Jahresabschluss ergeben. In § 249 Abs. 2 HGB n. F. steht nun, dass Rückstellungen für andere als in § 249 Abs. 1 HGB bezeichneten Zwecke nicht gebildet werden dürfen. Weiterhin wurde mit dem BilMoG festgelegt, dass Rückstellungen mit dem Erfüllungsbetrag, der sich nach vernünftiger kaufmännischer Beurteilung ergibt, zu bewerten sind. Das heißt, dass die künftigen Preis- und Kostensteigerungen in die Bewertung der Rückstellungen mit einzubeziehen sind. Das gilt jedoch nur für das HGB, im Rahmen der steuerrechtlichen Bewertung von Rückstellungen bleiben künftige Preis- und Kostensteigerungen nach § 6 Abs. 1 Nr. 3a Buchstabe f EStG weiterhin unberücksichtigt.

Weiterhin sind seit der Änderung durch das BilMoG alle Rückstellungen mit einer Restlaufzeit von über einem Jahr abzuzinsen (§ 253 Abs. 2 HGB). Der hierfür zu verwendende Zinssatz wird von der Deutschen Bundesbank auf Basis der vergangenen sieben Jahre ermittelt und monatlich veröffentlicht. Sowohl die Berücksichtigung künftiger Preis- und Kostensteigerungen als auch die Abzinsung führen zu einer Bilanzierung der annähernd tatsächlichen Kostenverhältnisse und werden damit der Bewertung zum Erfüllungsbetrag gerecht. Die Abzinsung im Steuerrecht ist im Unterschied zum Handelsrecht gesetzlich mit einem Zinssatz von 5,5% fixiert (§ 6 Abs. 1 Nr. 3a Buchstabe e EStG). Die Abweichung der Abzinsungssätze führt im Ergebnis dazu, dass der Handels- und der Steuerbilanzansatz voneinander abweichen.

Durch das Vierte Corona-Steuerhilfegesetz wurde die Abzinsung von Verbindlichkeiten mit 5,5% aufgehoben. Dies galt aber nicht für Rückstellungen. Seit der Abschaffung der Abzinsung von Verbindlichkeiten ist jedoch die Diskussion entstanden, auch für die Rückstellungen die Abzinsung abzuschaffen. Zum Zeitpunkt der Veröffentlichung war jedoch nicht mit einer Gesetzesänderung hierzu zu rechnen.

Zu wesentlichen Änderungen durch das BilMoG kam es auch in Bezug auf die Bewertungsmethode bei den handelsrechtlichen Pensionsrückstellungen. Genaueres hierzu finden Sie in Kapitel 6.18.

Dieses Buch wird Ihnen dabei helfen, Rückstellungen dem Grunde und der Höhe nach sowohl gemäß den handelsrechtlichen als auch den steuerrechtlichen Vorschriften richtig bilden, auflösen und buchen zu können. Zahlreiche begleitende Beispiele mit den dazugehörenden Buchungen veranschaulichen, wie sich die gesetzlichen Vorgaben korrekt in die Praxis umsetzen lassen.

2 Einordnung der Rückstellungen in das Bilanzbild

Das Vollständigkeitsgebot des § 246 Abs. 1 Satz 1 HGB besagt, dass der Jahresabschluss sämtliche Vermögensgegenstände, **Schulden**, Rechnungsabgrenzungsposten sowie Aufwendungen und Erträge zu enthalten hat, soweit gesetzlich nichts anderes bestimmt ist. Der Begriff der Schulden ist wiederrum der Oberbegriff für Verbindlichkeiten und Rückstellungen.

Bilanzrechtlich ist die Schuld, also die Verbindlichkeit und die Rückstellung, die Verpflichtung zum Erbringen einer Leistung gegenüber einem Dritten, durch die das Unternehmen eine wirtschaftliche Belastung erfährt. Ist die Schuld dem Grunde und der Höhe nach explizit qualifizierbar, handelt es sich um eine Verbindlichkeit. Hat man es mit einer Verpflichtung zu tun, die dem Grunde und/oder der Höhe nach ungewiss ist, spricht man von einer Rückstellung. Rückstellungen gehören als Passivposten in der Bilanz zum Fremdkapital.

Für die steuerrechtliche Definition einer Rückstellung kommen folgende weitere Merkmale hinzu:

- wirtschaftliche Verursachung bis zum Bilanzstichtag,
- betriebliche Veranlassung,
- tatsächliche Erfüllungspflicht – »es muss mehr für eine Inanspruchnahme des Unternehmers aus einer Verpflichtung sprechen als dagegen«,
- »Kennenmüssen« bis zum Zeitpunkt der Bilanzaufstellung.

Ob der Schuldner die Schuld tatsächlichen erfüllen kann, stellt kein Kriterium dar für die Entscheidung, ob die Verbindlichkeit oder Rückstellung in der Bilanz angesetzt wird oder nicht.

Auch muss die Schuld am Bilanzstichtag nicht rechtlich bestehen, sondern kann sich über die Laufzeit eines Vertrags aufbauen.

> ***§ 247 Abs. 1 HGB***
> *In der Bilanz sind das Anlage- und das Umlaufvermögen, das Eigenkapital, die Schulden sowie die Rechnungsabgrenzungsposten gesondert auszuweisen und hinreichend aufzugliedern.*

§ 247 Abs. 1 HGB, der regelt, was eine Bilanz beinhalten muss, richtet sich an jeden Kaufmann i.S.d. § 1 HGB sowie an Personenhandelsgesellschaften i.S.d. § 2 HGB. Auch hier ist der Begriff der Schulden wieder ein Oberbegriff für die Verbindlichkeiten und Rückstellungen.

Nachdem der Ansatz der Rückstellungen in der Bilanz dargelegt ist, betrachten wir für die Bewertung der Schuldposten die allgemeinen Bewertungsgrundsätze des § 252 HGB, die auch auf die Rückstellungen Anwendung finden:

- **Stichtagsprinzip** nach § 252 Abs. 1 Nr. 3 HGB: Der Bilanzposten Rückstellung ist mit seinem Wert zum jeweiligen Stichtag (Bilanzstichtag=Abschlussstichtag) darzustellen.
- **Grundsatz der Einzelbewertung** nach § 252 Abs. 1 Nr. 4 HGB: Die Rückstellung muss individuell bewertet werden; bei gleichartigen Produkten ist eine Pauschalbewertung nach Maßgabe der Erfahrung aus der Vergangenheit möglich (vgl. Gruppenbewertung nach § 240 Abs. 4 HGB).
- **Vorsichtsprinzip** nach § 252 Abs. 1 Nr. 4 1. Halbsatz HGB: Die Bewertung der Rückstellungen hat vorsichtig zu erfolgen, d. h., Gewinne sind erst auszuweisen, wenn sie am Bilanzstichtag tatsächlich realisiert sind, Verluste hingegen sind bereits dann bilanziell auszuweisen, wenn der Kaufmann mit ihnen rechnen musste (sog. Imparitätsprinzip).
- **Wertaufhellung** nach § 252 Abs. 1 Nr. 4 2. Halbsatz HGB: Sofern ein Ereignis, das vor dem Bilanzstichtag eingetreten ist und Auswirkungen auf die Bewertung von Rückstellungen hat, dem Unternehmer zwischen dem Bilanzstichtag und dem Tag der Erstellung der Bilanz bekannt wird, handelt es sich um ein »wertaufhellendes« Ereignis, das in der Bilanz Berücksichtigung finden muss. Ein erst nach dem Bilanzstichtag eingetretenes Ereignis, das zwischen dem Bilanzstichtag und dem Tag der Bilanzaufstellung bekannt wird, ist hingegen ein sog. »wertbegründendes« Ereignis. Es darf in der stichtagsbezogenen Betrachtungsweise nicht mehr berücksichtigt werden.
- **Periodisierungsprinzip** nach § 252 Abs. 1 Nr. 5 HGB: Die Aufwendungen in Gestalt der Rückstellungen sind Aufwendungen des laufenden Rechnungslegungsjahres und werden über Bilanzpositionen der Höhe nach dem Wirtschaftsjahr zugeordnet, in dem sie angefallen sind. Führt die Aufwendung erst nach dem Bilanzstichtag zu einer Ausgabe (Zahlungsabfluss), ist die Rückstellung im alten Jahr zu passivieren.
- **Bewertungsstetigkeit** nach § 252 Abs. 1 Nr. 6 HGB: Gleichartige Sachverhalte sind bilanziell gleich zu beurteilen und entsprechend zu bewerten. Das Stetigkeitsgebot rechtfertigt jedoch nicht, dass die Bewertung von Bilanzposten **nicht** an veränderte wirtschaftliche Verhältnisse anzupassen sind.

Das Bilden von Rückstellungen, ein Mittel der Innenfinanzierung, vermittelt dem Bilanzleser ein den tatsächlichen Verhältnissen entsprechendes Bild der Vermögens-, Finanz- und Ertragslage des Unternehmens.

3 Abgrenzung der Rückstellungen von anderen Bilanzpositionen

Eine Legaldefinition des Begriffs der Rückstellung liefert weder das Handels- noch das Steuerrecht. § 249 Abs. 1 HGB enthält jedoch eine abschließende Aufzählung der Arten von Aufwendungen, für die Rückstellungen gebildet werden müssen (sog. Passivierungspflicht). In § 249 Abs. 2 HGB heißt es weiter, dass für andere als die in § 249 Abs. 1 HGB bezeichneten Zwecke keine Rückstellungen gebildet werden dürfen.

Abgrenzung von den Verbindlichkeiten

Auch für den Begriff der Verbindlichkeit existiert keine handels- oder steuerrechtliche Definition. Der BFH ging jedoch in seinen Urteilen vom 18.12.2002 und vom 11.10.2007 vom Begriff des Anspruchs aus[1]. Anspruch ist nach § 194 Abs. 1 BGB das Recht, von einem anderen ein Tun oder Unterlassen zu verlangen. Entsprechend dieser Beurteilung durch den BFH ist eine Verbindlichkeit eine der Höhe und dem Inhalt nach bestimmte Leistungspflicht, die erzwingbar ist.

Betrachtet man § 249 Abs. 1 Satz 1 1. Alternative HGB zeigt sich, dass es sich bei einer ungewissen Verbindlichkeit um eine Rückstellung handelt. Explizit kommt es für die Abgrenzung zwischen Verbindlichkeiten und Rückstellungen auf den Begriff der **Ungewissheit** an. Die Ungewissheit bezieht sich auf den Grund und/oder die Höhe.

Darüber hinaus sind Verbindlichkeiten sog. Außenverpflichtungen (Verpflichtungen gegenüber einem Dritten), die der Höhe und dem Grunde nach gewiss sind. Rückstellungen hingegen sind Innenverpflichtungen.

Beispiel:

Ein Kunde der R-GmbH verletzt sich, weil er im nassen Eingangsbereich des Bürogebäudes der GmbH ausrutscht. Dies geschieht am 29.12.2022. Der Kunde verklagt daraufhin die GmbH auf Schadensersatz i. H. v. 15.000 €. Der Prozess hierzu wird voraussichtlich erst im Jahr 2023 abgeschlossen. Die Wahrscheinlichkeit, dass die GmbH aus der Schadensersatzklage in Anspruch genommen wird, ist sehr hoch. Es spricht mehr dafür als dagegen, sodass die Zahlung einer Schadensersatzsumme wahrscheinlich ist. Die Höhe des Schadensersatzes ist im Jahr 2022 allerdings noch unbekannt. Aufgrund dieser Ungewissheit kann die GmbH

1 BFH, Urteil v. 18.12.2002 – I R 17/02, BStBl 2004, II S. 126 und BFH, Urteil v. 11.10.2007 – IV R 52/04, BStBl 2009, II S. 705.

zum Bilanzstichtag 31.12.2022 keine Verbindlichkeit, sondern nur eine Rückstellung bilden.

Abgrenzung vom passiven Rechnungsabgrenzungsposten

Der Rechnungsabgrenzungsposten ist sowohl im Handelsrecht in § 250 Abs. 2 HGB als auch im Steuerrecht in § 5 Abs. 5 Satz 1 Nr. 2 EStG definiert: Auf der Passivseite sind als Rechnungsabgrenzungsposten Einnahmen vor dem Abschlussstichtag auszuweisen, soweit sie für eine bestimmte Zeit nach diesem Tag einen Ertrag darstellen. Die Ertragswirkung der Einnahme soll in die Periode verlagert werden, in der die korrespondierenden Aufwendungen anfallen. So hat es bereits der BFH definiert.

Die Beträge des passiven Rechnungsabgrenzungspostens stehen bereits der Höhe nach fest, wodurch sich zugleich die Abgrenzung von den Rückstellungen vornehmen lässt: Eine Rückstellung ist zum Bilanzstichtag der Höhe nach ungewiss, der passive Rechnungsabgrenzungsposten bereits exakt bestimmt.

Abgrenzung von den Rücklagen

Rücklagen sind Eigenkapital, das noch nicht versteuert wurde oder durch Einzahlungen der Gesellschafter entstanden ist. Rücklagen stellen somit keinen Schuldposten dar, ganz im Gegensatz zu den Rückstellungen. Seit dem BilMoG dürfen in der Handelsbilanz keine Sonderposten mit Rücklagenanteil mehr gebildet werden (§ 247 Abs. 3 HG a. F.).

4 Rückstellungen in der Handelsbilanz

4.1 Ansatz

§ 249 Abs. 1 HGB enthält zwar keine Definition der Rückstellungen, zählt aber abschließend alle Einzelfälle auf, für die in der Handelsbilanz Rückstellungen zu bilden sind. Handelsrechtlich werden fünf verschiedene Arten von Rückstellungen unterschieden:

- Rückstellungen für **ungewisse Verbindlichkeiten** (§ 249 Abs. 1 Satz 1 1. Alternative HGB),
- Rückstellungen für **drohende Verluste aus schwebenden Geschäften** (§ 249 Abs. 1 Satz 1 2. Alternative HGB),
- Rückstellungen für **unterlassende Aufwendungen für Instandhaltungen**, die in den ersten drei Monaten des folgenden Geschäftsjahres nachgeholt werden (§ 249 Abs. 1 Satz 2 Nr. 1 HGB),
- Rückstellungen für **Abraumbeseitigung**, die im folgenden Geschäftsjahr nachgeholt wird (§ 249 Abs. 1 Satz 2 Nr. 1 HGB), und
- Rückstellungen für **Gewährleistungen**, die ohne rechtliche Verpflichtung erbracht werden (Kulanzrückstellungen) (§ 249 Abs. 1 Satz 2 Nr. 2 HGB).

Für andere als die o.g. Zwecke dürfen keine Rückstellungen gebildet werden (§ 249 Abs. 2 HGB).

4.1.1 Passivierungspflicht

Die Rückstellungs-/Passivierungspflicht besteht im Handelsrecht für folgende Rückstellungen:

- ungewisse Verbindlichkeiten,
- drohende Verluste aus schwebenden Geschäften,
- im Geschäftsjahr unterlassene Aufwendungen für Instandsetzung, die im folgenden Geschäftsjahr innerhalb von drei Monaten nachgeholt werden,
- im Geschäftsjahr unterlassene Aufwendungen für Abraumbeseitigung, die im folgenden Geschäftsjahr nachgeholt werden,
- Gewährleistungen, die ohne rechtliche Verpflichtung erbracht werden, und
- passive latente Steuern gem. § 247 Abs. 1 Satz 1 HGB.

4.1.2 Passivierungswahlrecht

Im Rahmen des BilMoG wurde das Wahlrecht zur Bildung von Rückstellungen durch den Gesetzgeber stark eingeschränkt und die Rückstellung als Instrument der Bilanzpolitik größtenteils abgeschafft. Das zeigt sich insbesondere durch die Abschaffung der Aufwandsrückstellungen (§ 249 Abs. 2 HGB a. F.). Lediglich das Passivierungswahlrecht für Pensionszusagen, die vor dem 01.01.1987 zugesichert wurden, bleibt bestehen (Art. 28 Abs. 1 EGHGB).

Für folgende Ausgaben ist durch das BilMoG eine Rückstellungsbildung nicht mehr möglich:

- Rückstellungen für ihrer Eigenart nach genau umschriebene, dem Geschäftsjahr zuordenbare Aufwendungen, soweit sie am Abschlussstichtag sicher oder wahrscheinlich, jedoch hinsichtlich ihrer Höhe noch unbestimmt sind.
- Rückstellungen für unterlassene Aufwendungen für Instandhaltung, wenn die Instandhaltungsmaßnahmen später als drei Monate nach dem Bilanzstichtag ausgeführt/nachgeholt werden.

Für Aufwandsrückstellungen, die vor der Gesetzesänderung durch das BilMoG gebildet wurden, besteht ein Wahlrecht. Sie können beibehalten und dem ursprünglichen Bildungsgrund nach in Anspruch genommen werden. Es besteht aber auch die Möglichkeit, sie erfolgsneutral in die Gewinnrücklage einzustellen.

Die einzige Ausnahme von der Möglichkeit der erfolgsneutralen Einstellung in die Gewinnrücklage bilden die Beträge, die im letzten Geschäftsjahr vor Anwendung des BilMoG in die Aufwandsrückstellungen eingestellt wurden. Im Rahmen der erstmaligen Anwendung des BilMoG waren diese Rückstellungsbeträge bis zum Zeitpunkt der Inanspruchnahme beizubehalten (und dann im Zeitpunkt der Inanspruchnahme erfolgsneutral aufzulösen) oder im Rahmen der Erstanwendung des BilMoG erfolgswirksam aufzulösen.

4.1.3 Passivierungsverbot

Für Aufwendungen, die nicht zu den in Kapitel 4.1.1 genannten fünf Fällen gehören, gilt das Passivierungsverbot gem. § 249 Abs. 2 HGB.

4.2 Bewertung

4.2.1 Zugangsbewertung

Um den Zeitpunkt der Bilanzierung von Rückstellungen bestimmen zu können, muss der Zeitpunkt der Verursachung oder Verwirklichung des Rückstellungsgrunds ermittelt werden. So sind Rückstellungen für Gewährleistungsverpflichtungen nach einer Lieferung mit der Umsatzrealisierung und dem Eintritt des Gewährleistungsfalls zu passivieren. Rückstellungen für ungewisse Verbindlichkeiten sind zu bilden, wenn eine Verpflichtung gegenüber einem Dritten zum Bilanzstichtag rechtlich entstanden oder wirtschaftlich verursacht war und der Unternehmer mit der Inanspruchnahme aus der Verpflichtung ernsthaft rechnen musste. Rückstellungen für drohende Verluste aus schwebenden Geschäften sind zu bilden, wenn mit dem Eintritt des Verlusts ernsthaft gerechnet werden muss. Alle drei Beispiele verbindet, dass der Rückstellung ein konkreter Sachverhalt zugrunde liegt, der individuell bewertbar ist.

Für Sachverhalte, die gleichartiger Natur sind, oder wenn es sich um annähernd gleichwertige ungewisse Schulden handelt, kann die Bewertung mittels einer Pauschalrückstellung gebildet werden (vgl. § 240 Abs. 4 i.V.m. § 256 Satz 2 HGB). So z.B. im Falle von Rückstellungen für Gewährleistungen. Es ist sinnvoll, die Gewährleistungsrückstellungen durch eine Sammelrückstellung zu passivieren, weil die Merkmale der Rückstellungen auf unternehmensspezifischen Erfahrungssätzen der Vergangenheit beruhen.

Für die Frage, ob eine Rückstellung zu passivieren ist, ist auf die Verhältnisse am Bilanzstichtag abzustellen. Dabei sind alle Umstände und Risiken zu berücksichtigen, die bis zum Bilanzstichtag aufgetreten sind. Insbesondere sind hierbei auch die sog. wertaufhellenden Sachverhalte zu berücksichtigen. Nach dem Gesetzeswortlaut des § 252 Abs. 1 Nr. 4 2. Halbsatz HGB ist für das Stichtagsprinzip auf zwei Termine abzustellen: zum einen auf den Bilanzstichtag und zum anderen auf den Tag der Erstellung der Bilanz. Ausgehend von diesen beiden Terminen muss es Sachverhalte und Ereignisse geben, die zwischen den beiden Terminen entstehen oder bekannt werden können. Dem Inhalt nach nimmt das Gesetz eine Unterscheidung vor zwischen Ereignissen, die bis zum Bilanzstichtag entstanden sind (objektiver Tatbestand), jedoch erst nach dem Bilanzstichtag bekannt werden (subjektiver Tatbestand), die sog. wertaufhellenden Ereignisse, und Ereignissen, die nach dem Bilanzstichtag entstanden und entsprechend auch erst nach dem Bilanzstichtag bekannt geworden sind, den sog. wertbegründenden Ereignissen.

Aus dem Schrifttum und der Rechtsprechung ergeben sich zwei Wertaufhellungskonzepte:

- **Subjektives Konzept**: Der Kaufmann hat seine Bilanz so zu erstellen, wie es ein vorsichtiger und ordentlicher Kaufmann unter verständiger Würdigung aller Umstände und Verhältnisse am Bilanzstichtag tun würde. Die Bilanzierung hat so zu erfolgen, als wäre die Bilanz bereits am Bilanzstichtag erstellt worden.
- **Objektives Konzept**: Die Bilanzierung hat so zu erfolgen, dass alle Ereignisse, die bis zum Bilanzstichtag eingetreten sind, dem Kaufmann aber erst nach dem Bilanzstichtag und vor dem Tag der Erstellung der Bilanz bekannt wurden, berücksichtigt werden. Maßgebend sind die am Bilanzstichtag vorliegenden Ereignisse

unter Berücksichtigung des Kenntnisstands des Kaufmanns bis zum Tag der Bilanzaufstellung.

Das Stichtagsprinzip des § 252 Abs. 1 Nr. 4 HGB ist hinsichtlich der zuvor genannten Ereignisse ein dehnbarer Begriff. Auf der einen Seite dient es der abschließenden Darstellung aller Sachverhalte innerhalb einer festgelegten Periode, dem Wirtschaftsjahr. Auf der anderen Seite ist der Zeitraum der Bilanzierung bis zum Zeitpunkt der Bilanzaufstellung auszudehnen, wenn dem Unternehmer Sachverhalte und Ereignisse bekannt werden, deren Verursachung bereits vor dem Bilanzstichtag liegen und sich damit auf die Bilanz des aktuellen Wirtschaftsjahres unmittelbar auswirken.

Beispiele:

Beispiel 1
Eine Warenlieferung, die am 01.12.2022 ausgeführt wurde, war fehlerhaft. Der liefernde Unternehmer hat als Bilanzstichtag den 31.12. eines Jahres (Wirtschaftsjahr=Kalenderjahr). Der Kunde reklamiert daraufhin die Lieferung und macht gleichzeitig Schadensersatzansprüche geltend. Die Reklamation des Kunden erfolgte erst am 15.01.2023.

Für die Schadensersatzansprüche des Kunden muss bereits im Jahresabschluss 2022 eine Rückstellung gebildet werden, weil die Lieferung, die den liefernden Unternehmer zum Schadensersatz verpflichtet, noch vor dem Bilanzstichtag (31.12.2022) erfolgte. Die Geltendmachung des Reklamationsanspruchs des Kunden ist eine wertaufhellende Tatsache, die dem liefernden Unternehmer nach dem Bilanzstichtag, aber noch vor der Erstellung der Bilanz bekannt geworden ist. Da es sich um eine wertaufhellende Tatsache handelt, ist eine Rückstellung für den voraussichtlichen Schadensersatz zu bilden.

Beispiel 2
Der Vorstand eines an der Börse notierten Unternehmens beschließt die Belohnung seiner leitenden Angestellten für deren hervorragende Leistungen im abgelaufenen Wirtschaftsjahr 2022 mit einer freiwilligen Prämienzahlung i. H. v. 100.000 € pro Person. Die Zusage der freiwilligen Prämienzahlung und die Auszahlung erfolgten im Februar des Folgejahres 2023.

Obwohl es sich um eine freiwillige Zahlung des Vorstands handelt, wurde die Zusage auf Zahlung der Prämie erst im Februar 2022 vorgenommen, damit entsteht auch die rechtliche Verpflichtung erst im Jahr 2023. Die Zahlung der Prämien stellt ein wertbegründendes Ereignis dar. Im Jahresabschluss 2022 kann keine Rückstellung für die Prämienzahlungen passiviert werden.

Rückstellungen sind zu buchen, sobald ihre Voraussetzungen vorliegen. Sie sind spätestens zum Bilanzstichtag im Rahmen der Jahresabschlussarbeiten zu bewerten und zu buchen. Es ist auch möglich, Rückstellungen bereits ratierlich durch monatliche, vierteljährliche oder halbjährliche Buchungen im Rahmen der Buchhaltung einzubuchen. Die unterjährigen Buchungen von Rückstellungen haben den Vorteil, dass dem Unternehmer in seinen monatlichen, vierteljährlichen oder auch halbjährlichen betriebswirtschaftlichen Auswertungen ein genaueres Bild über seine Vermögens-, Ertrags- und Finanzlage verschafft wird.

Eine ungewisse Verbindlichkeit muss konkretisiert sein, d.h., mit der Entstehung der Verbindlichkeit muss ernsthaft gerechnet werden. Ernsthaft meint in diesem Zusammenhang, dass die Verbindlichkeit dem Grunde nach mit hoher Wahrscheinlichkeit entstehen muss. Die Sicherheit, dass sie tatsächlich entstehen wird, wird vonseiten des Gesetzgebers nicht gefordert. Ein Prozentsatz (50,1% o.Ä.), bei dem vom Vorliegen einer hohen Wahrscheinlichkeit ausgegangen werden kann, lässt sich nicht beziffern. In der Literatur geht man von einer Abwägung aus: Es müssen mehr Gründe für als gegen eine Entstehung der ungewissen Verbindlichkeit und auch eine Inanspruchnahme aus dieser vorliegen. Nach Moxter gilt als Indiz für die Wahrscheinlichkeit des Entstehens der Verbindlichkeit, wenn ein gedachter Erwerber des ganzen Unternehmens die Verpflichtung in seiner Kaufpreiskalkulation berücksichtigen würde[2].

Bedingung für die Passivierung einer Rückstellung ist und bleibt, dass der Unternehmer mit der Inanspruchnahme aus der betrieblich veranlassten Verpflichtung ernsthaft rechnen musste. Diese Bedingung liegt bereits dann vor, wenn er davon ausgehen muss, dass sein Gläubiger den Anspruch kennt (z.B. bei Gewährleistungs- oder Schadensersatzansprüchen eines Kunden). Eine Rückstellung darf nur dann nicht gebildet werden, wenn aufgrund der konkreten Umstände des Einzelfalls trotz der Wahrscheinlichkeit bestehender Verpflichtungen ausnahmsweise nicht mit einer Inanspruchnahme gerechnet werden kann. Kaufpreisminderungen oder Schadensersatzansprüche sind z.B. noch nicht wahrscheinlich, wenn zum Bilanzstichtag noch Verhandlungen über Nachbesserungen geführt werden. Laut BMF-Schreiben vom 23.04.2001 ist die Beurteilung der Wahrscheinlichkeit für den Einzelfall anhand der Erfahrungen der Vergangenheit vorzunehmen[3]. Nach dem BFH-Urteil vom 03.07.1991 ist auch eine Schadensersatzverpflichtung aus einer unerlaubten Handlung so lange nicht passivierungsfähig, wie der Schuldner davon ausgehen kann, dass die Handlung unentdeckt bleibt[4].

2 Vgl. Moxter in FS Forster, S. 430.
3 BMF, Schreiben v. 23.04.2001 – IV A 6 – S 2133 – 1/01, DB S. 1224.
4 BFH, Urteil v. 03.07.1991 – X R 163/87, BStBl II 1991, S. 804 – »Untreuefall«.

4.2.2 Gläubigeridentifizierung

Die Rechtsprechung des BFH und auch die Bilanzierungspraxis erkennen sog. faktische Verpflichtungen als Voraussetzungen für den Ansatz von Rückstellungen an. Die fehlende Identifizierbarkeit eines Gläubigers ist deshalb kein Kriterium bzw. keine Begründung mehr dafür, dass man auf den Ansatz einer Rückstellung in der Bilanz verzichtet. Kann sich der Unternehmer aus eigenen wirtschaftlichen Gründen künftig auf ihn zukommenden Verpflichtungen nicht entziehen, muss er eine Rückstellung bilden. Das gilt beispielsweise auch für Rückstellungen wegen Patentverletzungen (so der Rückschluss aus § 5 Abs. 3 EStG).

Nach Ansicht der Finanzverwaltung (R 5.7 Abs. 9 EStR) kann sich ein Unternehmer den Restrukturierungsverpflichtungen aufgrund eines Sozialplans nicht entziehen, wenn der Betriebsrat über die geplante Betriebsänderung nach § 111 Satz 1 BetrVerfG unterrichtet ist. Darüber hinaus wird die Rückstellung auch dann anerkannt, wenn die Betriebsänderung bis zum Bilanzstichtag beschlossen wurde. In diesen Fällen liegt zum Bilanzstichtag zwar keine rechtliche Verbindlichkeit gegenüber Dritten vor, eine Rückstellung ist aber aufgrund der faktischen Verpflichtung zu passivieren.

Sieht ein Gesellschaftsvertrag vor, dass der Jahresabschluss zu prüfen ist, darf hierfür keine Rückstellung in der Steuerbilanz gebildet werden, weil keine rechtliche Verpflichtung gegenüber einem Dritten und damit auch keine Außenverpflichtung vorliegt[5]. Folgt man für die Erstellung der Handelsbilanz dem IDW, muss man im Falle einer eigens durch Gesellschaftsvertrag auferlegten Prüfungspflicht eine Rückstellung bilden. Diese unterschiedlichen Behandlungen werden in Zukunft häufig zu Abweichungen zwischen der Handels- und der Steuerbilanz führen.

Ist das Bestehen einer Verbindlichkeit wahrscheinlich, muss der Unternehmer aus der Sicht eines sorgfältigen und gewissenhaften Kaufmanns entscheiden, ob er in Zukunft aus einer Verpflichtung in Anspruch genommen werden wird oder nicht. In die Entscheidungsfindung sind zum Bilanzstichtag sowohl die betriebsüblichen als auch die betriebsindividuellen Erfahrungen, aber auch die Erfahrungen aus der Vergangenheit objektiv abzuwägen[6].

In Abgrenzung von der Aufwandsrückstellung setzt der Ansatz einer Rückstellung für ungewisse Verbindlichkeiten eine Verpflichtung gegenüber einem Dritten voraus (vgl. R 5.7 Abs. 3 EStR).

5 BFH, Urteil v. 05.06.2014 – IV R 26/11, BStBl II 2014, S. 886.
6 FG Hamburg, Urteil v. 23.07.2008 – 2 K 38/07.

Gemäß § 253 Abs. 1 Satz 1 HGB sind Rückstellungen in Höhe des nach vernünftiger kaufmännischer Beurteilung notwendigen Erfüllungsbetrags anzusetzen. Diese Regelung gilt seit Einführung des BilMoG im Jahre 2009. Nach der Regierungsbegründung zum BilMoG sollen künftige Preis- und Kostensteigerungen sowie der voraussichtliche Zeitpunkt der Erfüllung berücksichtigt werden. Die Berücksichtigung künftiger Preis- und Kostensteigerungen steht dem Stichtagsprinzip entgegen, diese Einschränkung ist durch die Gesetzesänderung jedoch vertretbar.

Der Schätzwert, auf dem die Rückstellung der Höhe nach basiert, muss durch die Ausübung des vernünftigen kaufmännischen Ermessens gestützt sein.

Tipp

Für die Bewertung eines Rückstellungsansatzes kann eine Mittellösung ein probates Mittel zum Zweck sein. Hierbei bestimmt man das Mittel von zwei gerade noch in Betracht kommenden Größen. Dieses Mittel setzt man dann in der Bilanz an.

Bei Geldleistungen ergibt sich der Erfüllungsbetrag aus dem Betrag, den der Schuldner zur Erfüllung der ungewissen Verbindlichkeit voraussichtlich aufbringen muss. Bei verzinslichen Geldleistungsverpflichtungen sind die voraussichtlich anfallenden Zinsen laut IDW bereits in die Bemessungsgrundlage des Nominalbetrags der Rückstellung einzubeziehen[7]. Diese Vorgehensweise begründet der IDW damit, dass die noch anfallenden Zinsen den Charakter einer Preissteigerung haben und diese Preissteigerungen nach § 253 Abs. 1 HGB bei der Bewertung zu berücksichtigen seien.

Bei Sachleistungen ergibt sich der Erfüllungsbetrag entweder aus dem Geldbetrag, der zum Erhalt der Sachleistungen aufgewendet wird, oder durch den Wert der anfallenden Einzelkosten zuzüglich der notwendigen Gemeinkosten (Vollkostenansatz[8]). Sachleistungsverpflichtungen sind ein Oberbegriff für sämtliche Verpflichtungen, die nicht durch die Bezahlung eines Geldbetrags, sondern durch das Erbringen einer Lieferung, Dienst- oder Werkleistung erfüllt sind[9]. Zu ihnen zählen unter anderem Gewährleistungs- und Garantieverpflichtungen, Sanierungs- und Entsorgungsverpflichtungen, aber auch Rückstellungen für Jahresabschlusskosten.

Sowohl der Geldbetrag als auch der Sachleistungsbetrag ist durch eine Schätzung zu ermitteln. Auf diese Weise ist der Bilanzansatz zu prognostizieren. Die Prognose hat in einer Höhe zu erfolgen, in der das bestehende Risiko aus der Inanspruchnahme in vollem Umfang abgedeckt wird.

7 Vgl. IDW RS HFA 34, Tz. 34.
8 Gemäß IDW RS HFA 34, Tz. 15.
9 Vgl. Herrmann/Heuer/Raupach, § 6 EStG, Rz. 1173.

Handelt es sich bei der Verpflichtung um einen selbst hergestellten oder noch zu erstellenden Gegenstand oder um eine noch zu erbringende Leistung, ist auf den Vollkostenansatz zurückzugreifen. Vollkosten sind die Einzelkosten und die notwendigen Gemeinkosten:

Einzelkosten	Gemeinkosten
Materialeinzelkosten	Materialgemeinkosten
Fertigungseinzelkosten	Fertigungsgemeinkosten
Sondereinzelkosten der Fertigung	Wertverzehr des Anlagevermögens

Die Einzelkosten können dem herzustellenden Vermögensgegenstand direkt zugeordnet werden (die durch die Herstellung des Gegenstands verbrauchten Güter und Dienstleistungen). Zu den Materialkosten gehören in der Regel die Roh-, Hilfs- und Betriebsstoffe, die zur Herstellung von Gütern und Erzeugnissen verwendet werden. Die Gemeinkosten gehen zwar nicht unmittelbar in das Produkt ein, können aber über einen Umlageschlüssel in eine Beziehung zum Produkt gebracht werden.

Bestehende Ersatz- und Rückgriffsansprüche gegenüber Dritten (z. B. Versicherungen u. Ä.) sind aufgrund des Saldierungsverbots des § 246 Abs. 2 Satz 1 HGB unsaldiert auszuweisen[10]. Laut BFH-Urteil vom 31.5.2017 sind Rückgriffsansprüche gegenüber Dritten jedoch insoweit nicht zu berücksichtigen, als der Anspruch gegenüber dem Dritten Ausfallrisiken unterliegt und über das allgemeine Kreditrisiko hinausgeht[11].

4.2.3 Folgebewertung

Nachdem die Zugangsbewertung in der Bilanz erfolgt ist, sind die Rückstellungen zu jedem folgenden Bilanzstichtag dem Grunde und der Höhe nach zu überprüfen. Besteht die Verpflichtung dem Grunde nach noch oder wurde sie ggf. unterjährig bereits beglichen bzw. abgearbeitet? Sollte die Prüfung der Rückstellung dem Grunde nach dazu führen, dass ein Ansatz in der Bilanz des Unternehmers auch weiterhin erforderlich ist, stellt sich die Frage nach der Höhe. Kann die bislang passivierte Rückstellung beibehalten werden oder muss der Betrag angepasst werden?

Durch das BilMoG haben sich auch hinsichtlich der Abzinsung von Rückstellungen Veränderungen ergeben. Rückstellungen mir einer Restlaufzeit von mehr als einem Jahr am Bilanzstichtag müssen abgezinst werden. Dabei bemisst sich der Abzinsungszeitraum nach der Restlaufzeit der Rückstellung. Die Restlaufzeit ist der Zeitraum

10 Vgl. IDW RS HFA 34, Tz. 33 »Bruttobilanzierung«.

11 BFH, Urteil v. 31.5.2017 – X R 29/15, BFH/NV 2017 S. 1597 Nr. 12.

zwischen dem Bilanzstichtag und dem Zeitpunkt, zu dem der Unternehmer mit der Inanspruchnahme zu rechnen hat. Innerhalb dieses Zeitraums sind auch Preis- und Kostensteigerungen zu berücksichtigen, d.h., der Unternehmer muss anhand objektiver Kriterien darlegen können, dass es zu Lohnsteigerungen oder höheren Preisen beim Materialeinkauf u.Ä. gekommen ist. Zu berücksichtigen sind hierbei die Erkenntnisse, die der Unternehmer bis zum Erstellen des Jahresabschlusses erlangt hat. Sich allein auf die Schätzungen von EZB und anderen ähnlichen Instituten zu stützen, die bestimmte Inflationsraten prognostizieren, reicht als Beweis dafür, dass von Preis- und Kostensteigerungen ausgegangen werden sollte, nicht aus. Neben den Preis- und Kostensteigerungen sollten auch Preis- und Kostensenkungen bei der Folgebewertung der Rückstellungen zum Bilanzstichtag berücksichtigt werden. Die Berücksichtigung der gestiegenen und gesunkenen Preisverhältnisse ergibt sich aus dem vom bilanzierenden Unternehmer zu beachtenden Vorsichtsprinzip gem. § 252 Abs. 1 Nr. 4 HGB.

Sollte sich die Restlaufzeit einer Rückstellung nicht aus konkreten Hinweisen (Verträgen u.Ä.) ergeben, ist sie vorsichtig zu schätzen. Hat der Unternehmer Verträge mit Kündigungsfristen abgeschlossen, ist für das Ende der Laufzeit auf den Zeitpunkt abzustellen, zu dem das Vertragsverhältnis erstmalig gekündigt werden kann. Sollte der Unternehmer zum Bilanzstichtag von einer Verlängerungsoption Gebrauch gemacht haben, ist die ausgeübte Option bei der Ermittlung der Restlaufzeit zu berücksichtigen.

Bei Garantierückstellungen muss jedes Jahr zum Bilanzstichtag beurteilt werden, ob ein Teil der Garantierückstellungen zum Jahresende in Anspruch genommen wurde und ob der verbleibende Teil innerhalb eines Jahres oder in mehr als einem Jahr in Anspruch genommen wird. Die Rückstellung ist dann vom Unternehmer aufzuteilen. Der Teil der Garantierückstellungen, der bis zum Bilanzstichtag in Anspruch genommen wurde, ist nicht abzuzinsen. Das gilt auch für den Teil, der voraussichtlich innerhalb der nächsten zwölf Monate in Anspruch genommen wird. Lediglich der verbleibende Teil der Garantierückstellung ist zum Bilanzstichtag abzuzinsen.

Bei Rückstellungen mit einer Restlaufzeit von mehr als 50 Jahren ist es zulässig, von einer Restlaufzeit von 50 Jahren auszugehen.

Aus dem Wortlaut des § 253 Abs. 2 Satz 1 HGB ergibt sich ein Abzinsungswahlrecht für Rückstellungen mit einer Restlaufzeit von weniger als einem Jahr. Sollte sich der Unternehmer für dieses Wahlrecht entscheiden, muss er aufgrund der geltenden Bewertungsstetigkeit des § 252 Abs. 1 HGB auch für die weiteren Jahresabschlüsse bei dieser Methode bleiben. Ein jährlicher Wechsel der Bewertungsmethode ist nicht zulässig.

Der anzuwendende Zinssatz bemisst sich nach § 253 Abs. 2 Satz 1 HGB am durchschnittlichen Marktzinssatz der vergangenen sieben Geschäftsjahre. Die Zinssätze werden monatlich von der Deutschen Bundesbank veröffentlicht. Sie können sie unter folgendem Link herunterladen:

https://www.bundesbank.de/de/statistiken/geld-und-kapitalmaerkte/zinssaetze-und-renditen/abzinsungszinssaetze

Auszug aus dem Dokument der Deutschen Bundesbank:

	% p. a.									
	Abzinsungszinssatz gemäß §253 Abs. 2 HGB (10-Jahresdurchschnitt) bei einer Restlaufzeit von .... Jahr(en)									
	1	2	3	4	5	6	7	8	9	10
31.10.2021	0,67	0,71	0,79	0,90	1,02	1,15	1,27	1,38	1,49	1,59
30.11.2021	0,64	0,68	0,76	0,87	0,99	1,11	1,23	1,35	1,45	1,56
31.12.2021	0,61	0,66	0,74	0,85	0,96	1,08	1,20	1,32	1,42	1,52
31.01.2022	0,59	0,64	0,72	0,83	0,94	1,06	1,18	1,29	1,40	1,50
28.02.2022	0,57	0,62	0,70	0,81	0,92	1,05	1,16	1,27	1,38	1,48
31.03.2022	0,55	0,61	0,69	0,80	0,91	1,03	1,14	1,26	1,36	1,46
30.04.2022	0,54	0,60	0,69	0,79	0,90	1,02	1,14	1,25	1,35	1,45
31.05.2022	0,53	0,60	0,68	0,79	0,90	1,02	1,13	1,24	1,35	1,45
30.06.2022	0,52	0,60	0,69	0,79	0,90	1,02	1,13	1,24	1,35	1,44
31.07.2022	0,52	0,60	0,69	0,79	0,90	1,02	1,13	1,24	1,34	1,44
31.08.2022	0,53	0,61	0,69	0,80	0,91	1,02	1,13	1,24	1,34	1,44
30.09.2022	0,54	0,62	0,71	0,81	0,92	1,03	1,14	1,25	1,35	1,45
31.10.2022	0,56	0,64	0,73	0,83	0,93	1,04	1,15	1,26	1,36	1,45
30.11.2022	0,57	0,66	0,74	0,84	0,94	1,05	1,16	1,26	1,36	1,46
31.12.2022	0,59	0,68	0,76	0,86	0,96	1,07	1,17	1,27	1,37	1,47
31.01.2023	0,62	0,70	0,77	0,87	0,97	1,08	1,18	1,28	1,38	1,47
28.02.2023	0,64	0,72	0,80	0,89	0,99	1,09	1,19	1,29	1,39	1,48
31.03.2023	0,66	0,74	0,82	0,91	1,00	1,11	1,20	1,30	1,40	1,49
30.04.2023	0,69	0,76	0,84	0,92	1,02	1,12	1,22	1,31	1,41	1,50
31.05.2023	0,72	0,79	0,86	0,94	1,03	1,13	1,23	1,32	1,41	1,50
30.06.2023	0,74	0,81	0,88	0,96	1,05	1,14	1,24	1,33	1,42	1,51
31.07.2023	0,77	0,84	0,90	0,98	1,06	1,16	1,25	1,34	1,43	1,51
31.08.2023	0,80	0,86	0,92	0,99	1,08	1,17	1,26	1,35	1,44	1,52
30.09.2023	0,83	0,89	0,94	1,01	1,09	1,18	1,27	1,36	1,45	1,53
31.10.2023	0,86	0,91	0,96	1,03	1,11	1,20	1,28	1,37	1,46	1,54
30.11.2023	0,89	0,93	0,98	1,05	1,12	1,21	1,29	1,38	1,46	1,55
31.12.2023	0,91	0,95	0,99	1,06	1,13	1,22	1,30	1,39	1,47	1,55
31.01.2024	0,94	0,97	1,01	1,07	1,14	1,23	1,31	1,39	1,47	1,55
29.02.2024	0,96	0,99	1,03	1,09	1,16	1,24	1,32	1,40	1,48	1,56
31.03.2024	0,99	1,01	1,05	1,10	1,17	1,25	1,33	1,41	1,49	1,56
30.04.2024	1,02	1,04	1,07	1,12	1,19	1,26	1,34	1,42	1,49	1,57
31.05.2024	1,04	1,06	1,09	1,14	1,20	1,28	1,35	1,43	1,51	1,58

Abb. 1: Abzinsungszinssätze, Quelle: Deutsche Bundesbank

Aus dem HGB ergeben sich keine Regelungen hinsichtlich der Vorgehensweisen bei einer nicht mehr ganzjährigen Restlaufzeit. Laut IDW gibt es jedoch drei Möglichkeiten, von denen der Unternehmer Gebrauch machen kann[12]:

1. Ermittlung des zu verwendenden Zinssatzes durch (monats- und quartalsgenaue) lineare Interpolation, ausgehend von den Zinssätzen für die nächstkürzere und nächstlängere ganzjährige Restlaufzeit.
2. Verwendung des von der Deutschen Bundesbank bekanntgegebenen Zinssatzes für die ganzjährige Restlaufzeit, die am nächsten am Erfüllungszeitpunkt der zu bewertenden Verpflichtung liegt.
3. (Im Falle einer normalen Zinsstruktur) Verwendung des von der Deutschen Bundesbank für die nächstkürzere ganzjährige Restlaufzeit bekanntgegebenen Zinssatzes.

Beispiel:

Die A-GmbH hat zum 31.12.2017 eine Rückstellung für Garantieverpflichtungen i. H. v. 10.000 € gebildet. Die Rückstellung wird am 31.12.2023 fällig. Die Restlaufzeit der Rückstellung beträgt zum Bilanzstichtag noch sechs Jahre.

Zum 31.12.2017 hat die A-GmbH die Rückstellung aufgrund der sechsjährigen Restlaufzeit mit 1,88 % abzuzinsen. Damit beträgt der Bilanzansatz zum 31.12.2017:

10.000 € × (1 + 1,88 % : 100) ^ (Restlaufzeit) = 12.330,51 €.[13]

Die Erhöhung der Rückstellung um 2.330,51 € stellt einen Zinsaufwand aus der Abzinsung dar. Zum 31.12.2018 hat die A-GmbH die Rückstellung aufgrund der nunmehr verbleibenden fünfjährigen Restlaufzeit mit 1,25 % abzuzinsen, die Rückstellung beträgt deshalb:

10.000 € × (1 + 1,06408 % : 100) ^ (Restlaufzeit) = 12.282,51 €.

Die Differenz zwischen dem Ansatz vom 31.12.2017 und dem zum 31.12.2018 i. H. v. 48 € stellt einen Zinsaufwand aus der Abzinsung der Rückstellung dar. Zum Bilanzstichtag (31.12.2022) muss die A-GmbH keine Abzinsung mehr vornehmen, weil die Restlaufzeit der Verpflichtung weniger als ein Jahr beträgt. Der A-GmbH steht das Wahlrecht zur Abzinsung einer Verpflichtung auch dann zu, wenn deren Laufzeit weniger als ein Jahr zum Bilanzstichtag beträgt.

---

12 Vgl. IDW RS HFA 34, Tz. 42.

13 Das ^ zeigt an, dass die »Restlaufzeit« der Exponent der Gleichung ist.

Beispiel: Bruttomethode

Die B-GmbH hat zum 31.12.2019 eine Rückstellung für Garantieverpflichtungen i. H. v. 50.000 € gebildet. Die Rückstellung wird am 30.09.2023 fällig. Die Restlaufzeit der Rückstellung beträgt zum Bilanzstichtag noch drei Jahre und neun Monate.

Würde die B-GmbH beschließen, die Abzinsung auch für das letzte Jahr der Laufzeit der Rückstellung vorzunehmen, müsste für die Restlaufzeit von dreieinhalb Jahren der Mittelwert zwischen den Zinssätzen für vier und für drei Jahre berechnet werden. Dieses sog. Interpolieren (Ermitteln eines Zwischenwerts) ist monatsgenau vorzunehmen. Aus Vereinfachungsgründen kann das Kalenderjahr mit 360 Kalendertagen angenommen werden, mithin jeder Monat mit 30 Tagen. Folgende Prozentsätze ergeben sich aus der Tabelle der Deutschen Bundesbank:

Abzinsungszinssatz gemäß § 253 Abs. 2 HGB (7-Jahresdurchschnitt) bei einer Restlaufzeit von .... Jahr(en)

% p. a.	1	2	3	4	5
31.12.2013	3,34	3,43	3,59	3,76	3,93
31.12.2014	2,80	2,90	3,07	3,26	3,45
31.12.2015	2,02	2,16	2,34	2,54	2,74
31.12.2016	1,59	1,67	1,81	1,97	2,14
31.01.2017	1,57	1,65	1,77	1,93	2,10
31.07.2017	1,41	1,48	1,59	1,74	1,89
31.08.2017	1,38	1,45	1,56	1,71	1,87
30.09.2017	1,36	1,42	1,53	1,68	1,84
31.10.2017	1,33	1,39	1,50	1,65	1,80
30.11.2017	1,29	1,36	1,47	1,61	1,76
31.12.2017	1,26	1,33	1,43	1,58	1,73

Zuallererst wird der Nominalwert der Verpflichtung in voller Höhe als Aufwand erfasst. Danach erfolgt die Abzinsung der Rückstellung. Sie wird über einen Zinsertrag in der Buchhaltung bzw. in den Jahresabschlussbuchungen erfasst. Zum 31.12.2013 multipliziert man den Rückstellungsbetrag mit dem linear interpolierten Prozentsatz für die Restlaufzeit zwischen drei und vier Jahren. Dementsprechend ist die Differenz zwischen dem Vervielfältiger von drei Jahren und vier Jahren zu bilden.

Vervielfältiger vier Jahre	3,76
Vervielfältiger drei Jahre	3,59
Differenz	0,17

Die Differenz von 0,17 entspricht der zusätzlichen Laufzeit ab dem dritten Jahr, nämlich den 270 Tagen bis zum 30.09.2017. Der anzuwendende Zinssatz ergibt sich wie folgt:

Zinssatz für vier Jahre	3,76 % – (90 : 360 × 0,17 %)	=
	3,76 % – 0,0425 %	= 3,718 %

oder

Zinssatz für drei Jahre	3,59 % + (270 : 360 × 0,17 %)	=
	3,59 % + 0,1275 %	= 3,718 %

Es ergibt sich ein Divisor:

(1 + 3,718 : 100) ^ (Restlaufzeit) = 1,14669.

Damit ergibt sich ein Rückstellungsbetrag zum 31.12.2013 i. H. v. 50.000 € : 1,14 669 = 43.603,85 € (neuer Barwert). Der Abzinsungsbetrag i. H. v. 6.396,15 € stellt einen sonstigen Zinsertrag dar.

Buchung: SKR 03/SKR 04

Datum	Umsatz	Gegenkonto	Konto	Buchungstext
31.12.2013	43.603,85 € (H)	4790/6790	0974/3090	Rückstellungen für Garantieverpflichtungen
31.12.2013	6.396,15 € (H)	2144/7362	0974/3090	Zinsertrag aus der Abzinsung von Rückstellungen

Gewinnauswirkung Buchungssatz 1: – 43.603,85 €

Gewinnauswirkung Buchungssatz 2: + 6.396,15 €

Zum 31.12.2014 ist der Wert der Rückstellung in der Bilanz wie folgt zu ermitteln:

Vervielfältiger drei Jahre	3,07
Vervielfältiger zwei Jahre	2,90
Differenz	0,17

Die Differenz von 0,17 entspricht der zusätzlichen Laufzeit ab dem zweiten Jahr, nämlich den 270 Tagen bis zum 30.09.2017. Der anzuwendende Zinssatz ergibt sich wie folgt:

Zinssatz für drei Jahre	3,07% – (90 : 360 × 0,17%)	=
	3,07% – 0,0425%	= 3,0275%

oder

Zinssatz für zwei Jahre	2,90% + (270 : 360 × 0,17%)	=
	2,90% + 0,1275%	= 3,0275%

Es ergibt sich ein Divisor:

(1+3,0275 : 100) ^ (Restlaufzeit) = 1,08548.

Damit ergibt sich ein Rückstellungsbetrag zum 31.12.2014 i. H. v. 50.000 € : 1,08 548 = 46.062,64 € (neuer Barwert). Der Abzinsungsbetrag i. H. v. 3.937,36 € stellt einen Aufwand dar.

Buchung: SKR 03/SKR 04

Datum	Umsatz	Gegenkonto	Konto	Buchungstext
31.12.2014	3.937,36 € (H)	2144/7362	0974/3090	Zinsaufwendungen aus der Abzinsung von Rückstellungen

Gewinnauswirkung: – 3.937,36 €

Zum 31.12.2015 ist der Wert der Rückstellung in der Bilanz wie folgt zu ermitteln:

Vervielfältiger zwei Jahre	2,16
Vervielfältiger ein Jahr	2,02
Differenz	0,14

Die Differenz von 0,14 entspricht der zusätzlichen Laufzeit ab dem ersten Jahr, nämlich den 270 Tagen bis zum 30.09.2017. Der anzuwendende Zinssatz ergibt sich wie folgt:

Zinssatz für zwei Jahre	2,16% – (90 : 360 × 0,14%)	=
	2,16% – 0,0035%	= 2,125%

oder

Zinssatz für ein Jahr	2,02 % + (270 : 360 × 0,14 %)	=
	2,02 % + 0,105 %	= 2,152 %

Es ergibt sich ein Divisor:
(1+2,125 : 100) ^ (Restlaufzeit) = 1,03748.

Damit ergibt sich ein Rückstellungsbetrag zum 31.12.2015 i. H. v. 50.000 € : 1,03 748 = 48.193,55 € (neuer Barwert). Der Abzinsungsbetrag i. H. v. 1.806,45 € stellt einen Aufwand dar.

Buchung: SKR 03/SKR 04

Datum	Umsatz	Gegenkonto	Konto	Buchungstext
31.12.2015	1.806,45 € (H)	2144/7362	0974/3090	Zinsaufwendungen aus der Abzinsung von Rückstellungen

Gewinnauswirkung: – 1.806,45 €

Aufgrund der verbleibenden Restlaufzeit zum 31.12.2016 von weniger als zwölf Monaten müsste gemäß dem o. g. Sachverhalt eine Abzinsung für die verbleibenden sechs Monate vorgenommen werden. Mangels fortgeführter Zinsliste der Deutschen Bundesbank wird von weiteren Berechnungen abgesehen.

Neben der zuvor aufgezeigten Bruttomethode ist auch die Nettomethode zulässig. Bei der Nettomethode wird bereits der abgezinste Barwert über den Aufwand in der Buchhaltung erfasst.

Beispiel: Nettomethode

Die B-GmbH hat zum 31.12.2019 eine Rückstellung für Garantieverpflichtungen i. H. v. 50.000 € gebildet. Die Rückstellung wird am 31.12.2023 fällig. Die Restlaufzeit der Rückstellung beträgt zum Bilanzstichtag noch vier Jahre.

Die Rückstellung wird mit dem abgezinsten Barwert verbucht:

1 : (1 + 0,84 : 100) ^ (Restlaufzeit)	= 0,96697
50.000 € × 0,96697	= 48.349 €

Buchung: SKR 03/SKR 04

Datum	Umsatz	Gegenkonto	Konto	Buchungstext
31.12.2019	48.349 € (H)	4790/6790	0974/3090	Rückstellungen für Garantieverpflichtungen

Gewinnauswirkung: – 48.349 €

Zum 31.12.2020 beträgt die Laufzeit der Rückstellung noch mehr als zwölf Monate, insofern ist erneut eine Abzinsung auf den Barwert vorzunehmen. Der Zinssatz zum 31.12.2020 beträgt 0,54 %.

1 : (1 + 0,54 : 100) ^ (Restlaufzeit)	= 0,98397
50.000 € × 0,98397	= 49.198,50 €

Bilanzansatz zum 31.12.2019	48.349,00 €
Bilanzansatz zum 31.12.2020	49.198,50 €
Differenz	849,50 €

Die Rückstellung muss zum Bilanzstichtag (31.12.2020) erneut erhöht werden.

Buchung: SKR 03/SKR 04

Datum	Umsatz	Gegenkonto	Konto	Buchungstext
31.12.2020	849,50 € (H)	2144/7362	0974/3090	Zinsaufwendungen aus der Abzinsung von Rückstellungen

Gewinnauswirkung: – 849,50 €

Zum 31.12.2021 beträgt die Laufzeit der Rückstellung noch mehr als zwölf Monate, insofern ist erneut eine Abzinsung auf den Barwert vorzunehmen. Der Zinssatz zum 31.12.2021 beträgt 0,34 %.

1 : (1 + 0,34 : 100) ^ (Restlaufzeit)	= 0,99323
50.000 € × 0,99323	= 49.661,50 €

Bilanzansatz zum 31.12.2020	49.198,50 €
Bilanzansatz zum 31.12.2021	49.661,50 €
Differenz	463,00 €

Die Rückstellung muss zum Bilanzstichtag (31.12.2021) wieder aufgestockt werden.

Buchung: SKR 03/SKR 04

Datum	Umsatz	Gegenkonto	Konto	Buchungstext
31.12.2021	463,00 € (H)	2144/7362	0974/3090	Zinsaufwendungen aus der Abzinsung von Rückstellungen

Gewinnauswirkung: – 463,00 €

4.3 Auflösung von Rückstellungen

Zum Bilanzstichtag sind die Rückstellungen dem Grunde und der Höhe nach zu überprüfen. Muss der Unternehmer noch ernsthaft mit der Inanspruchnahme aus einer Verpflichtung rechnen? In welcher Höhe muss er noch mit einer Inanspruchnahme durch den Gläubiger rechnen? Wurde der Unternehmer bereits unterjährig in Anspruch genommen, ist die Rückstellung aufzulösen. Dazu gibt es drei Möglichkeiten. Die Auflösung kann erfolgsneutral erfolgen, wenn die Höhe der Rückstellung mit dem tatsächlichen Betrag der Verpflichtung, für die der Unternehmer in Anspruch genommen wurde, übereinstimmt. Ist die Rückstellung höher als der tatsächliche Aufwand, verbleibt ein Ertrag aus der Auflösung der Rückstellung, der sich gewinnerhöhend auswirkt. Wurde die Rückstellung niedriger passiviert als der tatsächliche Aufwand, ergibt sich ein Aufwand, der das Ergebnis des aktuellen Wirtschaftsjahres beeinflusst. Wie die Buchungen zu den Einzelfällen vorzunehmen sind, zeigen wir Ihnen in den folgenden Kapiteln.

4.3.1 Erfolgsneutrale Auflösung

Unternehmer R rechnet für die Jahresabschlusserstellung 2023 mit Kosten durch den Steuerberater i. H. v. 3.000 €. Er bildet eine Rückstellung in entsprechender Höhe im Jahresabschluss **2023**.

Datum	Umsatz	Gegenkonto	Konto	Buchungstext
31.12.2023	3.000 € (H)	4957/6927	0977/3095	Rückstellung Jahresabschlusskosten 2023

Gewinnauswirkung: – 3.000 €

Der Ausweis in der Bilanz erfolgt nach § 266 Abs. 3 HGB unter B. Rückstellungen, 3. »Sonstige Rückstellungen«.

Der Ausweis in der Gewinn- und Verlustrechnung erfolgt nach § 275 Abs. 2 HGB (bei Anwendung des Gesamtkostenverfahrens) unter 8. »Sonstige betriebliche Aufwendungen« und nach § 275 Abs. 3 HGB (bei Anwendung des Umsatzkostenverfahrens) unter 7. »Sonstige betriebliche Aufwendungen«.

Im Jahr **2024** erhält der Unternehmer die Rechnung seines Steuerberaters über 3.570 € brutto für das Erstellen des Jahresabschlusses. Er bucht die Rechnung des Steuerberaters wie folgt ein:

Datum	Umsatz	Gegenkonto	Konto	Buchungstext
01.02.2024	3.000 € (S)	0977/3095	1200/1800	Rechnung StB Jahresabschluss 2023
	570 € (S)	1576/1406	1200/1800	abziehbare Vorsteuer

Gewinnauswirkung: keine

Davon ausgehend, dass es sich um einen zum vollen Vorsteuerabzug berechtigten Unternehmer handelt, der keine Umsätze nach § 15 Abs. 2 UStG ausführt (z. B. umsatzsteuerfreie Umsätze oder Umsätze, die im Ausland steuerfrei wären, wenn sie im Inland ausgeführt würden), kann er die abziehbare Vorsteuer i. H. v. 570 € in voller Höhe als Vorsteuer in seiner Umsatzsteuervoranmeldung bzw. bei einem Jahreszahler in seiner Umsatzsteuerjahreserklärung des Jahres 2024 geltend machen.

4.3.2 Rückstellung ist höher als der tatsächliche Aufwand

Der Unternehmer R erwartet eine Gewerbesteuernachzahlung i. H. v. 7.000 € für 2023 und hat diesen Betrag entsprechend als Aufwand verbucht.

2024 ergeht der Gewerbesteuerbescheid für das Kalenderjahr 2023. Er weist eine Gewerbesteuernachzahlung i. H. v. 6.500 € aus und ist nicht zu beanstanden.

Für die Gewerbesteuer ist eine Rückstellung nach § 249 Abs. 1 HGB zu bilden, weil es sich um eine der Höhe nach ungewisse Verbindlichkeit handelt.

Buchungen im Wirtschaftsjahr **2023**:

Datum	Umsatz	Gegenkonto	Konto	Buchungstext
31.12.2023	7.000 € (H)	4320/7610	0956/3035	GewSt-Rückstellung § 4 Abs. 5b EStG für 2023

Gewinnauswirkung: – 7.000 €

Der Ausweis in der Bilanz erfolgt nach § 266 Abs. 3 HGB unter B. Rückstellungen, 3. Steuerrückstellungen.

Der Ausweis in der Gewinn- und Verlustrechnung erfolgt nach § 275 Abs. 2 HGB (Gesamtkostenverfahren) unter 14. Steuern vom Einkommen und Ertrag. Nach § 275 Abs. 3 HGB erfolgt der Ausweis bei Anwendung des Umsatzkostenverfahrens unter 13. Steuern vom Einkommen und Ertrag.

Buchungen im Wirtschaftsjahr **2024**:

Im ersten Schritt erfolgt der Vortrag des EB-Werts (Eröffnungsbilanzwert), das Gegenkonto ist der Saldenvortrag.

Datum	Umsatz	Gegenkonto	Konto	Buchungstext
01.01.2024	7.000 € (H)	9000/9000	0956/3035	Vortrag GewSt-Rückstellung § 4 Abs. 5b EStG für 2023
01.02.2024	6.500 € (H)	0956/3035	1200/1800	Gewerbesteuer 2023gem. § 4 Abs. 5b EStG

Gewinnauswirkung: keine

Im zweiten Schritt wird die Zahlung der Gewerbesteuer 2023 gem. Gewerbesteuerbescheid verbucht.

Datum	Umsatz	Gegenkonto	Konto	Buchungstext
01.02.2024	500 € (H)	0956/3035	2283/7643	Erträge aus der Auflösung von GewSt-Rückstellungen § 4 Abs. 5b EStG

Gewinnauswirkung: +500 €

Im letzten Schritt löst man den Betrag, der den tatsächlichen Gewerbesteueraufwand übersteigt, erfolgswirksam über das Konto »Erträge aus der Auflösung von Gewerbesteuerrückstellungen § 4 Abs. 5b EStG« auf.

4.3.3 Rückstellung ist niedriger als der tatsächliche Aufwand

Unternehmer R konnte notwendige Instandhaltungsmaßnahmen an der Fassade seines Bürogebäudes (neuer Putz und Streichen der Fassade) im Geschäftsjahr 2023 zeitlich nicht mehr vornehmen. Die Instandhaltungsmaßnahmen werden jedoch im Februar 2024 durch eine Firma durchgeführt. Bereits im Dezember 2023 hat sich R einen Kostenvoranschlag geben lassen. Der Kostenvoranschlag der Malerfirma lautete auf 15.000 € zzgl. 2.850 € Umsatzsteuer.

Anfang März 2024 erhält R eine Rechnung der Malerfirma über 16.000 € zzgl. 3.040 € Umsatzsteuer. Er überweist den Rechnungsbetrag noch im März 2024.

Nach den Sachverhaltsangaben handelt es sich um eine Rückstellung für im Geschäftsjahr unterlassene Aufwendungen für Instandhaltung, die im folgenden Geschäftsjahr innerhalb von drei Monaten nachgeholt werden (§ 249 Abs. 1 Nr. 1 1. Halbsatz HGB).

Buchung im Wirtschaftsjahr **2023**:

Datum	Umsatz	Gegenkonto	Konto	Buchungstext
10.12.2023	15.000 € (H)	4801/6450	0971/3075	Reparatur und Instandhaltung von Bauten

Gewinnauswirkung: -15.000 €

Die Kosten laut Kostenvoranschlag werden als Aufwand für Reparatur und Instandhaltung von Bauten eingebucht und wirken sich im Wirtschaftsjahr 2023 gewinnmindernd aus. Der Ausweis in der Bilanz erfolgt nach § 266 Abs. 3 HGB unter B. Rückstellungen, 3. Sonstige Rückstellungen. Der Ausweis in der Gewinn- und Verlustrechnung erfolgt nach § 275 Abs. 2 HGB (bei Anwendung des Gesamtkostenverfahrens) unter 8. Sonstige betriebliche Aufwendungen und nach § 275 Abs. 3 HGB (bei Anwendung des Umsatzkostenverfahrens) unter 7. Sonstige betriebliche Aufwendungen.

Buchungen im Wirtschaftsjahr **2024**:

Datum	Umsatz	Gegenkonto	Konto	Buchungstext
01.01.2024	15.000 € (H)	9000/9000	0971/3075	Vortrag Rückstellung für unterlassene Aufwendungen für Instandhaltung, Nachholung in den ersten drei Monaten

Im ersten Schritt erfolgt der Vortrag des EB-Werts, das Gegenkonto ist der Saldenvortrag.

Datum	Umsatz	Gegenkonto	Konto	Buchungstext
30.03.2024	15.000 € (H)	0971/3075	1200/1800	Verbrauch Rückstellung für unterlassene Aufwendungen für Instandhaltung, Nachholung in den ersten drei Monaten

Gewinnauswirkung: keine

Im zweiten Schritt wird der Verbrauch der Rückstellung für die unterlassene Aufwendung für Instandhaltung gebucht. Das Gegenkonto ist hierbei das Bankkonto.

Datum	Umsatz	Gegenkonto	Konto	Buchungstext
30.03.2024	1.000 € (H)	4801/6450	1200/1800	Aufwendungen für Instandhaltung von Bauten

Gewinnauswirkung: -1.000 €

Im dritten Schritt wird der Aufwand, der die Rückstellung übersteigt, auf das Instandhaltungskonto gebucht. Das Gegenkonto ist auch hier wieder das Bankkonto. Die abziehbare Vorsteuer wird in einem letzten Schritt wie folgt verbucht:

Datum	Umsatz	Gegenkonto	Konto	Buchungstext
30.03.2024	3.040 € (H)	1576/1406	1200/1800	abziehbare Vorsteuer 19 %

Gewinnauswirkung: keine

4.4 Rückstellungsspiegel im Anhang

Kapitalgesellschaften und voll haftungsbeschränkte Personengesellschaften sind nach §§ 264 Abs. 1 und 264a Abs. 1 HGB verpflichtet, den von ihnen erstellten Jahresabschluss um einen Anhang zu ergänzen. Lediglich sog. Kleinstkapitalgesellschaften i. S. d. § 267a HGB sowie Personengesellschaften sind davon ausgenommen. Sie müssen dann aber gem. § 264 Abs. 1 Satz 5 HGB entsprechende Angaben in der Bilanz machen.

Kleinstkapitalgesellschaften sind kleine Kapitalgesellschaften, die mindestens zwei der drei folgenden Größenmerkmale nicht überschreiten:

- Bilanzsumme gem. § 267 Abs. 4a HGB: ≤ 450.000 €,
- Umsatzerlöse i. S. d. § 277 Abs. 1 HGB ≤ 900.000 €,
- Anzahl der Arbeitnehmer ≤ 10.

Kleine, mittlere und große Gesellschaften müssen indes einen Anhang erstellen. Mit ihnen haben wir es zu tun, wenn ein Unternehmen mindestens zwei der drei folgenden Merkmale an zwei aufeinanderfolgenden Geschäftsjahren über- bzw. unterschreitet:

	Klein	Mittel	Groß
Bilanzsumme	≤ 7.500 T€	≤ 25.000 T€	> 25.000 T€
Umsatzerlöse	≤ 15.000 T€	≤ 50.000 T€	> 50.000 T€
Arbeitnehmer	≤ 50	≤ 250	> 250

Gem. § 264 Abs. 2 Satz 1 HGB hat der Jahresabschluss unter Beachtung der Grundsätze ordnungsmäßiger Buchführung ein den tatsächlichen Verhältnissen entsprechendes Bild der Vermögens-, Finanz- und Ertragslage zu vermitteln. Dies trifft ebenso auf den Anhang zu, der den Jahresabschluss ergänzt. Der Anhang hat wiederrum nach dem Grundsatz der Vollständigkeit sämtliche Pflichtangaben zu enthalten, die sich aus dem Gesetz ergeben. Der ebenfalls zu berücksichtigende Grundsatz der Wesentlichkeit bezieht sich auf Informationen, die für den Adressaten und seine Entscheidungen nützlich und von Bedeutung sind[14]. Darüber hinaus sind die Grundsätze der Wahrheit, Klarheit, Übersichtlichkeit und Stetigkeit beim Erstellen des Anhangs zu beachten. Diese Prinzipien werden im Buch »Der Anhang nach HGB« von Ulrike Eidel und Michael Strickmann ausführlich erläutert[15].

Nach § 285 Nr. 12 HGB sind, neben den bereits unter § 284 HGB genannten Erläuterungen zur Bilanz und zur Gewinn- und Verlustrechnung, ferner Angaben im Anhang zu machen über:

[…] Nr. 12. Rückstellungen, die in der Bilanz unter dem Posten »sonstige Rückstellungen« nicht gesondert ausgewiesen werden […].

Sie sind im Anhang zu erläutern, wenn sie einen nicht unerheblichen Umfang haben. Lediglich die kleinen Gesellschaften sind nach § 288 Abs. 1 Nr. 1 HGB von der Pflicht zur Angabe der »sonstigen Rückstellungen« befreit.

14 Vgl. Poelzig in Schmidt/Ebke, HGB, Band 4, 2013, § 284 HGB Rz. 14.
15 Siehe Eidel/Strickmann, Der Anhang nach HGB, 2. Aufl. 2017.

Sollte der Posten »sonstige Rückstellungen« bereits in der Bilanz aufgeschlüsselt worden sein, sodass erkennbar ist, welche Einzelpositionen sich hinter dem Posten verbergen, kann von weiteren Erläuterung i. S. d. § 285 Nr. 12 HGB abgesehen werden. Ein Beispiel für die bereits gesondert ausgewiesenen Rückstellungen in der Bilanz stellen u. a. die Steuerrückstellungen dar, ebenso die Rückstellungen für Pensionen und ähnliche Verpflichtungen (vgl. § 266 Abs. 3 B. HGB).

Im Wesentlichen sind als Erläuterung der Position »sonstige Rückstellung« im Anhang folgende Angaben zu machen:

- Art der Rückstellung, z. B. Rückstellung für latente Steuern, Rückstellungen für unterlassene Instandhaltung etc. und
- Höhe der Rückstellung.

Ausdrücklich nicht vom Gesetzgeber gefordert, wird eine tabellarische Aufstellung aller einzelnen Rückstellungsarten und deren Größenordnungen. Im Anhang soll, im Sinne der Wesentlichkeit, auf die bedeutenden Rückstellungen, die unter den sonstigen Rückstellungen ausgewiesen werden, Bezug genommen werden. Dabei können die wesentlichen Beträge entweder als absoluter Betrag oder als Prozentsatz erläutert werden[16].

Beispiele:

Unter der Position »sonstige Rückstellungen« sind Gewährleistungsrückstellungen i. H. v. 30.000 € sowie Steuerrückstellungen i. H. v. 10.000 €.

Sonstige Rückstellungen	**€**
Rückstellungen für Gewährleistung	30.000
Steuerrückstellungen	10.000
Summe	**40.000**

Die Summe der »sonstigen Rückstellungen« i. H. v. insgesamt 100.000 € enthält zu 25 % Steuerrückstellungen, zu 20 % Rückstellungen für unterlassene Instandhaltungen, zu 10 % Rückstellungen für die Erstellung des Jahresabschlusses und zu 45 % Gewährleistungsrückstellungen.

16 Vgl. Hoffmann/Lüdenbach, Bilanzierung, 2017, § 285 HGB, Rz. 103; Krawitz in Hofbauer/ Kupsch, Rechnungslegung, § 285 HGB, Rz. 219.

Sonstige Rückstellungen	**€**	**%**
Rückstellungen für Gewährleistung	45.000	45
Steuerrückstellungen	25.000	25
Rückstellung für die Erstellung des Jahresabschlusses	10.000	10
Rückstellungen für unterlassene Instandhaltungen	20.000	20
Summen	**100.000**	**100**

5 Rückstellungen in der Steuerbilanz

5.1 Ansatz, Grundsatz der Maßgeblichkeit

Der Grundsatz der Maßgeblichkeit verknüpft das Handelsrecht mit dem Steuerrecht. Niedergeschrieben ist der Grundsatz der Maßgeblichkeit der Handelsbilanz für die Steuerbilanz in § 5 Abs. 1 Satz 1 EStG:

> ***§ 5 Abs. 1 Satz 1 EStG***
> *Bei Gewerbetreibenden, die auf Grund gesetzlicher Vorschriften verpflichtet sind, Bücher zu führen und regelmäßig Abschlüsse zu machen, oder die ohne eine solche Verpflichtung Bücher führen und regelmäßig Abschlüsse machen, ist für den Schluss des Wirtschaftsjahres das Betriebsvermögen anzusetzen (§ 4 Absatz 1 Satz 1), das nach den handelsrechtlichen Grundsätzen ordnungsmäßiger Buchführung auszuweisen ist, es sei denn, im Rahmen der Ausübung eines steuerlichen Wahlrechts wird oder wurde ein anderer Ansatz gewählt. [...].*

Entsprechend diesem Grundsatz ist der Ansatz des Vermögensgegenstands in der Handelsbilanz dem Grunde und der Höhe nach in die Steuerbilanz zu übernehmen. Eine Ausnahme davon ist ebenfalls im Gesetz niedergeschrieben:

Wenn das Steuerrecht einen vom Handelsrecht abweichenden Ansatz vorsieht, wird der Grundsatz der Maßgeblichkeit ausgehebelt. In diesem Falle greift § 5 Abs. 6 EStG, der sog. Bewertungsvorbehalt. Nach dem steuerrechtlichen Bewertungsvorbehalt sind die in § 6 EStG geregelten, vom Handelsrecht abweichenden Bewertungsregeln unabhängig vom Handelsbilanzansatz anzuwenden.

Die abweichend zu bewertenden Wirtschaftsgüter sind in ein laufend zu führendes Verzeichnis aufzunehmen (§ 5 Abs. 1 Satz 2 EStG). Das laufend zu führende Verzeichnis hat nach § 5 Abs. 1 Satz 3 EStG folgende Mindestangaben zu enthalten: Tag der Herstellung/Anschaffung, Anschaffungs- oder Herstellungskosten, die Vorschrift des ausgeübten steuerlichen Wahlrechts und die ggf. vorgenommene Abschreibung.

Für die Beurteilung der Bilanzierungsfähigkeit muss zuvor noch geklärt werden, ob das Wirtschaftsgut überhaupt im Rahmen der Steuerbilanz in Ansatz gebracht werden darf. Nach der überwiegenden Meinung in der Literatur ist diese Beurteilung nach den handelsrechtlichen Grundsätzen ordnungsmäßiger Buchführung vorzunehmen[17].

17 Vgl. BFH, Beschluss v. 26.02.1976 – I R 72/73, BStBl II 1976, S. 13.

Hinsichtlich des Ansatzes gilt Folgendes:

- besteht handelsrechtlich ein Passivierungs**gebot**, folgt ein steuerliches Passivierungs**gebot** und
- besteht handelsrechtlich ein Passivierungs**verbot**, folgt ein steuerliches Passivierungs**verbot**.

Der BFH hat daraus geschlussfolgert, dass das handelsrechtliche Passivierungs**wahlrecht** zu einem steuerrechtlichen Passivierungs**verbot** führt[18]. Durch die Einführung des BilMoG wurden aber viele handelsrechtliche Wahlrechte wieder abgeschafft (§ 5 Abs. 1–4b EStG).

5.2 Steuerliche Sonderregelungen

5.2.1 § 5 Abs. 2a EStG: Verbot der Passivierung von Rückstellungen für Verpflichtungen, die unter der Bedingung der Erzielung künftiger Einnahmen oder Gewinne anfallen

Die Voraussetzung für die zeitliche Verschiebung der Passivierung der Verpflichtungsrückstellung besteht darin, dass die Verpflichtung ausschließlich im Fall künftig erzielter Einnahmen oder Gewinne zu erfüllen ist. Es muss also eine innere Verknüpfung zwischen der Verpflichtung und den zukünftigen Einnahmen oder Gewinnen vorliegen.

Die Rückstellung für die eingegangene Verpflichtung ist erst in dem Zeitpunkt anzusetzen, wenn die Einnahme oder der Gewinn tatsächlich angefallen ist. Maßgeblich ist hier der Zeitpunkt der Vereinnahmung/Realisierung i. S. d. § 4 Abs. 1 EStG. Für den Fall, dass Einnahmen und Gewinne nur für einen Teil der Verpflichtung anfallen, greift das Passivierungsverbot auch nur anteilig. Das Passivierungsverbot besteht also hinsichtlich der Teile der Verpflichtung fort, die nicht durch die bereits anteilig erwirtschafteten Beträge abgedeckt werden können.

Ein Beispiel für den Anwendungsbereich des Passivierungsverbots nach § 5 Abs. 2a EStG ist die steuerliche Behandlung des Rangrücktritts. Die Finanzverwaltung unterscheidet hierbei zwischen dem sog. einfachen und dem sog. qualifizierten Rangrücktritt.

Beim einfachen Rangrücktritt vereinbaren Gläubiger und Schuldner, dass eine Rückzahlung der Verbindlichkeit nur dann zu erfolgen hat, wenn der Schuldner dazu aus

18 BFH, Beschluss v. 03.02.1969 – GrS 2/68, BStBl II 1969, S. 291.

zukünftigen Gewinnen oder aus freiem Vermögen in der Lage ist und der Gläubiger mit seinen Forderungen im Ranking hinter alle anderen Gläubiger zurücktritt[19].

Beim qualifizierten Rangrücktritt erklärt der Gläubiger, dass er bis zur Abwendung einer Krise der Gesellschaft erst nach der Befriedigung aller anderen Gläubiger und zeitgleich mit den, den Gesellschaftern zustehenden Einlagenrückgewähransprüchen, berücksichtigt werden will. Die Forderung des Gläubigers hat also Eigenkapitalcharakter.

Beim einfachen Rangrücktritt ist das Passivierungsverbot nur anzuwenden, wenn die Möglichkeit einer Tilgung aus sonstigem freien Vermögen fehlt[20]. Haben Gläubiger und Schuldner hingegen vereinbart, dass die Verpflichtung aus sonstigem freien Vermögen getilgt werden kann, ist die Verpflichtung weiterhin zu passivieren. Wurde hinsichtlich der Tilgungsmöglichkeit keine Vereinbarung getroffen und kann die Verpflichtung nur aus künftigen Einnahmen oder Gewinnen oder aus einem Liquidationsüberschuss beglichen werden, ist die Verpflichtung gewinnerhöhend auszubuchen.

Nach Ansicht der Finanzverwaltung ist der qualifizierte Rangrücktritt für § 5 Abs. 2a EStG unschädlich[21]. Deshalb muss hier keine Prüfung hinsichtlich der Vereinbarung über die Möglichkeit der Tilgung vorgenommen werden.

Zwei Entscheidungen aus dem Jahr 2015 (vom BGH und vom BFH) schaffen weitere Klarheit hinsichtlich der steuerlichen Behandlung eines Rangrücktritts und seiner Gestaltungsmöglichkeiten[22]. Der BGH hat klargestellt, dass ein Rangrücktritt ausschließlich für die Zeit der Insolvenz nicht ausreicht. Soll durch die Vereinbarung über den Rangrücktritt die Passivierungspflicht vermieden werden, muss sich der Umfang des Rangrücktritts auch auf die Zeit vor und nach der Eröffnung des Insolvenzverfahrens beziehen. Die zeitliche Begrenzung ist nicht ausreichend, weil der Gläubiger durch die Vereinbarung dauerhaft an der Geltendmachung seiner Ansprüche gehindert werden soll.

Der BFH bestätigt in seinem Urteil das Verbot der Passivierung, wenn der Rangrücktritt zur Vermeidung einer Überschuldungssituation so gestaltet ist, dass die Verpflichtungen nur aus den künftigen Gewinnen und Liquidationsüberschüssen zu begleichen sind. Wurde bislang eine verdeckte Einlage im Falle einer, durch das Passivierungsverbot entstehenden Gewinnerhöhung nicht anerkannt, hat der BFH diesbezüglich seine Auffassung geändert. Die aufgrund des bestehenden Passivierungsverbots des

19 BMF, Schreiben v. 08.09.2006 – IV B 2 – S 2133 – 10/06, BStBl. 2006 I 497, Tz. 1.
20 BMF, Schreiben v. 08.09.2006 – IV B 2 – S 2133 – 10/06, BStBl. 2006 I 497, Tz. 6.
21 BMF, Schreiben v. 08.09.2006 – IV B 2 – S 2133 – 10/06, BStBl. 2006 I 497, Tz. 7.
22 BGH, Urteil v. 05.03.2015 – IX ZR 133/14, DStR 2015, S. 767 Nr. 14; BFH, Urteil v. 15.4.2015 – I R 44/14, BStBl 2015 II, S. 769.

§ 5 Abs. 2a EStG erforderliche Gewinnerhöhung, die wiederrum beim Ermitteln des steuerlichen Einkommens der Gesellschaft ertragsteuerlich neutralisiert wurde, ist, bei einem durch das Gesellschaftsverhältnis veranlassten Grund für den Wegfall der Forderung im Zeitpunkt des Rangrücktritts, als eine verdeckte Einlage anzunehmen. Eine Voraussetzung ist hierbei auch, dass die Forderung noch nicht uneinbringlich geworden ist.

5.2.2 § 5 Abs. 3 EStG: Verbot der Passivierung von Rückstellungen wegen Schutzrechtsverletzungen

Rückstellungen, die aufgrund der Verletzung von Schutzrechten gebildet werden müssen, fallen handelsrechtlich unter die Rückstellungen für ungewisse Verbindlichkeiten gem. § 249 Abs. 1 Satz 1 HGB. In der Handelsbilanz ist die Rückstellung zu bilden, wenn der Unternehmer mit der Inanspruchnahme ernsthaft rechnen muss (vgl. Kapitel 4.2.1).

Unter die hier genannten Schutzrechte fallen Patente, Gebrauchsmusterrechte, Dienstleistungsmarkenrechte, ausländische Schutzrechte, Urheberrechte und denen ähnliche Rechte.

In der Steuerbilanz ist – entgegen dem Verbot der Passivierung – eine Rückstellung wegen Schutzrechtsverletzungen zu bilden, wenn der Rechteinhaber bereits Ansprüche aufgrund der Rechtsverletzung geltend gemacht hat (§ 5 Abs. 3 Satz 1 Nr. 1 EStG) oder aber mit der Inanspruchnahme ernsthaft gerechnet werden muss (§ 5 Abs. 3 Satz 1 Nr. 2 EStG). Für die Geltendmachung der Verletzung von Schutzrechten reicht es aus, die Verletzung mündlich oder schriftlich gegenüber dem, der die Schutzrechte verletzt hat, anzumahnen. Nicht notwendig ist, dass bereits Klage erhoben wurde.

Mit der Inanspruchnahme muss der Unternehmer ernsthaft rechnen, wenn die Rechteverletzung wahrscheinlich ist. Abgrenzend hierzu ist es nicht erforderlich, dass der Rechteinhaber von der Verletzung seiner Rechte Kenntnis hatte oder bereits Ansprüche geltend gemacht hat (H 5.7 Abs. 10 »Patentverletzung« EStH). In einem Urteil des FG Thüringen vom 26.06.2014 wird aber bei einer Verletzung von Lizenzrechten die Kenntnis des Rechteinhabers verlangt[23]. Das FG begründet sein Urteil damit, dass bei Lizenzen nicht verlangt werden kann, dass der Lizenzinhaber ständig den Markt beobachtet und dadurch die notwendige Kenntnis über die Rechteverletzung erlangt. Bei der Möglichkeit, dass mit der Inanspruchnahme ernsthaft gerechnet werden muss, ist die Rückstellung zwingend spätestens in der Steuerbilanz des dritten auf ihre erstmalige Bildung folgenden Wirtschaftsjahres gewinnerhöhend aufzulösen, wenn die An-

23 FG Thüringen, Urteil v. 26.06.2014 – 1 K 240/12, EFG 2014, 1661.

sprüche entgegen der ursprünglichen Annahme nicht geltend gemacht worden sind (vgl. § 5 Abs. 3 Satz 2 EStG). In diesem Fall (der Rechteinhaber hat keine Ansprüche geltend gemacht) wird das Bilanzierungsverbot für maximal drei Jahre umgangen.

5.2.3 § 5 Abs. 4 EStG: Verbot der Passivierung von Rückstellungen für Dienstjubiläen

Abweichend vom Steuerrecht sind in der Handelsbilanz sämtliche Aufwendungen für rechtsverbindlich zugesagte Leistungen des Arbeitsgebers aus Anlass von Arbeitnehmer-Dienstjubiläen als Rückstellungen zu passivieren. Diese Regelung gilt nicht für die rechtsverbindlich zugesagten Zuwendungen aus Anlass eines Geschäfts- oder Firmenjubiläums[24].

Rückstellungen dürfen in der Steuerbilanz nur gebildet werden, wenn das Dienstverhältnis mindestens zehn Jahre bestanden hat, das Jubiläum das Bestehen eines Dienstverhältnisses von mindestens 15 Jahren voraussetzt, die Zusage in Schriftform erteilt worden ist und die Anwartschaft vor dem 31.12.1992 erworben wurde.

Gemäß BMF-Schreiben vom 08.12.2008 muss die Zusage nicht rechtsverbindlich, unwiderruflich und vorbehaltlos erteilt worden sein[25].

Im Folgenden wird das BMF-Schreiben vom 08.12.2008 abgedruckt. Es hilft Ihnen, die Eckpunkte einer Jubiläumsvereinbarung Schritt für Schritt zu prüfen, und gibt Ihnen Rechtssicherheit hinsichtlich der Ermittlung einer Jubiläumsrückstellung seitens der Finanzverwaltung.

Rückstellungen für Zuwendungen anlässlich eines Dienstjubiläums; BMF-Schreiben vom 29. Oktober 1993 (BStBl I S. 898) und 12. April 1999 (BStBl I S. 434) GZ IV C 6 – S 2137/07/10002 DOK 2008/0690725

Nach dem Ergebnis der Erörterung mit den obersten Finanzbehörden der Länder gilt für den Ansatz und die Bewertung von Rückstellungen für Zuwendungen anlässlich eines Dienstjubiläums Folgendes:

1. Begriff der Jubiläumszuwendung

1 Eine Jubiläumszuwendung ist jede Einmalzuwendung in Geld- oder Geldeswert an den Arbeitnehmer anlässlich eines Dienstjubiläums, die dieser neben dem laufenden Arbeitslohn und anderen sonstigen Bezügen erhält. Dazu gehören auch zusätzliche Urlaubstage im Jubiläumsjahr.

24 BFH, Urteil v. 29.11.2000 – I R 31/00, BStBl 2004 II S. 41.
25 BMF, Schreiben v. 08.12.2008, BStBl 2008 I 1013, Tz. 4.

2. Voraussetzungen für die Bildung von Rückstellungen für Zuwendungen anlässlich eines Dienstjubiläums

2 Nach § 5 Abs. 4 EStG ist die Bildung einer Rückstellung für die Verpflichtung zu einer Zuwendung anlässlich eines Dienstjubiläums nur zulässig, wenn das maßgebende Dienstverhältnis mindestens zehn Jahre bestanden hat, die Zuwendung das Bestehen eines Dienstverhältnisses von mindestens 15 Jahren voraussetzt und die Zusage schriftlich erteilt wird. Darüber hinaus kann ausschließlich der Teil der Anwartschaft berücksichtigt werden, der auf die Dienstzeiten nach dem 31. Dezember 1992 entfällt (vgl. auch Randnummern 13 bis 16).

3 Liegen die Voraussetzungen des § 5 Abs. 4 EStG vor, kann eine Rückstellung aber dennoch nicht angesetzt werden, wenn der Steuerpflichtige nicht ernsthaft damit rechnen muss, aus der Zusage auch tatsächlich in Anspruch genommen zu werden (vgl. R 5.7 Abs. 5 EStR 2005 zur Wahrscheinlichkeit der Inanspruchnahme aus einer Verpflichtung).

4 Es ist nicht erforderlich, dass die Zusage rechtsverbindlich, unwiderruflich und vorbehaltlos erteilt wird. Bei Verpflichtungen mit Widerrufsvorbehalten ist aber in besonderem Maße zu prüfen, ob die Entstehung der Verbindlichkeit nach der bisherigen betrieblichen Übung oder nach den objektiv erkennbaren Tatsachen am zu beurteilenden Bilanzstichtag wahrscheinlich im Sinne von Randnummer 3 ist (BFH-Urteil vom 18. Januar 2007 BStBl 2008 II S. 956).

3. Schriftformerfordernis

5 Rückstellungen für Jubiläumszuwendungen können nach § 5 Abs. 4 EStG nur passiviert werden, wenn die Zusage schriftlich erteilt wurde. Hinsichtlich des Schriftformerfordernisses gilt R 6a Abs. 7 EStR 2005 entsprechend.

4. Bewertung der Verpflichtung

a) Umfang der Verpflichtung

6 Für die Bewertung der zugesagten Leistungen sind die Wertverhältnisse am Bilanzstichtag maßgebend. Die Grundsätze der Inventurerleichterung bei der Bewertung von Pensionsrückstellungen gemäß R 6a Abs. 18 EStR 2005 sind entsprechend anzuwenden. Soll der Arbeitgeber die Lohnsteuerbelastung des Arbeitnehmers tragen (Nettolohnvereinbarung), ist der am Bilanzstichtag geltende Steuertarif zu berücksichtigen. Änderungen der Bemessungsgrundlage oder des Steuertarifes, die erst nach dem Bilanzstichtag wirksam werden, sind zu berücksichtigen, wenn sie am Bilanzstichtag bereits feststehen.

b) Berücksichtigung der Wahrscheinlichkeit des Ausscheidens

7 Die Bildung einer Rückstellung für eine dem Arbeitnehmer zugesagte Jubiläumszuwendung setzt voraus, dass das Dienstverhältnis mindestens zehn Jahre bestanden hat (vgl. Randnummer 2). Mit dieser Regelung wird das Ausscheiden von Arbeitnehmern aufgrund von Kündigungen (Fluktuation) in

pauschaler Weise berücksichtigt. Ein zusätzlicher Fluktuationsabschlag zum jeweiligen Bilanzstichtag ist nicht vorzunehmen.
Demgegenüber ist die Wahrscheinlichkeit des Ausscheidens wegen Tod oder Invalidität gesondert zu ermitteln.

8 Für die Bestimmung des Zeitpunktes, zu dem der Begünstigte wegen des Eintritts in den Ruhestand aus dem Unternehmen ausscheidet, ist das dienstvertragliche Pensionsalter, spätestens die jeweilige Regelaltersgrenze in der gesetzlichen Rentenversicherung zugrunde zu legen. Sofern für den Begünstigten auch eine Pensionszusage besteht, ist dasselbe Alter zu berücksichtigen, das nach R 6a Abs. 11 EStR 2005 bei der Bewertung der Pensionsrückstellung angesetzt wird.

c) Bewertungsverfahren

- Bewertung unter Berücksichtigung der anerkannten Regeln der Versicherungsmathematik

9 Der Teilwert der Verpflichtung zur Leistung der einzelnen Jubiläumszuwendung ist grundsätzlich unter Berücksichtigung der anerkannten Regeln der Versicherungsmathematik als Barwert der künftigen Jubiläumszuwendung am Schluss des Wirtschaftsjahres abzüglich des sich auf denselben Zeitpunkt ergebenen Barwertes betragsmäßig gleich bleibender Jahresbeträge zu ermitteln; auf Nummer 2 des BMF-Schreibens vom 16. Dezember 2005 (BStBl I S. 1054) zum Übergang auf die »Richttafeln 2005 G« von Professor Klaus Heubeck wird hingewiesen. Die Jahresbeträge sind dabei so zu bemessen, dass ihr Barwert zu Beginn des Wirtschaftsjahres, in dem die für die Jubiläumszuwendung maßgebende Dienstzeit begonnen hat, gleich dem Barwert der künftigen Jubiläumszuwendung ist. Die künftige Jubiläumszuwendung ist dabei mit dem Betrag anzusetzen, der sich nach den Verhältnissen am Bilanzstichtag ergibt. Zur Ermittlung des Teilwertes ist die Verpflichtung unter Zugrundelegung eines Zinssatzes von mindestens 5,5% abzuzinsen.

- Pauschalwertverfahren

10 Es ist nicht zu beanstanden, wenn der Teilwert abweichend von Randnummer 9 nach einem pauschalen Verfahren (Pauschalwertverfahren) ermittelt wird. Dabei sind zwingend die Werte der in der Anlage beigefügten Tabelle zugrunde zu legen. Diese Werte berücksichtigen bereits die Wahrscheinlichkeit des Ausscheidens und die Abzinsung.

11 Die Berechnung der Rückstellungen kann für alle Jubiläumsverpflichtungen des Betriebes nur einheitlich entweder nach dem Verfahren gemäß Randnummer 9 oder nach dem Pauschalwertverfahren gemäß Randnummer 10 erfolgen. Das gewählte Verfahren bindet den Steuerpflichtigen für fünf Wirtschaftsjahre.

12 **Beispiel 1**

Erforderliche Dienstjahre für die Jubiläumszuwendung:	25 Jahre
Höhe der Zuwendung:	2.000 €
Beginn des maßgebenden Dienstverhältnisses:	1. Januar 1996
Berechnung der Rückstellung zum 31. Dezember 2008:	
abgeleistete Dienstjahre:	13 Jahre
Wert gemäß Anlage je 1.000 €:	173 €
anzusetzende Rückstellung somit: 173 € × 2=	**346 €**

d) Kürzung der Rückstellung bei Beginn des Dienstverhältnisses vor dem 1. Januar 1993

13 Nach § 5 Abs. 4 EStG können Rückstellungen nur passiviert werden, soweit der Zuwendungsberechtigte seine Anwartschaft nach dem 31. Dezember 1992 erworben hat. Demzufolge ist in den Fällen, in denen das für die Jubiläumszuwendung maßgebende Dienstverhältnis vor dem 1. Januar 1993 begonnen hat, die nach den Randnummern 9 oder 10 ermittelte Rückstellung um den Teilbetrag zu kürzen, der sich bezogen auf die Verhältnisse am Bilanzstichtag als Rückstellungsbetrag nach dem gleichen Verfahren zum 31. Dezember 1992 ergeben hätte.

14 Bei einer Veränderung der Jubiläumszuwendung ist der Kürzungsbetrag neu zu ermitteln. Eine Kürzung ist auch in den Fällen vorzunehmen, in denen die Zusage zwar nach dem 31. Dezember 1992 erteilt oder verändert wird, sich aber auch auf Dienstzeiten vor dem 1. Januar 1993 bezieht.

15 **Beispiel 2**

Erforderliche Dienstjahre für die Jubiläumszuwendung:	30 Jahre
Höhe der Zuwendung:	3.000 €
Beginn des maßgebenden Dienstverhältnisses:	1. März 1990
Berechnung zum 31. Dezember 2008:	
a) Rückstellung zum 31. Dezember 2008:	
abgeleistete Dienstjahre (aufgerundet):	19 Jahre
Wert gemäß Anlage je 1.000 €:	225 €
Rückstellung somit: 225 € × 3=	*675 €*
b) Rückstellung zum 31. Dezember 1992:	
abgeleistete Dienstjahre (aufgerundet): 3	Jahre
Wert gemäß Anlage je 1.000 €:	14 €
Rückstellung somit: 14 € × 3=	*42 €*
Anzusetzen zum 31. Dezember 2008: 675 € – 42 €=	**633 €**

16 **Beispiel 3**

Erforderliche Dienstjahre für die Jubiläumszuwendung:	40 Jahre
Höhe der Zuwendung:	1 Monatsgehalt
Beginn des maßgebenden Dienstverhältnisses:	1. Oktober 1991
Monatsgehalt zum 31. Dezember 2008:	3.000 €
Monatsgehalt zum 31. Dezember 2009:	3.200 €
Berechnung der Rückstellung zum 31. Dezember 2008:	
a) Rückstellung zum 31. Dezember 2008:	
abgeleistete Dienstjahre (abgerundet):	17 Jahre
Wert gemäß Anlage je 1.000 €:	73 €
Rückstellung somit: 73 € × 3=	*219 €*
b) Rückstellung zum 31. Dezember 1992:	
abgeleistete Dienstjahre (abgerundet):	1 Jahr
Wert gemäß Anlage je 1.000 €: ^	2 €
Rückstellung somit: 2 € × 3=	*6 €*
Anzusetzen zum 31. Dezember 2008: 219 € – 6 €=	**213 €**
Berechnung zum 31. Dezember 2009:	
a) Rückstellung zum 31. Dezember 2009:	
abgeleistete Dienstjahre (abgerundet):	18 Jahre
Wert gemäß Anlage je 1.000 €:	82 €
Rückstellung somit: 82 € × 3,2=	*262,40 €*
b) Rückstellung zum 31. Dezember 1992:	
abgeleistete Dienstjahre (abgerundet):	1 Jahr
Wert gemäß Anlage je 1.000 €:	2 €
Rückstellung somit: 2 € × 3,2=	*6,40 €*
Anzusetzen zum 31. Dezember 2009: 262,40 € – 6,40 €=	**256 €**

Zeitliche Anwendung

17 Dieses Schreiben ist grundsätzlich in allen noch offenen Fällen anzuwenden. Abweichend hiervon gilt für die Anwendung der folgenden Randnummern Folgendes:

a) Randnummer 4 (Jubiläumszusagen mit Widerrufsvorbehalten):

18 Bei Jubiläumszusagen im Sinne von § 5 Abs. 4 EStG, die allein wegen bestehender Widerrufsvorbehalte bislang bilanzsteuerrechtlich nicht berücksichtigt wurden, kann Randnummer 3 erstmals in nach dem 18. Januar 2007 (Datum der BFH-Entscheidung IV R 42/04) aufgestellten Bilanzen berücksichtigt werden. Sie ist spätestens für Bilanzen maßgebend, die nach dem Tag der Veröffentlichung des BFH-Urteils IV R 42/04 im Bundessteuerblatt aufgestellt werden.

19 Der Ansatz einer Rückstellung für eine Jubiläumszusage mit Widerrufsvorbehalt in vor dem 19. Januar 2007 aufgestellten Bilanzen ist im Rahmen einer Bilanzberichtigung nach § 4 Abs. 2 Satz 1 EStG möglich. Diese ist zulässig, wenn der Steuerpflichtige durch den Ausweis einer entsprechenden Rückstellung in der Handelsbilanz oder durch entsprechende Zusätze oder Vermerke in der steuerlichen Gewinnermittlung dokumentiert hat, dass er einen solchen

Ansatz begehrt, und die Festsetzung verfahrensrechtlich noch änderbar ist. Entsprechendes gilt, wenn der Steuerpflichtige nach der erstmaligen Steuerfestsetzung innerhalb der Einspruchsfrist nach § 355 Abgabenordnung (AO) die bilanzielle Berücksichtigung von widerruflichen Jubiläumszusagen erstmals beantragt.

b) Randnummer 8 (maßgebendes Pensionsalter)

20 Randnummer 8 Satz 1 kann erstmals der Gewinnermittlung des Wirtschaftsjahres zugrunde gelegt werden, das nach dem 30. April 2007 (Tag der Veröffentlichung des RV-Altersgrenzenanpassungsgesetzes vom 20. April 2007, BGBl I S. 554, im Bundesgesetzblatt) endet. Sie ist spätestens in der Bilanz des ersten Wirtschaftsjahres zu berücksichtigen, das nach dem 30. Dezember 2008 endet (Übergangszeit).

c) Randnummer 10 und Anlage (Pauschalwertverfahren)

21 Die Anlage dieses Schreibens kann frühestens der pauschalen Bewertung von Rückstellungen für Zuwendungen anlässlich eines Dienstjubiläums am Ende des Wirtschaftsjahres zugrunde gelegt werden, das nach dem 6. Juli 2005 (Tag der Veröffentlichung der »Richttafeln 2005 G« von Prof. Klaus Heubeck) endet, wenn auch bei der Bewertung eventuell vorhandener Pensionsverpflichtungen und sonstiger versicherungsmathematischer Bilanzposten des Unternehmens der Übergang auf die »Richttafeln 2005 G« erfolgt ist (vgl. Nummer 2 des BMF-Schreibens vom 16. Dezember 2005, a. a. O.).

22 Die Übergangsregelungen nach den Randnummern 17 bis 21 gelten einheitlich für alle Verpflichtungen des Unternehmens zur Zahlung von Zuwendungen anlässlich eines Dienstjubiläums. Ab dem Übergangszeitpunkt sind die BMF-Schreiben vom 29. Oktober 1993 (BStBl I S. 898) und 12. April 1999 (BStBl I S. 434) nicht weiter anzuwenden.

Dieses Schreiben wird im Bundessteuerblatt Teil I veröffentlicht.

5.2.4 § 5 Abs. 4a EStG: Verbot der Passivierung von Rückstellungen für drohende Verluste aus schwebenden Geschäften

Im Handelsrecht besteht nach § 249 Abs. 1 Satz 1 HGB die Pflicht, eine Rückstellung für drohende Verluste aus schwebenden Geschäften zu bilden. Dass die Schulden in Höhe der voraussichtlichen Belastung erfasst werden, entspricht dem Vorsichtsprinzip des § 252 Abs. 1 Nr. 4 HGB und dem Vollständigkeitsgebot des § 246 Abs. 1 Satz 1 HGB. Für die Steuerbilanz greift hier das Passivierungsverbot des § 5 Abs. 4a EStG. Es liegt eine Durchbrechung des Grundsatzes der Maßgeblichkeit der Handelsbilanz für die Steuerbilanz vor (§ 5 Abs. 1 EStG).

Ein schwebendes Geschäft liegt vor, wenn zwei Parteien einen Vertrag abgeschlossen haben, der in Bezug auf die vereinbarten Dienstleistungs- oder Sachleistungsverpflichtungen noch nicht erfüllt ist. Nebenpflichten aus dem Vertrag bleiben hierbei außer Acht, es kommt im Wesentlichen auf die Hauptverpflichtung an[26]. In einem ersten Schritt sind die Leistung und die Gegenleistung gegenüberzustellen. Dabei erfolgt eine Saldierung der wechselseitigen Leistungen. In einem zweiten Schritt ist der sich ggf. ergebene übersteigende Betrag (sog. Verpflichtungsüberschuss) zu passivieren[27].

Sollte ein Teil des vereinbarten Geschäfts bereits abgewickelt sein und ergibt sich aus diesem Teil ein Erfüllungsrückstand, ist für diesen Teil in der Steuerbilanz eine Rückstellung für ungewisse Verbindlichkeiten zu passivieren. Hierin besteht auch der wesentliche Unterschied zwischen Verbindlichkeitsrückstellung und Drohverlustrückstellung: Eine Rückstellung für ungewisse Verbindlichkeiten bildet einen Aufwand ab, der für die Vergangenheit angefallen ist. Eine Rückstellung für drohende Verluste aus schwebenden Geschäften stellt indes einen Aufwand dar, der der Zukunft zuzurechnen ist.

Ausnahmen hinsichtlich der Bildung von Rückstellungen für drohende Verluste aus schwebenden Geschäften bilden in der Steuerbilanz die Bewertungseinheiten gem. § 5 Abs. 4a Satz 2 EStG i. V. m. Abs. 1a Satz 2 EStG. Hier wird dem Grundsatz der Maßgeblichkeit der Handelsbilanz für die Steuerbilanz gem. § 5 Abs. 1 EStG wieder Rechnung getragen. Die in der Handelsbilanz gebildete Bewertungseinheit gem. § 254 HGB ist in die Steuerbilanz zu übernehmen. Danach können Schulden, aber auch schwebende Geschäfte unter den Voraussetzungen des § 254 HGB zusammengefasst werden, um gegenläufige Wertänderungen oder Zahlungsströme aus dem Eintritt vergleichbarer Risiken mit Finanzinstrumenten auszugleichen. Führt die Bewertungseinheit zu keinem vollständigen Ausgleich der bestehenden Risiken, verbleibt im Saldo ein Verpflichtungsüberhang, der als Rückstellung für drohende Verluste aus schwebenden Geschäften in der Handelsbilanz dargestellt wird. Diese Rückstellung wird dann als Ausnahme in die Steuerbilanz übernommen.

5.2.5 § 5 Abs. 4b EStG: Verbot der Passivierung von Rückstellungen für Aufwendungen, die in künftigen Wirtschaftsjahren als Anschaffungs- oder Herstellungskosten zu aktivieren sind

§ 5 Abs. 4b EStG untersagt die Bildung von Rückstellungen für Aufwendungen, die in zukünftigen Wirtschaftsjahren zu Anschaffungs- oder Herstellungskosten eines Wirt-

---

26 BFH, Urteil v. 03.02.1993 – I R 37/91, BStBl 1993 II S. 441; BFH, Urteil v. 23.06.1997 – GrS 2/93, BStBl 1997 II S. 735.

27 BFH, Urteil v. 03.02.1993 – I R 37/91, BStBl 1993 II, S. 441.

schaftsguts führen. Im Umkehrschluss sind Rückstellungen für Aufwendungen zulässig, die sofort abzugsfähige Betriebsausgaben darstellen.

§ 5 Abs. 4b Satz 1 EStG gilt nicht für die Anschaffungs- oder Herstellungskosten von Wirtschaftsgütern, die der Erfüllung einer zukünftigen Sachleistungsverpflichtung dienen (z. B. Aktenschränke für die Aufbewahrung von Geschäftsunterlagen, weil jedes Unternehmen, das seine Geschäftspapiere mittels Aktenordnern in separaten Räumen im Büro oder einem ähnlichen Ort aufbewahrt zur Bildung einer Rückstellung für die Aufbewahrung von Geschäftsunterlagen verpflichtet ist)[28]. Ebenfalls nicht anwendbar ist das Passivierungsverbot für ausstehende Rechnungen über bereits erfolgte aktivierungspflichtige Lieferungen oder sonstige Leistungen[29] sowie für künftige Anschaffungs- und Herstellungskosten für Wirtschaftsgüter, die Dritten zuzurechnen sind. Ggf. handelt es sich aber bei der letzten Ausnahme um einen nicht abziehbaren Drittaufwand; der Sachverhalt muss hierauf entsprechend geprüft werden.

Mit seinem Urteil vom 08.11.2016 hat der BFH im Rahmen einer teleologischen Auslegung von § 5 Abs. 4b Satz 1 EStG Stellung genommen. In dieser Stellungnahme heißt es, dass die Passivierung von in künftigen Wirtschaftsjahren als Anschaffungs- oder Herstellungskosten eines Wirtschaftsguts zu aktivierendem Aufwand im Rahmen einer Rückstellung ausgeschlossen ist. Der Ausschluss der Bildung einer Rückstellung liegt darin begründet, dass der Aufwand zu keinem künftigen Ertrag mehr führen kann und damit tatsächlich wertlos ist.

Die Sonderregelung für Kernkraftwerke des § 5 Abs. 4b Satz 2 EStG verbietet die Passivierung von Rückstellungen für Verpflichtungen zur schadlosen Verwertung radioaktiver Reststoffe sowie aus- oder abgebauter radioaktiver Anlagenteile. Das Passivierungsverbot gilt soweit Aufwendungen in einem Zusammenhang mit der Be- oder Verarbeitung von Kernbrennstoffen stehen, die aus der Aufbereitung bestrahlter Kernbrennstoffe gewonnen worden sind und keine radioaktiven Abfälle darstellen. Aber auch hier ist eine Unterscheidung vorzunehmen, weil nach § 5 Abs. 4b Satz 1 EStG Aufwendungen für die Wiederaufbereitung bereits Anschaffungs- oder Herstellungskosten eines Wirtschaftsguts darstellen können. Auf diese Aufwendungen findet das Passivierungsverbot Anwendung. Handelt es sich bei den aufgewendeten Beträgen jedoch nicht um Anschaffungs- oder Herstellungskosten eines Wirtschaftsguts, verbietet § 5 Abs. 4b Satz 2 EStG die Passivierung einer Rückstellung in der Steuerbilanz. Einzige Ausnahme vom Passivierungsverbot sind die Be- oder Verarbeitungsaufwendungen radioaktiver Abfälle.

28 Vgl. BFH, Urteil v. 11.10.2012 – I R 66/11, BStBl 2013 II, S. 676.
29 Vgl. OFD München, Schreiben v. 19.07.2000 – S 2000 – 42 St 41/42.

Für die im HGB angesprochenen Rückstellungen des § 249 HGB ergibt sich damit folgendes Gesamtbild:

Sachverhalt	Ansatz im Handelsrecht	Ansatz im Steuerrecht
Rückstellungen für ungewisse Verbindlichkeiten	Passivierungspflicht, § 249 Abs. 1 Satz 2 HGB	Passivierungspflicht, § 5 Abs. 1 Satz 1 HGB
Rückstellungen für drohende Verluste aus schwebenden Geschäften	Passivierungspflicht, § 249 Abs. 1 Satz 1 HGB	Passivierungsverbot, § 5 Abs. 4a Satz 1 EStG
Kulanzrückstellungen	Passivierungspflicht, § 249 Abs. 1 Satz 2 Nr. 2 HGB	Passivierungspflicht, § 5 Abs. 1 Satz 1 EStG, R 5.7 Abs. 12 EStR
Aufwandsrückstellungen für Instandhaltungen, die innerhalb von drei Monaten nachgeholt werden	Passivierungspflicht, § 249 Abs. 1 Satz 2 Nr. 1 HGB	Passivierungspflicht, § 5 Abs. 1 Satz 1 EStG
Aufwandsrückstellungen für Abraumbeseitigungen, die innerhalb des folgenden Jahres nachgeholt werden	Passivierungspflicht, § 249 Abs. 2 Satz 1 HGB	Passivierungspflicht, § 5 Abs. 1 Satz 1 EStG
andere Aufwandsrückstellungen	Passivierungsverbot, § 249 Abs. 2 Satz 1 HGB	Passivierungsverbot, § 5 Abs. 1 Satz 1 EStG

5.3 Bewertung

Für die Bewertung von Rückstellungen in der Steuerbilanz ist § 6 EStG maßgebend. § 6 Abs. 1 Nr. 3a Buchstaben a–f EStG regelt die anzuwenden Grundsätze für die Rückstellungen im Speziellen. Die Regelungen des § 6 EStG gelten sowohl für unbeschränkt Einkommensteuerpflichtige als auch für Körperschaften (§ 8 Abs. 1 KStG und § 7 GewStG). Losgelöst vom Grundsatz der Maßgeblichkeit der Handelsbilanz für die Steuerbilanz nach § 5 Abs. 1 EStG ist für das Steuerrecht der Bewertungsvorbehalt nach § 5 Abs. 6 EStG zu beachten.

Nach der Prüfung, ob eine Rückstellung dem Grunde nach gebildet werden darf, regelt § 6 Abs. 1 Nr. 3a EStG den Ansatz der Rückstellung der Höhe nach. Allgemein ist für die Bestimmung der Rückstellung der Höhe nach auf § 253 Abs. 1 Satz 2 HGB zurückzugreifen. Hiernach ist der nach vernünftiger kaufmännischer Beurteilung notwendige Erfüllungsbetrag in Ansatz zu bringen. Das Steuerrecht weicht in einigen Punkten vom handelsrechtlichen Bilanzansatz ab und beschränkt die Höhe der Rückstellung. Sollte es keine steuerrechtlichen Sondervorschriften für den Bewertungsansatz geben, ist die Rückstellung in der Steuerbilanz analog zum Ansatz in der Handelsbilanz vorzunehmen.

Sollte der Ansatz in der Steuerbilanz gem. § 6 Abs. 1 Nr. 3a EStG zu einem höheren Ansatz als in der Handelsbilanz führen, soll der niedrigere Rückstellungsbetrag laut Handelsbilanz für die steuerliche Bewertung maßgeblich sein[30].

5.3.1 Gleichartige Verpflichtungen (§ 6 Abs. 1 Nr. 3a Buchstabe a EStG)

Grundlage für die Bewertung einer Rückstellung für gleichartige Verpflichtungen ist die Erfahrung aus der Abwicklung dieser Verpflichtungen in der Vergangenheit. Der Unternehmer muss abschätzen, wie hoch die Wahrscheinlichkeit ist, mit der sein Unternehmen aus der Verpflichtung in Anspruch genommen wird. Insbesondere in Industrieunternehmen ist aus den Erfahrungen der Vergangenheit im Bereich der Garantierückstellungen ein Prozentsatz zu bilden, zu dem das Unternehmen mit einer Inanspruchnahme rechnen muss.

5.3.2 Sachleistungsverpflichtungen (§ 6 Abs. 1 Nr. 3a Buchstabe b EStG)

Gem. § 6 Abs. 1 Nr. 3a Buchstabe b EStG sind Rückstellungen für Sachleistungsverpflichtungen mit den Einzelkosten und den angemessenen Teilen der notwendigen Gemeinkosten zu bewerten. Nicht mit in die Bewertung einbezogen werden Aufwendungen für soziale Einrichtungen, die betriebliche Altersversorgung und die eigene Arbeitsleistung des Unternehmers. Kalkulatorische Kosten sind laut BFH-Urteil vom 15.09.2004 nicht mit einzubeziehen[31]. Unter die Sachleistungsverpflichtungen fallen u.a. Rückstellungen für die Aufbewahrung von Geschäftsunterlagen. Außen vor bleiben Geldleistungsverpflichtungen.

5.3.3 Berücksichtigung künftiger wertmindernder Vorteile (§ 6 Abs. 1 Nr. 3a Buchstabe c EStG)

Bei der Bewertung einer Rückstellung sind künftige Vorteile, die mit der Erfüllung der Verpflichtung voraussichtlich verbunden sein werden, zu berücksichtigen[32]. Die künftigen Vorteile dürfen jedoch nicht zeitgleich als Forderung aktiviert werden. Sie müssen entweder die Rückstellung mindern oder werden unabhängig von der Rückstellung als Forderung aktiviert. Besteht z.B. gegenüber einem Dritten ein Rückgriffsanspruch aufgrund eines Versicherungsverhältnisses o.Ä. führt dieser zu einem geminderten

30 Vgl. OFD Münster vom 13.7.2012 – S 2170a – 234 – St 12 – 33, DStR 2012, S. 1606 Nr. 32.
31 BFH, Urteil v. 15.09.2004 – I R 5/04, BStBl 2009 II S. 100.
32 Vgl. BFH vom 17.02.1993 – X R 60/89, BStBl 1993 II S. 437.

Rückstellungsausweis. Nach der Rechtsprechung des BFH vom 17.02.1993 wird die Rückstellung jedoch nur der Höhe nach gemindert, wenn

- der Rückgriffsanspruch in einem unmittelbaren sachlichen Zusammenhang mit der drohenden Inanspruchnahme des Unternehmers steht und
- der Rückgriffsanspruch rechtlich verbindlich entstanden ist oder die Erfüllung der Verbindlichkeit zwangsläufig folgt und
- der Rückgriffsanspruch voll werthaltig ist[33].

Die künftigen Vorteile müssen außerdem konkret sein, der Unternehmer muss damit voraussichtlich rechnen müssen. Die Rechtsprechung und auch die Finanzverwaltung legen das »damit rechnen müssen« so aus, dass mehr Gründe für den Eintritt des Vorteils sprechen müssen als dagegen[34]. Die Möglichkeit, dass wirtschaftliche Vorteile in der Zukunft eintreten könnten, reicht als Grund für die Minderung der Rückstellung nicht aus (R 6.11 Abs. 1 Satz 2 EStR).

Beispiele für zukünftige zu berücksichtigende Vorteile sind Kippentgelte, die bei der Verpflichtung zur Rekultivierung entstehen, Versicherungen, die ein Unternehmer für bestimmte Risiken abgeschlossen hat, oder im Rahmen von Garantierückstellungen die Regressansprüche, die der Unternehmer gegenüber Lieferanten oder Subunternehmern hat.

Im Rahmen eines im Jahr 2018 in den Entscheidungen der Finanzgerichte (EFG) veröffentlichten Urteils des FG Baden-Württemberg vom 12.09.2017 wird durch das Gericht nochmal explizit auf die Bedeutung der »künftigen Vorteile« eingegangen[35]. In dem Fall ging es um eine GmbH, die aufgrund von Restrukturierungsmaßnahmen in ihrem Betrieb verschiedene Prozesse anpassen musste. Unter anderem von den Restrukturierungsmaßnahmen betroffen waren mehrere Mitarbeiter, denen gekündigt werden musste. Für die Abfindungszahlungen an die Arbeitnehmer bildete die GmbH eine Rückstellung. Die Kündigungen wurden ausgesprochen, und im darauffolgenden Monat erhoben die Arbeitnehmer Kündigungsschutzklage.

Im Rahmen einer Betriebsprüfung reduzierte der Prüfer die Rückstellung auf 0 €, mit der Begründung, dass die Rückstellung aufgrund der zukünftig ersparten Lohnkosten zu verringern sei. Der Prüfer hatte die jährlich ersparten Lohnkosten für die gekündigten Arbeitnehmer mit einem höheren Betrag festgestellt (590.644 €) als die GmbH die Rückstellung bemessen hatte (524.577 €) und begründete seine Auffassung mit dem Verweis auf § 6 Abs. 1 Nr. 3a Buchstabe c EStG.

---

33 Vgl. ebd.

34 Vgl. R 6.11 Abs. 1 Satz 1 EStR und BFH vom 21.8.2013 – I B 60/12, BFH/NV 2014, S. 28.

35 FG Baden-Württemberg, Urteil v. 12.09.2017 – 6 K 1472/16, EFG 2018 S. 1343 Nr. 16.

Hiergegen erhob die GmbH Einspruch, der vom Finanzamt nicht anerkannt wurde, weshalb der Fall vor dem Finanzgericht landete. Das Finanzgericht gab dem Kläger Recht und begründete sein Urteil damit, dass kein sachlicher Zusammenhang zwischen der Verpflichtung auf Zahlung einer Abfindung und den durch die Kündigung ersparten Lohnaufwendungen gegeben sei. Darüber hinaus beleuchtete das Finanzgericht die Entstehungsgeschichte des Begriffs »künftige Vorteile« und fand heraus, dass der ursprüngliche Gesetzesentwurf des § 6 Abs. 1 Nr. 3a Buchstabe c EStG noch das Wort »Einnahmen« vorsah.

Das Finanzgericht schlussfolgerte, dass es sich bei den künftigen Vorteilen um Einnahmen bzw. Erträge handeln muss. Darunter sind eben nicht die vom Betriebsprüfer ersparten Lohnaufwendungen zu subsumieren. Die Einsparung der Lohnaufwendungen ist nur entstanden, weil die Mitarbeiter gekündigt und ihnen Abfindungen ausbezahlt wurden.

5.3.4 Ansammlungsrückstellung (§ 6 Abs. 1 Nr. 3a Buchstabe d EStG)

Rückstellungen für Verpflichtungen, für deren Entstehen im wirtschaftlichen Sinne der laufende Betrieb ursächlich ist, sind zeitanteilig in Raten anzusammeln (§ 6 Abs. 1 Nr. 3a Buchstabe d Satz 1 EStG). Unter die Ansammlungsrückstellungen fallen regelmäßig Abbruchverpflichtungen sowie Verpflichtungen zur Erneuerung oder Entfernung betrieblicher Anlagen.

Die Regelung für Ansammlungsrückstellungen greift nur bei Verpflichtungen, die in der Vergangenheit entstanden sind und deren Umfang nicht weiter anwächst, aber mit künftigen Erträgen wirtschaftlich in einem Zusammenhang stehen. Davon abzugrenzen sind Verpflichtungen, die durch fortgeführte Handlungen oder aber auch durch den Eintritt eines bestimmten Ereignisses regelmäßig ansteigen (z.B. Jubiläumsverpflichtungen, Rekultivierungsverpflichtungen).

Gesetzlich gesondert geregelt sind Rücknahmeverpflichtungen und die Verpflichtung zur Stilllegung von Atomkraftwerken. Nach § 6 Abs. 1 Nr. 3a Buchstabe d Satz 2 EStG sind Rückstellungen für gesetzliche Verpflichtungen zur Rücknahme von Erzeugnissen, die vor Inkrafttreten entsprechender gesetzlicher Verpflichtungen in den Verkehr gebracht worden sind, zeitanteilig in gleichen Raten bis zum Beginn der jeweiligen Erfüllung anzusammeln. Freiwillige Rücknahmeverpflichtungen fallen nicht unter den Anwendungsbereich des § 6 Abs. 1 Nr. 3a Buchstabe d Satz 2 EStG.

Nach § 6 Abs. 1 Nr. 3a Buchstabe d Satz 3 EStG sind Rückstellungen für die Stilllegung von Atomkraftwerken ab dem Zeitpunkt der erstmaligen Nutzung bis zum Zeitpunkt, in dem mit der Stilllegung begonnen werden muss, zeitanteilig in gleichen Raten anzusammeln. Der Zeitraum für die Ansammlung beträgt 25 Jahre, wenn der Zeitpunkt der Stilllegung noch nicht feststeht. Dadurch soll vermieden werden, dass der Aufwand nicht einmalig in voller Höhe als Rückstellung in der Steuerbilanz passiviert wird und sich damit gewinnmindernd auswirkt.

Kommt es durch inzwischen eingetretene Preissteigerungen dazu, dass die Ansammlungsrückstellung in der Vergangenheit zu niedrig geschätzt wurde, ist die Rückstellung am Bilanzstichtag auf das Preisniveau des Stichtags anzuheben.

Hinweis

Es gibt drei Möglichkeiten, wie sich Rückstellungen auf den Gewinn auswirken können:

- Der Gewinn mindert sich,
- aufgrund des Ausgleichs durch Bezahlung gibt es keine Auswirkung auf den Gewinn oder
- der wegen einer erhöht eingestellten Rückstellung entstandene Differenzbetrag muss gewinnerhöhend aufgelöst werden.

In allen Beispielen dieses Buchs finden Sie jeweils im Anschluss an die Buchungssätze einen Hinweis dazu, welche der eben formulierten drei Möglichkeiten der Gewinnauswirkung die jeweiligen Rückstellungen haben.

Beispiel:

Ein Unternehmer hat zum 01.01.2017 einen Mietvertrag über ein Ladengeschäft abgeschlossen. Die Laufzeit des Vertrags beträgt zehn Jahre. Da der Unternehmer das Ladengeschäft als Café und Bistro nutzen möchte, entscheidet er sich dazu, Einbauten vorzunehmen (Tresen mit Schankanlage etc.). Mit dem Vermieter hat er die Vereinbarung im Mietvertrag getroffen, dass selbstständig vorgenommene Einbauten mit Ablauf des Mietvertrags zurückgebaut werden müssen. Die Rückbaukosten zum Ende der Vertragslaufzeit (31.12.2026) betragen voraussichtlich 100.000 €. Es ist mit Preis- und Kostensteigerungen von ca. 2 % zu rechnen.

Wie hat der Unternehmer die Einbauten zu bilanzieren?

Lösung:

Bei Ladeneinbauten handelt es sich um selbstständige Wirtschaftsgüter, sie stehen nicht in einem Nutzungs- und Funktionszusammenhang mit dem Gebäude und sind deshalb getrennt vom Gebäude abzuschreiben (R 4.2 Abs. 3 EStR).

Für die zukünftig anfallenden Rückbaukosten hat der Unternehmer eine Rückstellung zu bilden. Da der laufende Betrieb für die Entstehung der zukünftigen Verpflichtung ursächlich ist, muss die Rückstellung durch jährlich gleichmäßig anzusammelnde Zuführungsraten gebildet und darf nicht in einem Betrag passiviert werden. In diesem Beispiel ist die Rückstellung ratierlich über die Laufzeit des Mietvertrags, zehn Jahre, anzusammeln, also mit 1/10 pro Wirtschaftsjahr. Darüber hinaus ist die Rückstellung abzuzinsen, da die Laufzeit zum Bilanzstichtag mehr als ein Jahr beträgt. Die Preis- und Kostensteigerungen dürfen in der Steuerbilanz nicht berücksichtigt werden (§ 6 Abs. 1 Nr. 31 Buchstabe f EStG).

In der Steuerbilanz geht man von einem einheitlichen Zinssatz von 5,5% pro Jahr aus. Der Barwert ermittelt sich wie folgt:

Erfüllungsbetrag : 1,055 ^ Restlaufzeit

Die Buchung erfolgt über das Konto »Aufwendungen für Restrukturierungs- und Sanierungsmaßnahmen« (SKR 03/SKR 04: 2007/7553).

Damit ergibt sich folgende Barwertberechnung pro Bilanzstichtag:

Stichtag 31.12.2017

Barwert der Rückstellung: 100.000 € : 1,055 ^ 9 Jahre=61.763 €

Buchungen: SKR 03/SKR 04

Datum	Umsatz	Gegenkonto	Konto	Buchungstext
31.12.17	61.763 € (H)	2007/7553	0970/3070	Sonstige Rückstellungen

Gewinnauswirkung: -61.763 €

Stichtag 31.12.2018

Barwert der Rückstellung: 100.000 € : 1,055 ^ 8 Jahre=65.160 €

Die Rückstellung zum vorherigen Bilanzstichtag ist anzupassen.

Buchungen: SKR 03/SKR 04

Datum	Umsatz	Gegenkonto	Konto	Buchungstext
31.12.18	3.397 € (H)	2007/7553	0970/3070	Sonstige Rückstellungen

Gewinnauswirkung: -3.397 €

Stichtag 31.12.2019

Barwert der Rückstellung: 100.000 € : 1,055 ^ 7 Jahre=68.744 €

Die Rückstellung zum vorherigen Bilanzstichtag ist anzupassen.

Buchungen: SKR 03/SKR 04

Datum	Umsatz	Gegenkonto	Konto	Buchungstext
31.12.19	3.584 € (H)	2007/7553	0970/3070	Sonstige Rückstellungen

Gewinnauswirkung: -3.584 €

Stichtag 31.12.2020

Barwert der Rückstellung: 100.000 € : 1,055 ^ 6 Jahre=72.525 €

Die Rückstellung zum vorherigen Bilanzstichtag ist anzupassen.

Buchungen: SKR 03/SKR 04

Datum	Umsatz	Gegenkonto	Konto	Buchungstext
31.12.20	3.781 € (H)	2007/7553	0970/3070	Sonstige Rückstellungen

Gewinnauswirkung: -3.781 €

Stichtag 31.12.2021

Barwert der Rückstellung: 100.000 € : 1,055 ^ 5 Jahre=76.513 €

Die Rückstellung zum vorherigen Bilanzstichtag ist anzupassen.

Buchungen: SKR 03/SKR 04

Datum	Umsatz	Gegenkonto	Konto	Buchungstext
31.12.21	3.988 € (H)	2007/7553	0970/3070	Sonstige Rückstellungen

Gewinnauswirkung: -3.988 €

Stichtag 31.12.2022

Barwert der Rückstellung: 100.000 € : 1,055 ^ 4 Jahre=80.722 €

Die Rückstellung zum vorherigen Bilanzstichtag ist anzupassen.

Buchungen: SKR 03/SKR 04

Datum	Umsatz	Gegenkonto	Konto	Buchungstext
31.12.22	4.209 € (H)	2007/7553	0970/3070	Sonstige Rückstellungen

Gewinnauswirkung: -4.209 €

Stichtag 31.12.2023

Barwert der Rückstellung: 100.000 € : 1,055 ^ 3 Jahre=85.161 €

Die Rückstellung zum vorherigen Bilanzstichtag ist anzupassen.

Buchungen: SKR 03/SKR 04

Datum	Umsatz	Gegenkonto	Konto	Buchungstext
31.12.23	4.439 € (H)	2007/7553	0970/3070	Sonstige Rückstellungen

Gewinnauswirkung: -4.439 €

Stichtag 31.12.2024

Barwert der Rückstellung: 100.000 € : 1,055 ^ 2 Jahre=89.845 €

Die Rückstellung zum vorherigen Bilanzstichtag ist anzupassen.

Buchungen: SKR 03/SKR 04

Datum	Umsatz	Gegenkonto	Konto	Buchungstext
31.12.24	4.684 € (H)	2007/7553	0970/3070	Sonstige Rückstellungen

Gewinnauswirkung: -4.684 €

Stichtag 31.12.2025

Barwert der Rückstellung: 100.000 € : 1,055 ^ 1 Jahre=94.787 €

Die Rückstellung zum vorherigen Bilanzstichtag ist anzupassen.

Buchungen: SKR 03/SKR 04

Datum	Umsatz	Gegenkonto	Konto	Buchungstext
31.12.25	4.942 € (H)	2007/7553	0970/3070	Sonstige Rückstellungen

Gewinnauswirkung: -4.942 €

Stichtag 31.12.2026

Der Barwert der Rückstellung beträgt 100.000 €.

Die Rückstellung zum vorherigen Bilanzstichtag ist letztmalig anzupassen.

Buchungen: SKR 03/SKR 04

Datum	Umsatz	Gegenkonto	Konto	Buchungstext
31.12.26	5.213 € (H)	2007/7553	0970/3070	Sonstige Rückstellungen

Gewinnauswirkung: -5.213 €

Die Summe der Zuführungen in die Rückstellung stellt sich wie folgt dar:

Bilanzstichtag	Betrag der Rückstellungszuführung in €
31.12.2017	61.763
31.12.2018	3.397
31.12.2019	3.584
31.12.2020	3.781
31.12.2021	3.988
31.12.2022	4.209
31.12.2024	4.439
31.12.2024	4.684
31.12.2025	4.942
31.12.2026	5.213
Saldo	100.000

Der Unterschied zur Handelsbilanz liegt im anzuwendenden Zinssatz. Gem. § 253 Abs. 2 HGB sind Rückstellungen, deren Restlaufzeit ab dem Bilanzstichtag mehr als ein Jahr beträgt mit dem durchschnittlichen Marktzinssatz der vergangenen sieben Jahre abzuzinsen. Dabei ist auf die veröffentlichten Zinssätze der Deutschen Bundesbank abzustellen.

Bei der Bewertung von Rückstellungen in der Handelsbilanz sind zukünftige Preis- und Kostensteigerungen in die Bewertung mit einzubeziehen, weil der Erfüllungsbetrag den Maßstab der Bewertung bildet. In der Handelsbilanz wird Erfüllungsbetrag wie folgt berechnet:

100.000 € × 1,02 ^ 9=119.509 €

Dieser Betrag ist anhand der Restlaufzeiten mit dem Zinssatz der Deutschen Bundesbank abzuzinsen. Die von der Deutschen Bundesbank veröffentlichten Zinssätze für die jeweiligen Bilanzstichtage betragen beispielhaft:

Stichtag	Zinssatz in %
31.12.17	5,27
31.12.18	5,25
31.12.19	5,25
31.12.20	5,15
31.12.21	5,14
31.12.22	5,04
31.12.23	4,88
31.12.24	4,53
31.12.25	3,89
31.12.26	3,31

Stichtag 31.12.2017

Barwert der Rückstellung: 119.509 € : 1,0527 ^ 9 Jahre=75.276 €

Buchungen: SKR 03/SKR 04

Datum	Umsatz	Gegenkonto	Konto	Buchungstext
31.12.17	75.276 € (H)	2007/7553	0970/3070	Sonstige Rückstellungen

Gewinnauswirkung: -75.276 €

Stichtag 31.12.2018

Barwert der Rückstellung: 119.509 € : 1,0525 ^ 8 Jahre=79.364 €

Die Rückstellung zum vorherigen Bilanzstichtag ist anzupassen.

Buchungen: SKR 03/SKR 04

Datum	Umsatz	Gegenkonto	Konto	Buchungstext
31.12.18	4.088 € (H)	2007/7553	0970/3070	Sonstige Rückstellungen

Gewinnauswirkung: -4.088 €

Stichtag 31.12.2019

Barwert der Rückstellung: 119.509 € : 1,0525 ^ 7 Jahre=83.531 €

Die Rückstellung zum vorherigen Bilanzstichtag ist anzupassen.

Buchungen: SKR 03/SKR 04

Datum	Umsatz	Gegenkonto	Konto	Buchungstext
31.12.19	4.167 € (H)	2007/7553	0970/3070	Sonstige Rückstellungen

Gewinnauswirkung: -4.167 €

Stichtag 31.12.2020

Barwert der Rückstellung: 119.509 € : 1,0515 ^ 6 Jahre=88.419 €

Die Rückstellung zum vorherigen Bilanzstichtag ist anzupassen.

Buchungen: SKR 03/SKR 04

Datum	Umsatz	Gegenkonto	Konto	Buchungstext
31.12.20	4.888 € (H)	2007/7553	0970/3070	Sonstige Rückstellungen

Gewinnauswirkung: -4.888 €

Stichtag 31.12.2021

Barwert der Rückstellung: 119.509 € : 1,0514 ^ 5 Jahre=93.017 €

Die Rückstellung zum vorherigen Bilanzstichtag ist anzupassen.

Buchungen: SKR 03/SKR 04

Datum	Umsatz	Gegenkonto	Konto	Buchungstext
31.12.21	4.598 € (H)	2007/7553	0970/3070	Sonstige Rückstellungen

Gewinnauswirkung: -4.598 €

Stichtag 31.12.2022

Barwert der Rückstellung: 119.509 € : 1,0504 ^ 4 Jahre=98.171 €

Die Rückstellung zum vorherigen Bilanzstichtag ist anzupassen.

Buchungen: SKR 03/SKR 04

Datum	Umsatz	Gegenkonto	Konto	Buchungstext
31.12.22	5.154 € (H)	2007/7553	0970/3070	Sonstige Rückstellungen

Gewinnauswirkung: -5.154 €

Stichtag 31.12.2023

Barwert der Rückstellung: 119.509 € : 1,0488 ^ 3 Jahre=103.591 €

Die Rückstellung zum vorherigen Bilanzstichtag ist anzupassen.

Buchungen: SKR 03/SKR 04

Datum	Umsatz	Gegenkonto	Konto	Buchungstext
31.12.23	5.420 € (H)	2007/7553	0970/3070	Sonstige Rückstellungen

Gewinnauswirkung: -5.420 €

Stichtag 31.12.2024

Barwert der Rückstellung: 119.509 € : 1,0453 ^ 2 Jahre = 109.375 €

Die Rückstellung zum vorherigen Bilanzstichtag ist anzupassen.

Buchungen: SKR 03/SKR 04

Datum	Umsatz	Gegenkonto	Konto	Buchungstext
31.12.24	5.784 € (H)	2007/7553	0970/3070	Sonstige Rückstellungen

Gewinnauswirkung: -5.784 €

Stichtag 31.12.2025

Barwert der Rückstellung: 119.509 € : 1,0389 ^ 1 Jahre = 115.034 €

Die Rückstellung zum vorherigen Bilanzstichtag ist anzupassen.

Buchungen: SKR 03/SKR 04

Datum	Umsatz	Gegenkonto	Konto	Buchungstext
31.12.25	5.659 € (H)	2007/7553	0970/3070	Sonstige Rückstellungen

Gewinnauswirkung: -5.659 €

Stichtag 31.12.2026

Der Barwert der Rückstellung beträgt 119.509 €.

Die Rückstellung zum vorherigen Bilanzstichtag ist letztmalig anzupassen.

Buchungen: SKR 03/SKR 04

Datum	Umsatz	Gegenkonto	Konto	Buchungstext
31.12.26	4.475 € (H)	2007/7553	0970/3070	Sonstige Rückstellungen

Gewinnauswirkung: -4.475 €

Die Summe der Zuführungen in die Rückstellung stellt sich wie folgt dar:

Bilanzstichtag	Betrag der Rückstellungszuführung in €
31.12.17	75.276
31.12.18	4.088
31.12.19	4.167
31.12.20	4.888
31.12.21	4.598
31.12.22	5.154
31.12.23	5.420
31.12.24	5.784
31.12.25	5.659
31.12.26	4.475
Saldo	119.509

5.3.5 Abzinsung (§ 6 Abs. 1 Nr. 3a Buchstabe e EStG)

Das Abzinsungsgebot des § 6 Abs. 1 Nr. 3a Buchstabe e EStG legt die generelle Abzinsung von Rückstellungen in der Steuerbilanz auf 5,5% fest, wenn die Laufzeit der Rückstellung am Bilanzstichtag mehr als zwölf Monate beträgt. Im Umkehrschluss ist keine Abzinsung vorzunehmen, wenn die Laufzeit der Rückstellung am Bilanzstichtag weniger als zwölf Monate beträgt.

Die Abzinsung von Rückstellungen mit einer Laufzeit von mehr als einem Jahr am Bilanzstichtag erfolgt in der Handelsbilanz nach § 253 Abs. 2 Satz 1 HGB mit dem durchschnittlichen Marktzinssatz. Hierdurch kommt es zu einer Abweichung bei der Bewertung der Rückstellungen zum Bilanzstichtag zwischen der Handels- und der Steuerbilanz.

Das BMF-Schreiben vom 26.05.2005 liefert eine Zusammenfassung der zu beachtenden Grundsätze im Rahmen der Abzinsung in der Steuerbilanz[36]. Der wichtigste Grundsatz besagt, dass die voraussichtliche Restlaufzeit einer Rückstellung für eine ungewisse Verpflichtung am Bilanzstichtag nach den Umständen des Einzelfalls zu schätzen ist (Rz. 24 des o.a. BMF-Schreibens). Bei der Ermittlung der Laufzeit einer Geldleistungsverpflichtung ist auf den voraussichtlichen Erfüllungszeitpunkt abzustellen (Rz. 25). Sind mehrere Teilbeträge zu entrichten, ist die Rückstellung entsprechend aufzuteilen

36 BMF, Schreiben v. 26.05.2005 – IV B – S2175 – 7/05, BStBl 2005 I S. 699.

(Rz. 25). Die Teilleistungen sind dann hinsichtlich ihrer Fälligkeit einzeln zu beurteilen (Rz. 25). Bei Sachleistungsverpflichtungen ist auf den Zeitraum bis zum Beginn der Erfüllung der Verpflichtung abzustellen (Rz. 26). Auf Pauschalrückstellungen findet das Abzinsungsgebot gem. § 6 Abs. 1 Nr. 3a Buchstabe e EStG aus Vereinfachungsgründen keine Anwendung (Rz. 27).

Aus Praktikabilitätsgründen und Gründen der Vereinfachung kann die Abzinsung auch nach §§ 12–14 BewG berechnet werden (Rz. 2). Es handelt sich dabei um die Anwendung des vereinfachten Bewertungsverfahrens. Sollte dieses Verfahren gewählt werden, muss es für alle abzuzinsenden Verbindlichkeiten und Rückstellungen, die man in der Bilanz ausweist, einheitlich angewendet werden. Darüber hinaus ist das Bewertungsverfahren auch an den nachfolgenden Bilanzstichtagen fortzuführen. Die Rückstellung ist beim vereinfachten Bewertungsverfahren unter Berücksichtigung der Wertverhältnisse am Bilanzstichtag mit dem von der Restlaufzeit abhängigen Vervielfältiger zu multiplizieren.

Im Folgenden wird das BMF-Schreiben vom 26. Mai 2005 hinsichtlich der Abzinsung von Rückstellungen auszugsweise abgedruckt, damit Sie die einzelnen Arbeitsschritte rechtssicher vornehmen können:

Abzinsung von Verbindlichkeiten und Rückstellungen in der steuerlichen Gewinnermittlung nach § 6 Abs. 1 Nrn. 3 und 3a EStG in der Fassung des Steuerentlastungsgesetzes 1999/2000/2002 vom 26. Mai 2005

[...]

C. Abzinsung von Rückstellungen in der steuerlichen Gewinnermittlung

I. Abzinsung von Rückstellungen für Geld- und Sachleistungsverpflichtungen

1. Ermittlung der voraussichtlichen Restlaufzeit einer Rückstellung am Bilanzstichtag

a) Grundsatz

24 Die voraussichtliche Restlaufzeit einer Rückstellung für eine ungewisse Verpflichtung am Bilanzstichtag ist nach den Umständen des jeweiligen Einzelfalles zu schätzen; die Randnummern 3 bis 7 gelten entsprechend. Hinsichtlich der Berechnung des Abzinsungsbetrages wird auf die Randnummern 1 und 2 verwiesen.

b) Geldleistungsverpflichtungen

25 Bei der Ermittlung der Laufzeit einer Geldleistungsverpflichtung ist auf den voraussichtlichen Erfüllungszeitpunkt abzustellen. Sind mehrere Teilbeträge zu entrichten, ist die Rückstellung entsprechend aufzuteilen. Die Teilleistungen sind dann hinsichtlich ihrer Fälligkeit einzeln zu beurteilen.

c) Sachleistungsverpflichtungen

26 Bei Sachleistungsverpflichtungen ist gemäß § 6 Absatz 1 Nummer 3a Buchstabe e Satz 2 EStG auf den Zeitraum bis zum Beginn der Erfüllung der Verpflichtung abzustellen. Ist eine in Teilleistungen zu erbringende Verpflichtung als Einheit zu sehen, ist der Beginn der ersten Teilleistung maßgebend.

d) Garantie- und Gewährleistungsrückstellungen

27 Die Laufzeit von Einzelrückstellungen für Garantie- und Gewährleistungsansprüche (Sachleistungsverpflichtungen) ist nach den Umständen des jeweiligen Einzelfalles zu schätzen. Auf Pauschalrückstellungen findet das Abzinsungsgebot gemäß § 6 Absatz 1 Nummer 3a Buchstabe e EStG aus Vereinfachungsgründen keine Anwendung.

2. Maßgebender Vervielfältiger

28 Anwendung der Vereinfachungsregelung nach Randnummer 2 erfolgt die Bewertung einer abzuzinsenden Rückstellung für eine Geld- oder Sachleistungsverpflichtung mittels Tabelle 2. Dabei ist die Rückstellung unter Berücksichtigung der Wertverhältnisse am Bilanzstichtag mit dem von der Restlaufzeit abhängigen Vervielfältiger zu multiplizieren.

II. Abzinsung von Rückstellungen für Verpflichtungen, für deren Entstehen im wirtschaftlichen Sinne der laufende Betrieb ursächlich ist

29 Nach § 6 Absatz 1 Nummer 3a Buchstabe d Satz 1 EStG sind Rückstellungen für Verpflichtungen, für deren Entstehen im wirtschaftlichen Sinne der laufende Betrieb ursächlich ist, zeitanteilig in gleichen Raten anzusammeln. Gleichzeitig sind die ratierlich angesammelten Rückstellungen abzuzinsen (§ 6 Absatz 1 Nummer 3a Buchstabe e Satz 1 EStG). Bei der Abzinsung gelten die Randnummern 24 bis 28 entsprechend.

Beispiel 8

Unternehmer U pachtet ab 01.01.2001 für 20 Jahre ein unbebautes Grundstück und errichtet eine betrieblich genutzte Lagerhalle. U hat sich verpflichtet, die Lagerhalle nach Ablauf des Pachtvertrages abzureißen. Die voraussichtlichen Kosten betragen nach den Verhältnissen des Bilanzstichtages 31.12.2001 insgesamt 20.000 €, am 31.12.2002 21.000 €. Bei der Abzinsung soll die Vereinfachungsregelung angewendet werden.

Für die Abrissverpflichtung hat U eine Rückstellung für ungewisse Verbindlichkeiten zu bilden. Da für das Entstehen der Verpflichtung im wirtschaftlichen Sinne der laufende Betrieb ursächlich ist (Nutzung der Lagerhalle), ist die Rückstellung nach § 6 Absatz 1 Nummer 3a Buchstabe d Satz 1 EStG zeitanteilig in gleichen Raten anzusammeln.

Bewertung am Bilanzstichtag 31.12.2001

Zum 31.12.2001 ist unter Berücksichtigung der Wertverhältnisse am Bilanzstichtag eine Rückstellung von 1 /20 × 20.000 € = 1.000 € anzusetzen, die zusätzlich nach § 6 Absatz 1 Nummer 3a Buchstabe e Satz 1 EStG abzuzinsen ist. Der Beginn der Erfüllung der Sachleistungsverpflichtung (Abbruch) ist voraussichtlich der 31.12.2020 (Ablauf des Pachtvertrages). Am 31.12.2001 ist somit eine Restlaufzeit von 19 Jahren maßgebend. Nach Tabelle 2 ergibt sich ein Vervielfältiger von 0,362. Der Ansatz in der steuerlichen Gewinnermittlung zum 31.12.2001 beträgt somit 1.000 € × 0,362 = 362 €.

Bewertung am Bilanzstichtag 31.12.2002

Am 31.12.2002 sind unter Berücksichtigung der erhöhten voraussichtlichen Kosten nach den Verhältnissen am Bilanzstichtag 31.12.2002 und einer Restlaufzeit von 18 Jahre 2 : 20 × 21.000 € × 0,381 = 800 € anzusetzen.

III. Ausnahmen von der Abzinsung

30 Die Ausnahmen hinsichtlich der Abzinsung von Verbindlichkeiten (§ 6 Absatz 1 Nummer 3 Satz 2 EStG) gelten nach § 6 Absatz 1 Nummer 3a Buchstabe e Satz 1 2. Halbsatz EStG entsprechend. Somit unterbleibt eine Abzinsung, wenn die Laufzeit der Rückstellung am Bilanzstichtag weniger als 12 Monate beträgt, die auf der Rückstellung basierende ungewisse Verbindlichkeit verzinslich ist oder die Rückstellung auf einer Anzahlung oder Vorausleistung beruht.

1. Laufzeit am Bilanzstichtag von weniger als 12 Monaten

31 Auf die Randnummern 24 bis 27 wird hingewiesen.

2. Verzinslichkeit der einer Rückstellung zugrunde liegenden Verbindlichkeit

a) Grundsatz

32 Für die Frage, ob die einer Rückstellung zugrunde liegende Verbindlichkeit verzinslich ist, gelten die in Abschnitt B genannten Regelungen (Randnummern 13 bis 18) zur Verzinslichkeit von Verbindlichkeiten entsprechend.

b) Rückstellungen für Steuerschulden

33 Rückstellungen für Steuerschulden, die nach § 233a Abgabenordnung – AO – verzinst werden, sind nicht abzuzinsen. Insoweit basiert die ungewisse Verbindlichkeit auf einer zeitweise verzinslichen Verpflichtung im Sinne der Randnummer 17. Aus Vereinfachungsgründen gilt dies auch dann, wenn möglicherweise Zinsen nicht festgesetzt werden (z. B. bei einer Steuerfestsetzung vor Beginn des Zinslaufs nach § 233a Absatz 2 AO).

3. Auf Anzahlungen oder Vorausleistungen beruhende Rückstellungen

34 Auf Randnummer 20 wird verwiesen.

[...]

Vervielfältiger für die Abzinsung einer unverzinslichen Schuld, die nach bestimmter Zeit in einem Betrag fällig ist, im Nennwert von 1,- €:*

Laufzeit in Jahren	Vervielfältiger	Laufzeit in Jahren	Vervielfältiger
1	0,948	26	0,249
2	0,898	27	0,236
3	0,852	28	0,223
4	0,807	29	0,212
5	0,765	30	0,201
6	0,725	31	0,190
7	0,687	32	0,180
8	0,652	33	0,171
9	0,618	34	0,162
10	0,585	35	0,154
11	0,555	36	0146
12	0,526	37	0,138
13	0,499	38	0,131
14	0,473	39	0,124
15	0,448	40	0,117
16	0,425	41	0,111
17	0,402	42	0,106
18	0,381	43	0,100
19	0,362	44	0,095
20	0,343	45	0,090
21	0,325	46	0,085
22	0,308	47	0,081
23	0,292	48	0,077
24	0,277	49	0,073
25	0,262	50	0,069

* Die Tabelle stammt aus dem Anhang von § 12 Abs. 3 BewG und wird bei einer mittelschüssigen Zahlungsweise angewendet.

Hinweis

Im Rahmen des Vierten Corona-Steuerhilfegesetz vom 19.06.2022 wurde die Abzinsungspflicht für Verbindlichkeiten nach § 6 Abs. 1 Nr. 3 EStG a. F. ersatzlos gestrichen. Der Wegfall der Abzinsungspflicht für Verbindlichkeiten ist erstmalig zwingend für Wirtschaftsjahre anzuwenden, die nach dem 31.12.2022 enden. In Bezug auf die Verbindlichkeiten ist das zuvor genannte BMF-Schreiben vom 26.05.2005 überholt. Für die Rückstellungen bleibt es aber weiterhin anwendbar.

Beispiele:

Abzinsung

Unternehmer U rechnet beim Erstellen seines Jahresabschlusses 2021 zum 31.12.2021 mit der Inanspruchnahme aus geltend gemachten Garantieansprüchen i. H. v. 5.000 € bis zum 31.12.2023.

Der Unternehmer muss nach § 249 Abs. 1 Satz 2 Nr. 2 HGB und § 5 Abs. 1 Satz 1 EStG eine Rückstellung passivieren. Da es sich um eine Verpflichtung handelt, die in zwei Jahren zu erfüllen ist, kann sich der Unternehmer des vereinfachten Bewertungsverfahrens bedienen und seine Rückstellung wie folgt zum Bilanzstichtag bewerten:

5.000 € × 0,898 (Vervielfältiger für 2 Jahre Laufzeit) = 4.490 €

Der abgezinste Betrag ist als Rückstellung für Garantieverpflichtungen zum 31.12.2021 in der Steuerbilanz zu passivieren.

Abzinsung und Interpolieren

Der Unternehmer U rechnet beim Erstellen seines Jahresabschlusses 2021 zum 31.12.2021 mit der Inanspruchnahme aus Kosten für Garantieverpflichtungen i. H. v. 20.000 €. Die Restlaufzeit der Rückstellung am Bilanzstichtag vor zwei Jahren, also zum 31.12.2019, betrug 2 Jahre und 5 Monate. Die Restlaufzeit zum 31.12.2021 beträgt noch 5 Monate.

Die Rückstellung ist unter Anwendung des Vervielfältigers zu bewerten. Hierbei geht man wie folgt vor:

Vervielfältiger für 3 Jahre	0,852	Differenz in Höhe von 0,046
Vervielfältiger für 2 Jahre	0,898	

0,046 × (150 : 365) = 0,0189

Vervielfältiger interpolieren: 0,898 – 0,0189 = 0,879

Bewertung der Rückstellung: 20.000 € × 0,879 = 17.580 €

In der Steuerbilanz ist eine Rückstellung für Garantieverpflichtungen i. H. v. 17.850 € in Ansatz zu bringen.

Rückstellungen für Steuerschulden, die nach § 233a AO verzinst werden, sind nicht abzuzinsen (Rz. 33). Aus Vereinfachungsgründen gilt dies auch, wenn möglicherweise Zinsen nicht festgesetzt werden (z. B. bei einer Steuerfestsetzung vor Beginn des Zinslaufs nach § 233a Abs. 2 AO) (Rz. 33). Ebenso sind Rückstellungen, die auf Anzahlungen oder Vorausleistungen beruhen, nicht abzuzinsen (Rz. 33).

Gemäß § 6 Abs. 1 Nr. 3a Buchstabe e Satz 2 EStG läuft der Zeitraum der Abzinsung bei Rückstellungen für Sachleistungsverpflichtungen bis zum Ende der Erfüllung. Es kommt damit z. B. bei Rückstellungen für die Aufbewahrung von Geschäftsunterlagen nicht zu einer Abzinsung, weil die Erfüllung zwar innerhalb von einem Jahr am Bilanzstichtag beginnt, die Verpflichtung sich dann aber über einen längeren Zeitraum hinzieht.

Für die Abzinsung von Rückstellungen für die Stilllegungsverpflichtung eines Kernkraftwerks regelt § 6 Abs. 1 Nr. 3a Buchstabe a Satz 3 EStG, dass hierfür der Zeitraum gem. § 6 Abs. 1 Nr. 3a Buchstabe d Satz 3 EStG maßgebend ist. Maßgebend ist also hiernach der Zeitpunkt, zu dem mit der Stilllegung des Kernkraftwerks begonnen werden muss. Steht dieser Zeitpunkt nicht fest, ist ein Zeitraum von 25 Jahren anzunehmen.

5.3.6 Künftige Preis- und Kostensteigerungen (§ 6 Abs. 1 Nr. 3a Buchstabe f EStG)

Bei der Bewertung der Rückstellungen in der Steuerbilanz sind, entgegen den Regelungen im Handelsrecht, gem. § 6 Abs. 1 Nr. 3a Buchstabe f EStG die Wertverhältnisse am Bilanzstichtag maßgebend. Künftige Preis- und Kostensteigerungen dürfen bei der Bewertung der Rückstellungen nicht berücksichtigt werden.

5.3.7 Begrenzung auf den handelsrechtlichen Wert

Durch die Einkommensteuer-Änderungsrichtlinien 2012 (EStÄR 2012) wurde in die Einkommensteuerrichtlinien nach R 6.11 Abs. 2 EStR ein neuer Abs. 3 eingefügt:

> *Mit Ausnahme der Pensionsrückstellungen darf die Höhe der Rückstellung in der Steuerbilanz den zulässigen Ansatz in der Handelsbilanz nicht überschreiten. Für den Gewinn, der sich aus der erstmaligen Anwendung des BilMoG durch die Auflösung von Rückstellungen ergibt, die bereits in dem vor dem 1.1.2010 endenden*

Wirtschaftsjahr passiviert wurden, kann jeweils i. H. v. vierzehn Fünfzehntel eine gewinnmindernde Rücklage passiviert werden, die in den folgenden vierzehn Wirtschaftsjahren jeweils mit mindestens einem Fünfzehntel gewinnerhöhend aufzulösen ist (Auflösungszeitraum). Besteht eine Verpflichtung, für die eine Rücklage passiviert wurde, bereits vor Ablauf des maßgebenden Auflösungszeitraums nicht mehr, ist die insoweit verbleibende Rücklage zum Ende des Wirtschaftsjahres des Wegfalls der Verpflichtung in vollem Umfang gewinnerhöhend aufzulösen; Entsprechendes gilt, wenn sich der Verpflichtungsumfang innerhalb des Auflösungszeitraums verringert.

Diese Neufassung besagt, dass die Höhe der Rückstellungen in der Handelsbilanz die Höchstgrenze darstellt. Rückstellungen dürfen also in der Steuerbilanz nicht höher bewertet werden als in der Handelsbilanz. Eine Ausnahme bildet die Rückstellung für Pensionsverpflichtungen. Die Änderung wirkt sich insbesondere auf Sachleistungsverpflichtungen aus, mithin auf die Rückstellungen für die Aufbewahrung von Geschäftsunterlagen und auf die Rekultivierungsrückstellungen.

Neben der OFD Rheinland und der OFD Münster vertritt auch das FG Rheinland-Pfalz mit seinem Urteil vom 7.12.2016, AZ 1 K 1912/14 die Richtlinie zur Begrenzung der Rückstellung der Höhe nach[37]. Gegen das Urteil des FG Rheinland-Pfalz ist ein Verfahren beim BFH anhängig (AZ XI R 46/17).

Zusammenfassend ergibt sich folgende Übersicht hinsichtlich der Bewertung von Rückstellungen in der Handels- und der Steuerbilanz:

Sachverhalt	**Bewertung im Handelsrecht**	**Bewertung im Steuerrecht**
Bewertung mit	Erfüllungsbetrag, § 253 Abs. 1 Satz 2 HGB	Anschaffungskosten bzw. höherer Teilwert
vorübergehende Erhöhung der Belastung	Pflicht zur Erhöhung der Rückstellung	Verbot zur Erhöhung der Rückstellung
dauerhafte Erhöhung der Belastung	Pflicht zur Erhöhung der Rückstellung	Wahlrecht zur Erhöhung der Rückstellung
Wertaufholung	Wertaufholungsgebot	Wertaufholungsgebot
Sachleistungsverpflichtungen	kaufmännisches Ermessen	Einzelkosten zzgl. angemessene Teile der Gemeinkosten, § 6 Abs. 1 EStG

37 FG Rheinland-Pfalz, Urteil v. 07.12.2016 – AZ 1 K 1912/14, StuB Nr. 12 vom 23.06.2017 S. 449.

Sachverhalt	Bewertung im Handelsrecht	Bewertung im Steuerrecht
Ansammlungsrückstellung	Ansammlung zeitanteilig nach Belastungsverlauf	Ansammlung zeitanteilig nach Belastungsverlauf, § 5 Abs. 1 EStG, R 6.11 Abs. 2 Satz 2 EStR
künftige Preis- und Kostensteigerungen	Berücksichtigungspflicht, § 253 Abs. 1 Satz 2 HGB	Berücksichtigungsverbot, § 6 Abs. 1 EStG
Abzinsung	Abzinsungsgebot	Abzinsungsgebot
Zinssatz	Durchschnittlicher Marktzinssatz der vergangenen sieben Geschäftsjahre, § 253 Abs. 2 Satz 1 HGB	5,5 %, § 6 Abs. 1 EStG
Bewertungsvereinfachung (Kulanzrückstellungen)	kaufmännisches Ermessen	Bezugnahme auf die Erfahrungen der Vergangenheit

5.4 Auflösung von Rückstellungen

Was für die Rückstellungen im Kapitel zur Handelsbilanz bereits geschrieben wurde, gilt auch für die Steuerbilanz: Zum Bilanzstichtag sind die Rückstellungen dem Grunde und der Höhe nach zu überprüfen. Muss noch ernsthaft mit der Inanspruchnahme aus einer Verpflichtung gerechnet werden? In welcher Höhe ist noch mit einer Inanspruchnahme durch den Gläubiger zu rechnen? Wurde der Unternehmer bereits unterjährig in Anspruch genommen, ist die Rückstellung aufzulösen.

Wie bereits ausgeführt, gibt es drei Möglichkeiten:

- Die Rückstellung kann erfolgsneutral aufgelöst werden, wenn die Höhe der Rückstellung mit dem tatsächlichen Betrag der Verpflichtung, für die der Unternehmer in Anspruch genommen wurde, übereinstimmt.
- Ist die Rückstellung höher als der tatsächliche Aufwand, verbleibt ein Ertrag aus der Auflösung der Rückstellung, der sich gewinnerhöhend auswirkt.
- Wurde die Rückstellung niedriger passiviert als der tatsächliche Aufwand war, ergibt sich ein Aufwand, der das Ergebnis des aktuellen Wirtschaftsjahres beeinflusst.

Da für die Auflösung der Rückstellungen in der Steuerbilanz dieselben Regeln gelten, wie auch für die Handelsbilanz, möchte ich Sie auf die detaillierten Ausführungen im Kapitel 4.3 »Auflösung von Rückstellungen« verweisen.

6 Rückstellungsarten

Das Handelsrecht unterscheidet gem. § 266 Abs. 3 B. HGB zwischen Rückstellungen für

- Pensionen und ähnliche Verpflichtungen,
- Steuerrückstellungen und
- sonstige Rückstellungen.

Unter die sonstigen Rückstellungen fallen u. a.:

- Drohverlustrückstellungen,
- Garantierückstellungen,
- Prozesskostenrückstellungen,
- Rückstellungen für Patentrechtsverletzungen,
- Aufwandsrückstellungen für unterlassene Instandhaltungsmaßnahmen, die in den ersten drei Monaten des Folgejahres nachgeholt werden,
- Rückstellungen für die Aufbewahrung von Geschäftsunterlagen und
- Rückstellungen für die Erstellung des Jahresabschlusses und die Offenlegung bzw. Hinterlegung im Unternehmensregister.

In den folgenden Kapiteln werden die einzelnen Rückstellungsarten steuerrechtlich und handelsrechtlich betrachtet und durch zahlreiche Praxisbeispiele verdeutlicht.

6.1 Rückstellungen für ungewisse Verbindlichkeiten

Der BFH stellt in seiner Rechtsprechung konsequent auf zwei Kriterien ab, die für die Bildung einer Rückstellung für ungewisse Verbindlichkeiten vorliegen müssen:

1. wenn sie rechtlich entstanden oder
2. wirtschaftlich verursacht sind.

Im Zweifel, so der BFH vom 23.9.1969 – I R 22/66, BStBl. II 1970, S. 104, wird darauf abgestellt, welches der beiden Kriterien früher eingetreten ist. Nach der Rechtsprechung des BFH tritt die wirtschaftliche Verursachung zeitgleich mit der rechtlichen Entstehung der Verpflichtung ein, sodass im Falle einer rechtlichen Entstehung auf die Prüfung einer wirtschaftlichen Verursachung verzichtet werden kann.

Der Begriff »wirtschaftliche Verursachung« ist ein unbestimmter Rechtsbegriff, der dadurch viel Spiel- und Interpretationsspielraum zulässt.

Zentrales Tatbestandsmerkmal einer Rückstellung für ungewisse Verbindlichkeiten ist das Bestehen einer Schuld gegenüber einem Dritten, d. h., der Gläubiger muss von dem Unternehmen, von dem er eine Lieferung oder sonstige Leistung bezogen hat ein Handeln verlangen können. Das Schuldverhältnis entsteht rechtlich aus den miteinander eingegangenen Vertragsverhältnissen, aus gesetzlichen Vertragsverhältnissen, Dauerschuldverhältnissen (Miet- oder Pachtverträgen), aber auch aus öffentlich-rechtlichen Verpflichtungen. Unter die gesetzlichen Vertragsverhältnisse fällt z.B. der Schadensersatzanspruch, unter die öffentlich-rechtlichen Verpflichtungen fallen insbesondere Verpflichtungen im Bereich der Erhaltung und Wiederherstellung der Umwelt.

Unter Umständen kann es auch zu einer Umwandlung der Verpflichtung in eine nicht mehr vorhandene Verpflichtung kommen, was zur Folge hat, dass die Rückstellung nicht angesetzt werden darf, weil die Verpflichtung aus tatsächlichen Gründen nicht mehr besteht.

Beispiel:

Ein Optiker verpflichtet sich bei Abschluss eines Kaufvertrags über eine bestimmte Brille zu einer zweijährigen Nachbetreuung des Kunden. Der Optiker gibt seinen Laden aufgrund fehlender Laufkundschaft und dem immer weiter wachsenden Onlinehandel, der ihm Kunden raubt, zum 31.12.2023 auf. Über die Schließung seines Geschäfts gibt es einen Briefkasteneinwurf in der unmittelbaren Umgebung des Ladengeschäfts des Optikers.

Die Kunden des Optikers werden aufgrund der Schließung des Ladens keine weiteren Rechtsansprüche auf Einhaltung der Nachbetreuung geltend machen können.

Die Rechtsprechung des BFH fordert bei bestimmten Sachverhalten die Kenntnis des Gläubigers zum Bilanzstichtag. Das heißt, der Gläubiger muss wissen, dass er aus einer von ihm eingegangenen vertraglichen Vereinbarung in Anspruch genommen werden wird. Die Kenntnis des Gläubigers muss unter anderem bei Steuernachforderungen (BFH-Urteil vom 22.8.2012 – X R 23/10, BStBl 2013 II, S. 76), Schadensersatzverpflichtungen (BFH-Urteil vom 25.4.2006 – VIII R 40/04, BStBl 2006 II, S. 749) und Beseitigung von Umweltschäden (BFH-Urteil vom 19.10.1993 – VIII R 14/92, BStBl 1993 II, S. 891) bestehen.

Die Finanzverwaltung, aber auch der BFH fordern für die Passivierung einer Rückstellung für eine öffentlich-rechtliche Verpflichtung in der Steuerbilanz, dass die Verpflichtung hinreichend konkretisiert sein muss, vgl. R 5.7 Abs. 4 EStR. Damit ist gemeint, dass durch das Gesetz oder einen Verwaltungsakt ein bestimmtes Handeln innerhalb eines festgelegten Zeitraums vorgeschrieben ist. An die Nichteinhaltung dieses Handelns sind Sanktionen geknüpft. Setzt die öffentlich-rechtliche Verpflichtung ein bestimmtes Handeln nur dann voraus, wenn ein entsprechender Verwaltungsakt erlassen worden ist, kann die Rückstellung erst passiviert werden, wenn der Verwaltungsakt der zuständigen Behörde erlassen worden ist und sich aus dem Verwaltungsakt eine bestimmte Handlungspflicht für den Empfänger (Unternehmer) ergibt.

Beispiele für öffentlich-rechtliche Verpflichtungen:
- Abfallbeseitigungsverpflichtungen,
- Verpflichtung, Steuern zu zahlen auf Grundlage der Steuergesetze,
- Verpflichtung zur Aufbewahrung von Geschäftsunterlagen,
- Abschluss- und Prüfungskosten,
- Prozessrisiken,
- Umweltschutzmaßnahmen.

6.2 Rückstellungen für Abfallbeseitigung

Für ein Unternehmen, das im industriellen oder handwerklichen Gewerbe tätig ist, bestehen häufig öffentlich-rechtliche Verpflichtungen zur Abfallbeseitigung aufgrund von Gesetzen. Ein solches Gesetz ist u. a. das Abfallgesetz. Die Verpflichtung kann sich auch aus einem Verwaltungsakt, erlassen durch die Gemeinde oder Stadt, in der sich das Unternehmen befindet, begründen. Aus dem Bescheid muss sich für das Unternehmen ein bestimmtes Handeln ergeben, das innerhalb eines bestimmten Zeitraums ausgeführt werden muss. Sollte das Unternehmen entgegen den Bestimmungen des Verwaltungsakts nicht handeln, werden Sanktionen fällig. Ergibt sich die Verpflichtung nicht unmittelbar aus dem Gesetz, darf die Passivierung der Rückstellung erst in dem Zeitpunkt erfolgen, in dem der Verwaltungsakt erlassen worden ist, vgl. R 5.7 Abs. 4 Satz 2 EStR.

Haben die Produkte, für die das Unternehmen die Abfallbeseitigung vornimmt, einen Schrottwert, ist der Bestand unter den Vorräten am Bilanzstichtag zu aktivieren. Müssen die Abfallprodukte erst noch recycelt werden, bevor sie einen Wiederverwendungswert haben, darf die Aktivierung in der Steuerbilanz erst erfolgen, wenn die Recyclingmaßnahmen durchgeführt wurden (BFH-Urteil vom 8.4.1992, XI R 34/38, BStBl 1992 II, S. 893).

Bei der Bewertung sind die unter Kapitel 4.2 aufgeführten Grundsätze zu beachten. Darüber hinaus kommt es zu einer Abweichung zwischen Handels- und Steuerbilanz, weil in der Steuerbilanz:
- die Preisverhältnisse am Bilanzstichtag maßgebend sind und künftige Preis- und Kostensteigerungen nicht zu berücksichtigen sind, § 6 Abs. 1 Nr. 3a Buchstabe f EStG → in der Handelsbilanz sind die Kostensteigerungen gem. § 253 Abs. 1 Satz 2 HGB zu berücksichtigen,

- künftige Vorteile bei der Bemessung der Rückstellung in der Steuerbilanz gem. § 6 Abs. 1 Nr. 3a Buchstabe c EStG zu berücksichtigen sind → in der Handelsbilanz sind nur solche Vorteile zu berücksichtigen, die aus der Erfüllung der Verpflichtung resultieren, oder solche künftigen Vorteile, die mit der Verpflichtung in einem Zusammenhang stehen (BFH-Urteil vom 17.10.2013 – IV R 7/11, BStBl 2014 II, S. 302),
- der Zinssatz für Abzinsung § 6 Abs. 1 Nr. 3a Buchstabe e EStG 5,5 % beträgt → der Zinssatz in der Handelsbilanz mit dem durchschnittlichen Marktzinssatz der vergangenen 7 Geschäftsjahre anzusetzen ist, § 253 Abs. 2 HGB, und
- der Abzinsungszeitraum der Zeitraum bis zum Beginn der Erfüllung gem. § 6 Abs. 1 Nr. 3a Buchstabe e Satz 2 EStG ist → in der Handelsbilanz aber über die gesamte Dauer abzuzinsen ist.

Beispiele für die Bewertungsunterschiede zwischen Handels- und Steuerbilanz:

- Verpflichtung zur Entsorgung von Energiesparlampen, die nach dem 13.08.2005 in Verkehr gebracht wurden – diese Rückstellung kann erst gebildet werden, wenn sich die Pflicht durch den Erlass einer Abholanordnung nach dem ElektroG ergibt.
- Bildung einer Rückstellung für die im Geschäftsjahr unterlassenen, aber in den ersten drei Monaten des folgenden Geschäftsjahres nachgeholten Arbeiten für Abfallbeseitigung.

Buchungsbeispiel:

Die Abfall-GmbH, deren Aufgabe es ist, angefallenen Bauschutt zu recyceln und an Unternehmer weiterzuverkaufen, hat zum Bilanzstichtag (31.12.2023) noch einen Bestand an unbehandeltem Bauschutt mit einem Wert von 50.000 €. Die Wiederaufbereitung dieses Materials würde die GmbH 15.000 € an Lohn- und Materialaufwand kosten.

Welche Buchung hat die GmbH zum Bilanzstichtag noch vorzunehmen?

Lösung:

Die GmbH hat für die noch aufzuwendenden Kosten eine Rückstellung für Abraum- und Abfallbeseitigung zu bilden.

Buchungen: SKR 03/SKR 04

Datum	Umsatz	Gegenkonto	Konto	Buchungstext
31.12.23	15.000 € (H)	4969/6859	0973/3085	Rückstellung f. Abraum- und Abfallbeseitigung

Gewinnauswirkung: -15.000 €

6.3 Rückstellungen für die Verpflichtung zur Rekultivierung

Bei dieser Verpflichtung handelt es sich entweder um eine gesetzliche oder vertraglich vereinbarte Verpflichtung. Die Verpflichtung beinhaltet die Auffüllung, Wiederaufforstung und Rekultivierung des vom Unternehmer genutzten Grund und Bodens. Dabei kann es sich sowohl um den eigenen Grund und Boden als auch um fremden Grund und Boden handeln. Für die vom Unternehmer eingegangene Verpflichtung hat er eine Rückstellung für ungewisse Verbindlichkeiten gem. § 249 Abs. 1 Satz 2 HGB in seiner Bilanz zu bilden.

Der Ansatz der Rückstellung erfolgt mit dem Erfüllungsbetrag gem. § 253 Abs. 1 HGB, also dem Betrag, mit dem der Unternehmer nach den Verhältnissen des Bilanzstichtags rechnen müsste, um den bis zum Bilanzstichtag ausgebeuteten Grund und Boden wieder zu rekultivieren. Es erfolgt eine ratierliche Ansammlung der Rückstellung. Außerdem ist die Rückstellung abzuzinsen, wenn die Restlaufzeit zum Bilanzstichtag mehr als zwölf Monate beträgt, was in der Regel bei Rekultivierungsrückstellungen der Fall sein wird.

Beispiele:

- Verpflichtung zur Beseitigung von Windkraftanlagen (die öffentlich-rechtliche Verpflichtung kann sich aus den Nebenbestimmungen zur Baugenehmigung für die einzelnen Windkraftanlagen ergeben)
- Rückbau von Wasserleitungen (bei der Stilllegung von Wasserleitungen kann eine Rückstellung gebildet werden, wenn sich die Rückbauverpflichtung aus dem Vertrag ergibt)

6.4 Rückstellung für die Verpflichtung zur Altlastsanierung

In der Regel ergibt sich die Verpflichtung zur Altlastsanierung aus Pachtverträgen. Unter den Altlasten versteht man Verunreinigungen oder Kontaminationen von Grundstücken (asbestverseuchte Gebäude) oder des Grundwassers. Mit einer Inanspruchnahme hat der Unternehmer aller Wahrscheinlichkeit nach zu rechnen, wenn Behörden oder Verpächter entsprechende Ansprüche geltend machen.

Der BFH hat zur Wahrscheinlichkeit der Inanspruchnahme entschieden, dass die Kenntniserlangung der zuständigen Behörde ausreichend ist. Fehlt eine Konkretisierung (mittels Verwaltungsakt), ist das in diesen Fällen für die Handelsbilanz unschädlich. Die Finanzverwaltung verlangt für die Passivierung einer Rückstellung aufgrund der Verpflichtung zur Altlastsanierung aber das Vorliegen eines Verwaltungsaktes, der die Sanierung der Altlasten innerhalb eines bestimmten Zeitraums vorschreibt.

Der Ansatz der Rückstellung erfolgt mit dem Erfüllungsbetrag. In die Bewertung der Rückstellung einbezogen werden dürfen jedoch keine Sanierungsaufwendungen, die zu den nachträglichen Herstellungskosten des belasteten Vermögensgegenstands/Wirtschaftsguts gehören. Darüber hinaus kann es sich bei der Altlast auch um ein Merkmal einer Teilwertabschreibung handeln, diese ist entsprechend zu prüfen. So kann eine Teilwertabschreibung nach Auffassung der Finanzverwaltung nur vorgenommen werden, wenn auch nach der Sanierung des belasteten Vermögensgegenstands/Wirtschaftsguts noch eine dauerhafte Wertminderung bestehen bleibt.

6.5 Rückstellung für die Aufbewahrung von Geschäftsunterlagen

Gemäß § 147 AO, § 14b UStG und § 257 HGB sind Unternehmen gesetzlich verpflichtet, ihre Geschäftsunterlagen über bestimmte Zeiträume aufzubewahren. Die Aufbewahrungspflichten können sich neben den öffentlich-rechtlichen Verpflichtungen auch aus privatvertraglichen Regelungen ergeben, wie z. B. bei einem Architekten, der bestimmte Bauzeichnungen und Entwürfe für den Kunden aufbewahren muss.

Die Aufbewahrungspflichten erstrecken sich auf 6 Jahre für folgende Unterlagen (§ 147 Abs. 1 i. V. m. Abs. 3 AO):

- empfangene Handels- oder Geschäftsbriefe,
- Wiedergaben der abgesandten Handels- oder Geschäftsbriefe und
- sonstige Unterlagen, soweit sie für die Besteuerung von Bedeutung sind.

Die Aufbewahrungspflichten erstrecken sich auf zehn Jahr für folgende Unterlagen (§ 147 Abs. 1 i. V. m. Abs. 3 AO):

- Bücher und Aufzeichnungen,
- Inventare,
- Jahresabschlüsse,
- Lageberichte,
- Eröffnungsbilanz sowie zu ihrem Verständnis erforderliche Arbeitsanweisungen und sonstige Organisationsunterlagen,
- Buchungsbelege und
- Unterlagen nach Artikel 15 Abs. 1 und Artikel 163 des Zollkodex der Union.

Die Verpflichtung zur Aufbewahrung von Unterlagen beginnt mit dem Schluss des Kalenderjahres, in dem das Inventar aufgestellt wurde, die Eröffnungsbilanz, der Jahresabschluss und der Lagebericht aufgestellt wurden, der Handels- oder Geschäftsbrief empfangen oder der Buchungsbeleg verbucht wurde.

Mit dem Vierten Bürokratieentlastungsgesetz, kurz BEG IV, (Referentenentwurf vom Bundesministerium der Justiz und Beschluss des Bundeskabinetts) sollen die bislang geltenden Aufbewahrungsfristen von 10 auf 8 Jahre verkürzt werden. Die Erleichterung soll für alle Unterlagen gelten, die am Tag nach der Verkündung des BEG IV noch nicht abgelaufen sind. Zum Zeitpunkt der Veröffentlichung dieser Auflage war das BEG IV noch nicht vom Bundestag und Bundesrat verkündet/beschlossen.

Die Aufbewahrungsfrist für Rechnungen beginnt gem. § 14b Abs. 1 Satz 3 UStG mit Ablauf des Kalenderjahres, in dem die Rechnung ausgestellt worden ist.

Werden Unterlagen aus privaten o.ä. Gründen freiwillig aufbewahrt und ergibt sich die Aufbewahrungspflicht weder aus öffentlich-rechtlichen Verpflichtungen noch aus privatrechtlichen Vereinbarungen, darf eine Rückstellung für die Aufwendungen, die in diesem Zusammenhang entstehen, nicht gebildet werden (OFD Niedersachsen, Verfügung vom 5.10.2015 – S 2137 – 106 – St 221/St 222; OFD Magdeburg, Verfügung vom 21.9.2006 – S 2137 – 41 – St 211).

Die Bewertung der Rückstellung für die Aufbewahrung von Geschäftsunterlagen erfolgt gem. § 253 Abs. 1 Satz 2 HGB mit dem nach vernünftiger kaufmännischer Beurteilung notwendigen Erfüllungsbetrag. Zu berücksichtigen sind hierbei auch die zukünftigen Kostensteigerungen. Bei Rückstellungen mit einer Restlauzeit von mehr als einem Jahr ist eine Abzinsung gem. § 253 Abs. 2 Satz 1 HGB vorzunehmen.

Welche Aufwendungen sind nun im Rahmen der Rückstellungsbildung für die Aufbewahrung von Geschäftsunterlagen zu berücksichtigen? Heutzutage werden die Unterlagen vielfach in elektronischer Form aufbewahrt. Zu beachten gilt, dass die Eröffnungsbilanz und die Jahresabschlüsse sowie die Konzernjahresabschlüsse gem. § 257 Abs. 3 HGB im Original aufzubewahren sind, eine bloße Archivierung in elektronischer Form ist für diese Unterlagen nicht ausreichend. Alle anderen Unterlagen können in elektronischer Form aufbewahrt werden. Das gilt nach § 147 Abs. 2 AO für das Steuerrecht entsprechend.

Die Aufbewahrung der Unterlagen erfolgt regelmäßig in Abstellräumen, Kellern von Bürogebäuden oder Archivräumen. Für diese Räume sind die Aufwendungen zu ermitteln. Das geschieht, indem man die Aufwendungen für das gesamte Gebäude ermittelt. Handelt es sich um angemietete Räume, wird auf die Mietzahlungen abgestellt. Danach ist die Größe des Archivraums zur Gesamtgröße des Gebäudes bzw. der angemieteten Etage/n ins Verhältnis zu setzen. Mieterhöhungen sind im Rahmen der Anpassung der Rückstellung zum Bilanzstichtag der jeweiligen Mieterhöhung zu berücksichtigen. Wird das Unternehmen in den eigenen Geschäftsräumen betrieben, ist auf die laufenden Kosten des Unternehmers während des Aufbewahrungszeitraums abzustellen. Unter diese Kosten fallen Grundsteuer, Gebäudereparaturen, Versicherungen, Strom, Heizkosten und die Abschreibung. Kosten, die direkt auf den Archivraum entfallen, können diesem auch direkt zugeordnet werden und müssen nicht im Verhältnis zur Gesamtfläche berücksichtigt werden. Ebenfalls berücksichtigungsfähig sind die Finanzierungskosten, die auf den Archivraum entfallen (z. B. für den Server, den PC oder die Anschaffung von preisintensiven Regalsystemen für die Aufbewahrung der Ordner) und Aufwendungen für das Einscannen oder die Einlagerung der am Bilanzstichtag noch nicht archivierten Unterlagen für das abgelaufene Wirtschaftsjahr, für das Brennen von CDs und DVDs und für die Datensicherung.

Nicht in die Aufwendungen für die Rückstellungen einzubeziehen sind Kosten für die zukünftige Anschaffung von weitere Regalen und Ordnern (§ 5 Abs. 4b Satz 1 EStG), die Kosten für die Entsorgung der Unterlagen nach Ablauf der Aufbewahrungsfrist und die Kosten für die Einlagerung künftig entstehender Unterlagen (OFD Niedersachsen, Verfügung vom 5.10.2015 – S 2137 – 106 – St 221/St 222).

Sollten sich in dem Archivraum auch Unterlagen befinden, für die es keine gesetzliche Aufbewahrungsregelung gibt, ist aus Sicht der Finanzverwaltung ein Abschlag von 20 % für die freiwillig aufbewahrten Unterlagen angemessen. Sollte sich nach dem Einzelfall ein niedrigerer Abschlag ergeben, ist dieser möglich, er muss aber anhand der vorgenommenen Berechnung des Unternehmers nachprüfbar sein.

Die Finanzverwaltung lässt zwei Berechnungsmöglichkeiten für die Ermittlung des Rückstellungsbetrags zu. Die erste Möglichkeit ist die direkte Berechnungsmethode. Bei ihr werden die jährlich anfallenden Kosten ermittelt und mit der Anzahl der noch verbleibenden Jahre der Aufbewahrungsfrist multipliziert. Die zweite Möglichkeit der Berechnung ist die pauschalierte Methode. Hierbei werden die jährlich anfallenden Kosten für die Aufbewahrung der Unterlagen ermittelt und mit 5,5 multipliziert. Das Ergebnis ist ein arithmetischer Mittelwert, der sich bei einer Aufbewahrungsfrist über einen Zeitraum von zehn Jahren ergibt. Soweit es nicht zu einem offensichtlich unangemessenen Ergebnis führt, kann die Multiplikation mit dem Faktor 5,5 auch bei der 6-jährigen Aufbewahrungsfrist zugrunde gelegt werden. Zur Berechnung der Rückstellung für die Aufbewahrung von Geschäftsunterlagen nimmt man im Handelsrecht statt des Faktors 5,5 den durchschnittlichen Marktzinssatz der vergangenen 7 Geschäftsjahre.

Soweit es Aufwendungen gibt, die nur einmalig und nicht jährlich wiederkehrend anfallen, wie z. B. die Kosten der Datensicherung, sind diese nicht in die zuvor genannten Berechnungen mit einzubeziehen, sondern nur einmalig hinzuzurechnen.

Auch bei dieser Rückstellung wird es zu einer Abweichung der zu passivierenden Werte zwischen Handels- und Steuerbilanz kommen. Die Abweichungen ergeben sich aus folgenden Regelungen:

- In der Handelsbilanz dürfen die notwendigen Gemeinkosten einbezogen werden, im Steuerrecht hingegen nur die angemessenen Teile der notwendigen Gemeinkosten, § 6 Abs. 1 Nr. 3a Buchstabe b EStG,
- in der Handelsbilanz sind zukünftige Kostensteigerungen bei der Bewertung der Rückstellung zu berücksichtigen, im Steuerrecht sind die Preisverhältnisse am Bilanzstichtag maßgebend, künftige Preis- und Kostensteigerungen wiederum dürfen nicht berücksichtigt werden, § 6 Abs. 1 Nr. 3a Buchstabe f EStG, und
- in der Handelsbilanz ist die Rückstellung mit dem durchschnittlichen Marktzinssatz der Deutschen Bundesbank der vergangenen 7 Geschäftsjahre abzuzinsen, in der Steuerbilanz unterbleibt die Abzinsung gem. § 6 Abs. 1 Nr. 3a Buchstabe e EStG; sie unterbleibt deshalb, weil nach Auffassung der Finanzverwaltung der Zeitraum bis zur Erfüllung der Verpflichtung ausschlaggebend ist. Die Aufbewahrungsfrist beginnt mit dem Entstehen der Unterlagen.

Angesichts der Unterschiede in der Bewertung der Rückstellungen für die Aufbewahrung von Geschäftsunterlagen und der damit einhergehenden niedrigeren Bewertung im Handelsrecht, muss berücksichtigt werden, dass die Höhe der Rückstellung in der Steuerbilanz nicht die Höhe in der Handelsbilanz überschreiten darf, vgl. R 6.11 Abs. 3 Satz 1 EStR. Allerdings ist zur handelsrechtlichen Bewertungsobergrenze ein Verfahren vor dem BFH anhängig, Az. XI R 46/17.

Beispiele aus der OFD-Verfügung Niedersachsen vom 5.10.2015:

a) *Aufbewahrung in Papierform*
Einzelunternehmen X bewahrt seine Geschäftsunterlagen in Papierform in einem Nebenraum seines Betriebsgebäudes mit einer Größe von 10 m² aus. Nach dem Bilanzstichtag ist mit folgenden Aufwendungen für die Aufbewahrung von (vorhandenen) Geschäftsunterlagen zu rechnen:

anteilige AfA und Unterhaltskosten	*800 €*
AfA für Einrichtungsgegenstände p. a.	*300 €*
Kosten Hard- und Software für Lesbarmachung	*200 €*
Kosten f. Datensicherung (einmalig)	*100 €*
Die Rückstellung kann wie folgt berechnet werden:	
anteilige AfA und Unterhaltskosten	*800 €*
AfA f. Einrichtungsgegenstände p. a.	*300 €*
Kosten Hard- und Software für Lesbarmachung	*200 €*
Summe jährlicher Kosten	*1.300 €*
1.300 € × 5,5=	*7.150 €*
zzgl. Kosten für Datensicherung	*100 €*
Rückstellungsbetrag	*7.250 €*

b) *Aufbewahrung in digitaler Form*
Das Einzelunternehmen X bewahrt seine Geschäftsunterlagen in digitaler Form am Arbeitsplatz des Büromitarbeiters auf. Zusätzlich wird eine Datensicherungs-DVD in einem Büroschrank verwahrt.

AfA und Unterhaltskosten für PC-Arbeitsplatz	*600 €*
anteilige AfA für Büroschrank p. a.	*100 €*
Kosten für Datensicherung (einmalig)	*5 €*
Die Rückstellung kann wie folgt berechnet werden:	
Kosten für PC-Arbeitsplatz	*600 €*
anteilige AfA für Büroschrank p. a.	*100 €*
Summe jährlicher Kosten	*700 €*
700 € × 5,5 =	*3.850 €*
zzgl. Kosten für Datensicherung (einmalig)	*5 €*
Rückstellungsbetrag	*3.855 €*

Die Berücksichtigung der anteiligen Kosten und deren Berechnung nach dem Verhältnis des gesamten betrieblich genutzten Raumes zu der Gesamtfläche aller Räume des Gebäudes ergibt sich auch aus dem H 4.7 »Nebenräume« EStH.

Nach wie vor ungeklärt ist die Behandlung unterschiedlich hoher Mieten für Büro-, Verkaufs-, Produktions- und sonstige Räume. Aufgrund von zwei Urteilen des BFH (Urteile vom 5.9.1990, BStBl 1991 II S. 389) sind die Einkommensteuer-Referenten des Landes Baden-Württemberg der Auffassung, dass keine Unterscheidung zwischen unterschiedlich hohen Quadratmetermieten vorzunehmen ist.

Nach einem noch nicht rechtskräftigen Urteil des FG Thüringen vom 1.12.2016, das aktuell beim BFH unter dem Az. XI II R 42/17 anhängig ist, darf eine Steuerberatungsgesellschaft für die Kosten der 10-jährigen Aufbewahrung von Mandantendaten im DATEV-Rechenzentrum keine Rückstellung bilden. Die Begründung des FG basiert darauf, dass Steuerberater keine öffentlich-rechtliche Verpflichtung zur Aufbewahrung von Mandantendaten haben. Die Verpflichtung besteht nur für den Inhaber der Handelsbriefe, Geschäftsbriefe und Jahresabschlüsse selbst, nicht jedoch für seinen Steuerberater. In dem vor dem FG Thüringen zu entscheidenden Fall hatte die Steuerberatungsgesellschaft die Daten zur Mandantenbindung übernommen. Aufgrund der zukünftig anfallenden Einnahmen der Steuerberatungsgesellschaft durch den Mandanten werden die anfallenden Kosten darüber hinaus weitestgehend kompensiert, sodass es auch an einer wirtschaftlichen Belastung der Steuerberatungsgesellschaft fehlt, argumentiert das FG Thüringen.

Auch wenn es an einer öffentlich-rechtlichen Verpflichtung fehlt, kann sich die Verpflichtung aus vertraglichen Regelungen ergeben. Viele AGBs von Verträgen zu Ingenieurleistungen, aber auch Architektenleistungen beinhalten Klauseln, nach denen der Auftragnehmer zur Aufbewahrung aller projektbezogenen Unterlagen für die

Dauer von zehn Jahren nach Abnahme der letzten vom Auftragnehmer erbrachten Leistungen der letzten Beauftragungsstufe verpflichtet ist, wenn der Auftraggeber die Herausgabe nicht früher verlangt.

Darüber hinaus kann sich eine Herausgabepflicht nach § 985 BGB ergeben, wenn es sich bei den aufzubewahrenden Belegen um das Eigentum des Auftraggebers handelt (Eigentum des Bauherren, das dieser dem Architekten zur Erbringung seiner Leistung zur Verfügung stellt: Grundbuchauszug, Katasterplan, Vermessungspläne etc.). Dieser Herausgabeanspruch verjährt nach 30 Jahren. Besteht also eine Herausgabepflicht, leitet sich daraus die Pflicht zur Aufbewahrung der entsprechenden Unterlagen ab.

Buchungsbeispiel:

Die Vertriebs-GmbH betreibt ihr Unternehmen von angemieteten Räumen aus. Die monatliche Miete für die insgesamt 250 m^2 umfassenden Räumlichkeiten beträgt 2.500 €. Die Geschäftsunterlagen werden alle in einem Archiv aufbewahrt.

Eine Unterscheidung zwischen Unterlagen, die 6 Jahre aufzubewahren sind, und Unterlagen, die zehn Jahre aufzubewahren sind, erfolgt nicht. Die Größe des Archivs beträgt zehn m^2.

Neben den Mietaufwendungen fallen jährlich folgende Kosten an:

- Stromkosten: 5.000 €,
- Kosten für den Hausmeister: 22.000 €,
- Kosten für Büroreinigung: 4.000 € und
- Kosten für die Lesbarmachung der Daten: 1.000 €.

Einmalig fallen Personalkosten für die Einlagerung i. H. v. 1.500 € an. Die Belegordner werden in Regalen aufbewahrt. Die Regale werden mit 250 € pro Jahr abgeschrieben. Die Vertriebs-GmbH soll erstmalig für den Jahresabschluss zum 31.12.2023 eine Rückstellung für die Aufbewahrung von Geschäftsunterlagen bilden.

Lösung:
In einem ersten Schritt werden die Kosten identifiziert, die auf das Archiv entfallen:

Kostenarten	jährlicher Aufwand in €	anteilige Archivfläche	anteiliger Aufwand in €
Miete	30.000	(10 m² × 100) : 250 m²	1.200
Strom	5.000	(10 m² × 100) : 250 m²	200
Hausmeister	22.000	(10 m² × 100) : 250 m²	880
Reinigung	4.000	(10 m² × 100) : 250 m²	160
Saldo			2.440

Saldo der anteiligen, jährlich anfallenden Kosten:	2.440 €
zzgl. Kosten für die Lesbarmachung:	1.000 €
zzgl. jährliche Abschreibung auf Regale:	250 €
Jahresaufwand	3.690 €
abzgl. 20%igem Abschlag für freiwillig aufbewahrte Unterlagen	738 €
Jahresaufwand für aufbewahrungspflichtige Geschäftsunterlagen	2.952 €
2.952 € × 5,5 Jahre (Ø Aufbewahrungsdauer) =	16.236 €
zzgl. einmalige Personalkosten	1.500 €
anzusetzender Rückstellungsbetrag	17.736 €

Buchungen: SKR 03/SKR 04

Datum	Umsatz	Gegenkonto	Konto	Buchungstext
31.12.23	17.736 € (H)	4900/6300	0966/3096	Rückstellung f. die Aufbewahrung v. Geschäftsunterlagen

Konten 4900/6300 = sonstiger betrieblicher Aufwand

Konten 966/3096 = Rückstellungskonto

Hinweis: Es ist darüber hinaus möglich, sich für den Aufwand aus der Rückstellung für die Aufbewahrung von Geschäftsunterlagen eigene Aufwandskonten anzulegen. Es bieten sich hier z. B. die Konten 4901 und 6301 an, die dann entsprechend umbenannt werden. Es kommt nicht selten vor, dass auf dem Konto »sonstiger betrieblicher Aufwand« noch weitere Aufwendungen verbucht werden, sodass sich ein extra angelegtes Konto aus Gründen der Klarheit anbietet.

Fortführung des Beispiels:

Die Vertriebs-GmbH erhält am 30.05.2024 ein Schreiben ihres Vermieters mit einer Mieterhöhung auf 2.600 € pro Monat, beginnend ab dem 01.07.2024. Außerdem wurde der monatliche Stromabschlag ab dem 1.10.2024 auf 500 € pro Monat erhöht.

Wie hat die Vertriebs-GmbH die Rückstellung für ihre Aufbewahrungspflichten im Jahresabschluss 2018 zum 31.12.2024 anzupassen? Welche Buchungen sind zum 31.12.2024 erforderlich?

Lösung der Fortführung:
Die Vertriebs GmbH muss die Bilanzposition »Rückstellung für die Aufbewahrung von Geschäftsunterlagen« zum 31.12.2024 neu berechnen und ggf. anpassen.

Hierfür sind wieder die Kosten zusammenzustellen, die auf das Archiv entfallen.

Kostenarten	jährlicher Aufwand in €	anteilige Archivfläche	anteiliger Aufwand in €
Miete 1-6 : 24	15.000	(10 m² × 100) : 250 m²	600
Miete 7-12 : 24	15.600	(10 m² × 100) : 250 m²	624
Strom 1-9 : 24	3.750	(10 m² × 100) : 250 m²	150
Strom 10-12 : 24	1.500	(10 m² × 100) : 250 m²	60
Hausmeister	22.000	(10 m² × 100) : 250 m²	880
Reinigung	4.000	(10 m² × 100) : 250 m²	160
Saldo			2.474

Saldo der anteiligen, jährlich anfallenden Kosten:	2.474 €
zzgl. Kosten für die Lesbarmachung:	1.000 €
zzgl. jährliche Abschreibung auf Regale:	250 €
Jahresaufwand	3.724 €
abzgl. 20%igem Abschlag für freiwillig aufbewahrte Unterlagen	744,80 €
Jahresaufwand für aufbewahrungspflichtige Geschäftsunterlagen	2.979,20 €
2.979,20 € × 5,5Jahre (Ø Aufbewahrungsdauer) =	16.385,60 €
anzusetzender Rückstellungsbetrag (gerundet)	16.386 €

Damit ist der Rückstellungsbetrag trotz Mieterhöhung und Erhöhung der monatlichen Stromabschläge um 1.350 € niedriger als der Betrag zum 31.12.2023. Die Rückstellung ist in der Bilanz entsprechend anzupassen.

Vortrag EB-Wert

Buchungen: SKR 03/SKR 04

Datum	Umsatz	Gegenkonto	Konto	Buchungstext
01.01.2024	17.736 € (H)	9000/9000	0966/3096	Rückstellung f. die Aufbewahrung v. Geschäftsunterlagen

Gewinnauswirkung: 0 €

Buchungen: SKR 03/SKR 04

Datum	Umsatz	Gegen-konto	Konto	Buchungstext
31.12.24	1.350 € (H)	0966/3096	2735/4930	Erträge aus der Auflösung von Rückstellungen f. die Aufbewahrung v. Geschäfts-unterlagen

Konten 2735/4830 = Erträge aus der Auflösung von Rückstellungen

Konten 966/3096 = Rückstellungskonto

Wenn Sie Ihre Geschäftsunterlagen in gemieteten Räumen aufbewahren, können Sie Ihre Rückstellungen mithilfe des folgenden Schemas berechnen:

	Aufwandsart pro Kalenderjahr	**Betrag in €**
	anteilige Kaltmiete	
+	anteilige Stromkosten	
+	anteilige Kosten für Heizung	
+	anteilige Reinigungskosten	
+	anteilige Personalkosten (Hauswart etc.)	
+	AfA auf Einrichtungsgegenstände	
+	sofort abzugsfähige Kosten für Einrichtungsgegenstände	
+	anteilige sonstige Raumkosten	
+	Kosten für die Lesbarmachung der Daten	
=	**Saldo Archivaufwand pro Jahr**	
./.	20 % Abschlag für freiwillig aufbewahrte Unterlagen	
=	**Saldo Archivaufwand pro Jahr für aufbewahrungspfl. Unterlagen**	
×	5,5 Jahre (Steuerbilanz)/durchschnittliche Marktzinssatz der vergangenen 7 Jahre (Handelsbilanz)	
+	Aufwendungen für Digitalisierung und Einlagerung	
=	**Rückstellung zum 31.12.20xx**	

Wenn Sie Ihre Geschäftsunterlagen in eigenen Räumen aufbewahren, können Sie Ihre Rückstellungen mithilfe des folgenden Schemas berechnen:

	Aufwandsart pro Kalenderjahr	**Betrag in €**
	anteilige Gebäudeabschreibung	
+	anteilige Stromkosten	
+	anteilige Kosten für Heizung	
+	anteilige Reinigungskosten	
+	anteilige Personalkosten (Hauswart etc.)	
+	anteilige Grundsteuer	
+	anteilige Reparaturaufwendungen	
+	anteilige Versicherungskosten	
+	anteilige Instandhaltungskosten	
+	AfA auf Einrichtungsgegenstände	
+	sofort abzugsfähige Kosten für Einrichtungsgegenstände	
+	anteilige sonstige Raumkosten	
+	Kosten für die Lesbarmachung der Daten	
=	**Saldo Archivaufwand pro Jahr**	
./.	20 % Abschlag für freiwillig aufbewahrte Unterlagen	
=	**Saldo Archivaufwand pro Jahr für aufbewahrungspfl. Unterlagen**	
×	5,5 Jahre (Steuerbilanz)/durchschnittlicher Marktzinssatz der vergangenen 7 Jahre (Handelsbilanz)	
+	Aufwendungen für Digitalisierung und Einlagerung	
=	**Rückstellung zum 31.12.20xx**	

Mit dem weiteren Voranschreiten der Digitalisierung kommt es immer häufiger vor, dass die Belege nur noch in digitaler Form aufbewahrt werden. So können Unternehmen ihre Belege einscannen und digital ablegen und bei Bedarf – beispielsweise bei einer Betriebsprüfung – jederzeit abrufen. Die Kosten für die digitale Aufbewahrung sind meistens geringer als die anteiligen Mietaufwendungen sowie Aufwendungen für Regale und Ordner, die bei der Aufbewahrung analoger Unterlagen anfallen. Sollten die Kosten für die Digitalisierung der aufzubewahrenden Unterlagen nur noch von untergeordneter Bedeutung sein (gemessen an den Zahlen aus der Bilanz und Gewinn- und Verlustrechnung des Unternehmens), ist meines Erachtens die Bildung einer Rückstellung unter Umständen gar nicht mehr notwendig. Beachtet werden sollte hierbei immer der Grundsatz der Wirtschaftlichkeit und Wesentlichkeit.

6.6 Rückstellung für Abschluss- und Prüfungskosten

Der Kaufmann ist gem. § 242 Abs. 1 HGB dazu verpflichtet, zu Beginn seines Handelsgewerbes und für den Schluss eines jeden Geschäftsjahres einen das Verhältnis seines Vermögens und seiner Schulden darstellenden Abschluss in Form einer Eröffnungs- bzw. Schlussbilanz aufzustellen. Darüber muss der Kaufmann gemäß § 242 Abs. 2 HGB zum Schluss eines jeden Geschäftsjahres eine Gegenüberstellung der Aufwendungen und Erträge des Geschäftsjahres (Gewinn- und Verlustrechnung) aufstellen. Die Bilanz und Gewinn- und Verlustrechnung bilden den Jahresabschluss gem. § 242 Abs. 3 HGB.

Mittelgroße und große Gesellschaften (Aktiengesellschaften, Gesellschaften mit beschränkter Haftung, Kommanditgesellschaften auf Aktien und bestimmte Personengesellschaften gem. § 264a HGB) müssen ihren Jahresabschluss um einen Anhang erweitern. Der Anhang bildet, zusammen mit der Bilanz und der Gewinn- und Verlustrechnung eine Einheit. Lediglich für kleine Kapitalgesellschaften bestehen größenabhängige Erleichterungen gem. §§ 267 Abs. 1, 288 Abs. 1, 2 HGB. Der Jahresabschluss mittelgroßer und großer Kapitalgesellschaften muss durch einen Abschlussprüfer geprüft werden. Ohne Prüfung kann der Jahresabschluss nicht festgestellt werden, § 316 Abs. 1 HGB.

Für die Jahresabschlusserstellung sowie die Prüfung dieser Jahresabschlüsse entstehen den Unternehmen Aufwendungen. Diese Aufwendungen ergeben sich z.B. aus den Rechnungen der Steuerberater. Im Hinblick auf die wirtschaftliche Verursachung der Kosten betrachtet man das Wirtschaftsjahr, für das der Aufwand entstanden ist, § 252 Abs. 1 Nr. 5 HGB. Die Rückstellung für Abschluss- und Prüfungskosten für 2023 entsteht im Zusammenhang mit der Erstellung des Jahresabschlusses 2023. Wie bereits im Kapitel 6.1 beschrieben, entfällt die Prüfung der wirtschaftlichen Verursachung, wenn eine öffentlich-rechtliche Verpflichtung entstanden ist, weil die Verpflichtung spätestens zum Zeitpunkt ihres rechtlichen Entstehens auch wirtschaftlich verursacht ist, vgl. BFH-Urteil vom 17.10.2013 – IV R 7/11, BStBl 2014 II S. 302.

Nach § 253 Abs. 1 Satz 2 HGB sind Rückstellungen im handelsrechtlichen Jahresabschluss mit dem Erfüllungsbetrag, der nach vernünftiger kaufmännischer Beurteilung erforderlich ist, in Ansatz zu bringen. Dabei sind künftige Preis- und Kostensteigerungen, die dem Bilanzierenden nach dem Bilanzstichtag bekannt werden, zu berücksichtigen. Wird der Jahresabschluss von einem externen Steuerberater erstellt, sind die Kosten zu schätzen bzw. mit dem gem. Honorarvereinbarung vereinbarten Betrag in Ansatz zu bringen. Werden die Abschlussarbeiten innerhalb des Unternehmens von eigenen Mitarbeitern vorgenommen, sind die einzelnen zurechenbaren Kosten (u.a. Gehälter) anzusetzen. Es gibt eine Obergrenze, nach der höchstens die Kosten in Ansatz gebracht werden dürfen, die anfallen würden, wenn ein Dritter die Erstellung des Jahresabschlusses übernommen hätte (Honorarforderung vom Steuerberater).

Folgende Kosten, die in der Handelsbilanz rückstellungsfähig sind, fallen im Zusammenhang mit der Erstellung des Jahresabschlusses und seiner Prüfung an:

Personengesellschaft	Kapitalgesellschaft
Erstellung Jahresabschluss	Erstellung Jahresabschluss
Prüfung Jahresabschluss	Prüfung Jahresabschluss
Erstellung betriebliche Steuererklärungen (Umsatzsteuer, Gewerbesteuer und Erklärung zur gesonderten und einheitlichen Feststellung)	Erstellung betriebliche Steuererklärungen (Umsatzsteuer, Gewerbesteuer und Körperschaftsteuer)
	Erstellung Geschäftsbericht
	Veröffentlichung/Hinterlegung im Bundesanzeiger
	Durchführung Jahreshauptversammlung

Nicht alle Kosten, die im Handelsrecht in die Rückstellung für Abschluss- und Prüfungskosten einbezogen werden, dürfen auch nach den Regelungen des Steuerrechts einbezogen werden. Im Steuerrecht ist der Ansatz auf die Kosten begrenzt, für die tatsächlich eine gesetzliche Verpflichtung besteht (z. B. Pflicht zur Offenlegung). Damit ergibt sich folgende Übersicht für die Steuerbilanz:

Personengesellschaft	Kapitalgesellschaft
Erstellung Jahresabschluss	Erstellung Jahresabschluss
Prüfung Jahresabschluss	Prüfung Jahresabschluss
Erstellung betriebliche Steuererklärungen (Umsatzsteuer, Gewerbesteuer und ~~Erklärung zur gesonderten und einheitlichen Feststellung~~)	Erstellung betriebliche Steuererklärungen (Umsatzsteuer, Gewerbesteuer und Körperschaftsteuer)
	Erstellung Geschäftsbericht
	Veröffentlichung/Hinterlegung im Bundesanzeiger
	~~Durchführung Jahreshauptversammlung~~

Nach dem BFH-Urteil vom 24.11.1983, BStBl 84 II S. 301, ist für die Erstellung der Feststellungserklärung des Gewinns einer Personengesellschaft keine Rückstellung zu bilden. Auch begründet der Gesellschaftsvertrag einer Personengesellschaft, aus dem sich die Verpflichtung zur Prüfung des Jahresabschlusses ergibt, keine Verpflichtung zur Bildung einer Rückstellung, vgl. BFH-Urteil vom 5.6.2014, AZ IV R 26/11.

Für die Bewertung der Rückstellung für Abschluss- und Prüfungskosten in der Steuerbilanz sind die Regelungen des § 6 Abs. 1 Nr. 3a EStG anzuwenden. D. h., künftige Preis- und Kostensteigerungen dürfen im Steuerrecht nicht berücksichtigt werden, eine

Abzinsung erfolgt nur, wenn der Jahresabschluss nicht innerhalb von zwölf Monaten nach dem Bilanzstichtag erstellt wird und die Höhe der Rückstellung ergibt sich aus den Einzelkosten und den angemessenen Teilen der notwendigen Gemeinkosten.

Hinweis: Wird für die Einreichung des Jahresabschlusses (2023) und der Steuererklärungen (2023) beim Finanzamt eine Fristverlängerung bis zum 28.02. des auf die Erstellung des Jahresabschlusses folgenden Jahres (2024) beantragt, muss die Rückstellung abgezinst werden, weil die Laufzeit mehr als zwölf Monate beträgt. Zur Abzinsung im Handels- und im Steuerrecht siehe Kapitel 5.3. Bezüglich der Höhe der Rückstellung in der Handels- und Steuerbilanz wird auf ebenfalls auf Kapitel 5.3 verwiesen.

Beispiel:

Die A-GmbH ist gesetzlich verpflichtet, einen Jahresabschluss für 2023 zu erstellen. Sie kalkuliert für die Erstellung des Jahresabschlusses mit Kosten durch einen externen Steuerberater i. H. v. 2.500 €. Für die Erstellung der betrieblichen Steuererklärungen des Kalenderjahres 2023, ebenfalls durch einen externen Steuerberater, rechnet sie mit 2.000 €. Die A-GmbH überschreitet die Größenmerkmale des § 267 Abs. 1 HGB, es handelt sich um eine mittelgroße Kapitalgesellschaft. Für die Verpflichtung zur Offenlegung des Jahresabschlusses im Unternehmensregister nach § 325 HGB kalkuliert die Gesellschaft 200 € ein.

Hat die Gesellschaft eine Rückstellung zu bilden? Wenn ja, mit welchem Betrag erfolgt die Passivierung?

Lösung:
Die GmbH hat sowohl handelsrechtlich als auch steuerrechtlich gem. § 249 Abs. 1 Satz 1 HGB und § 5 Abs. 1 Satz 1 EStG die Kosten für die Erstellung des Jahresabschlusses, der Steuererklärungen und für die Offenlegung des Jahresabschlusses im elektronischen Bundesanzeiger eine Rückstellung einzustellen. Die Verpflichtung ergibt sich aus den im Gesetz normierten Regelungen zur Erstellung und Offenlegung des Jahresabschlusses 2023, vgl. §§ 242 Abs. 1, 325 HGB.

Die Bewertung der Rückstellung erfolgt mit dem nach vernünftiger kaufmännischer Beurteilung notwendigen Erfüllungsbetrag, § 253 Abs. 1 Satz 2 HGB. Eine Abzinsung ist nicht vorzunehmen, weil die Verpflichtung zur Aufstellung des Jahresabschlusses und der Steuererklärungen 2023 innerhalb eines Jahres nach dem Bilanzstichtag zu erfüllen sind.

Ermittlung des Rückstellungsbetrags:	
Kosten Erstellung Jahresabschluss 2023	2.500 €
Kosten Erstellung Steuererklärungen 2023	2.000 €
Kosten Offenlegung im Unternehmensregister	200 €
Summe:	4.700 €

Die A-GmbH hat eine Rückstellung für Abschlusskosten 2023 zum 31.12.2017 i. H. v. 4.700 € einzustellen.

Buchungen: SKR 03/SKR 04

Umsatz	Gegenkonto	Datum	Konto	Buchungstext
4.700 € (H)	4957/6827	31.12.2023	0977/3095	Rückstellung für Abschlusskosten 2017

Fallerweiterung:
Nachdem die Abschlussarbeiten und Steuererklärungen fertiggestellt sind sowie die Offenlegung des Jahresabschlusses 2023 erfolgt ist, erhält die A-GmbH von ihrem Steuerberater eine Rechnung (Rechnungsdatum vom 16.05.2024) über 4.500 €.

Welche Umbuchungen hat die Rechnungslegung des Steuerberaters bei der A-GmbH zur Folge?

Lösung:
Die Rechnung des Steuerberaters ist niedriger als die von der A-GmbH gebildete Rückstellung zum 31.12.2023. Die A-GmbH muss die Rechnung des Steuerberaters kreditorisch einbuchen, die Rückstellung (in Höhe des Betrags der Rechnung) sowie den die Rückstellung übersteigenden Betrag erfolgswirksam auflösen.

Buchungen: SKR 03/SKR 04

Datum	Umsatz	Gegenkonto	Konto	Buchungstext
16.05.2024	4.500 € (H)	0977/3095	1200/1800	Rückstellung für Abschlusskosten 2023
16.05.2024	200 € (H)	0977/3095	2735/4930	Erträge aus der Auflösung von Rückstellungen

6.7 Rückstellung für Prozessrisiken

Zahlt ein säumiger Kunde auch nach mehrmaligem Mahnen nicht, bleibt dem Unternehmer oftmals nichts anderes übrig, als die Hauptforderung auf dem Klageweg einzutreiben. Dadurch entstehen dem Unternehmer zusätzliche Kosten wie Gerichts- und Anwaltskosten. Umgekehrt kann es dem Unternehmer jedoch auch passieren, selbst verklagt zu werden. Droht die Niederlage bei einem Gerichtsprozess, sind Rückstellungen – sonstige Rückstellungen in Form der Rückstellungen für ungewisse Verbindlichkeiten – zu bilden. Bei dem Prozess muss es sich um einen Prozess im betrieblichen Bereich handeln. Ob es sich bei der Streitigkeit um einen aktiven oder passiven Prozess handelt, ist dabei irrelevant. Rückstellungen können nur für die Aufwendungen passiviert werden, für die bereits am Bilanzstichtag Verfahren anhängig waren. Aufwendungen für weitere, höhere Instanzen, die noch nicht in Anspruch genommen wurden, sind gemäß dem BFH (Urteil vom 6.12.1995, BStBl 119 II, S. 406) noch nicht rückstellungsfähig. Der BFH räumt jedoch mit seinem Beschluss vom 11.11.2015 dahingehend auf, dass die Aufwendungen unter Würdigung der Gesamtumstände dann bereits zum Bilanzstichtag rückstellungsfähig sind, wenn die Klageerhebung (nach dem Bilanzstichtag) eine rein formelle Handlung darstellt.

In der Handelsbilanz kann aufgrund des geltenden Vorsichtsprinzips gem. § 252 Abs. 1 Nr. 4 HGB bereits eine Rückstellung passiviert werden, wenn der Unternehmer mit der Klage rechnen muss. Der Prozess an sich muss in diesem Fall noch nicht anhängig sein. Spätestens zum Zeitpunkt der Klageerhebung muss eine Rückstellung für Prozessrisiken gebildet werden, weil eine Wahrscheinlichkeit besteht, den Prozess zu Verlieren.

Verklagt der Unternehmer einen Dritten, handelt es sich um einen Aktivprozess. Wird hingegen der Unternehmer von einem Dritten verklagt, handelt es sich um einen Passivprozess. Beiden Verfahren gleich ist die Tatsache, dass eine Rückstellung passiviert werden muss, wenn aus der Sicht eines ordentlichen und gewissenhaften Kaufmanns mit der Wahrscheinlichkeit einer Niederlage zu rechnen ist. Das gilt auch für eine Teilniederlage. Bei einem Aktivprozess dürfen in die Passivierung von Aufwendungen nur die zu erwartenden Prozesskosten einbezogen werden. Bei Passivprozessen kann darüber hinaus auch die vom Dritten eingeklagte Forderung passiviert werden. Nach Ansicht des BFH muss für die Rückstellungspassivierung zwischen der Wahrscheinlichkeit des Bestehens der Verbindlichkeit und der Wahrscheinlichkeit der tatsächlichen Inanspruchnahme unterschieden werden. Bei beiden Prozessmöglichkeiten (Aktiv- und Passivprozess) muss die Rückstellung zu jedem weiteren Bilanzstichtag dem Grunde und der Höhe nach überprüft und ggf. angepasst werden. Die Rückstellung darf solange nicht aufgelöst werden, bis über das Bestehen/Nichtbestehen des Anspruchs rechtskräftig entschieden worden ist.

In der Handelsbilanz hat eine Passivierung nach § 249 Abs. 1 Satz 1 HGB zu erfolgen. Beträgt die Restlaufzeit der Rückstellung mehr als zwölf Monate, hat eine Abzinsung gem. § 253 Abs. 2 Satz 4 HGB zu erfolgen. Die Abzinsung ist mittels durchschnittlichem Marktzinssatz der vergangenen 7 Geschäftsjahre vorzunehmen. Der Unternehmer muss für die Passivierung einer Rückstellung für Prozessrisiken eine Risikoanalyse vornehmen, er muss abwägen, ob mehr Gründe für oder gegen eine Inanspruchnahme sprechen. Hierbei kann unter anderem die Erfahrung aus der Vergangenheit zu Rate gezogen werden.

Die Höhe der Rückstellung orientiert sich an dem Streitwert. Bei Aktivprozessen bilden die voraussichtlich anfallenden Rechtskosten die Bemessungsgrundlage. Rückstellungsfähig sind:

- Anwaltskosten,
- Gerichtskosten,
- Reisekosten für Zeugenaussagen,
- Kosten für die Beschaffung von Beweismitteln,
- Gutachten von Sachverständigen u. a.

Nicht vergessen werden dürfen die Kosten für den gegnerischen Anwalt, die passiviert werden müssen, weil sie bei dem Verlust eines Aktivprozesses getragen werden müssen. Im Handelsrecht sind außerdem auch die zu erwartenden Geldbußen, Ordnungsgelder und Verwarnungsgelder rückstellungsfähig.

Berücksichtigt werden muss darüber hinaus, ob mögliche Regressansprüche im Falle einer Niederlage gegenüber Dritten bestehen. Die Rückstellung muss der Höhe nach gemindert werden, wenn ggf. eine Rechtschutzversicherung besteht. Grundsätzlich erfolgt die Bewertung von Rückstellungen für Prozessrisiken im Rahmen der Einzelbewertung. Sollte es sich um einen Prozess handeln, für den eine Vielzahl ähnlich gelagerter Rechtsfälle vorliegen, besteht auch die Möglichkeit der Bildung einer Pauschalrückstellung.

Der handelsbilanzielle Ansatz (Passivierungspflicht) ist grundsätzlich in die Steuerbilanz zu übernehmen, führt also in der Steuerbilanz nach dem Grundsatz der Maßgeblichkeit gem. § 5 Abs. 1 EStG zu einem Passivierungsgebot. Jedoch ist für die Steuerbilanz darauf zu achten, dass die Rückstellung für Prozessrisiken nur gebildet werden darf, wenn die Sache bereits rechtsanhängig ist, d.h. mit Zustellung der Klageschrift an den Prozessgegner gem. §§ 253 Abs. 1 und 261 Abs. 1 ZPO. Läuft das Verfahren länger als zwölf Monate, ist auch in der Steuerbilanz eine Abzinsung vorzunehmen, vgl. § 6 Abs. 1 Nr. 3a Buchstabe e EStG.

Die Höhe der Rückstellung in der Steuerbilanz darf die Höhe der Rückstellung in der Handelsbilanz nicht überschreiten (Auffassung FG Rheinland-Pfalz, Urteil vom

7.12.2016, AZ 1 K 1912/14). Einzige Ausnahme ist die Pensionsrückstellung. Gegen das Urteil des FG Rheinland-Pfalz wurde beim BFH Revision eingelegt (AZ XI R 46/17), eine Entscheidung hierzu bleibt abzuwarten.

Im Unterschied zur Handelsbilanz sind in der Steuerbilanz keine Geldbußen in die Höhe der Rückstellung mit einzubeziehen, § 4 Abs. 5 Satz 1 Nr. 8 EStG verbietet die Abzugsfähigkeit als Betriebsausgabe. Sollte es sich jedoch um eine Geldbuße handeln, der kein Strafcharakter zugrunde liegt, sind die Aufwendungen als Rückstellung zu passivieren, vgl. § 4 Abs. 5 Nr. 8 Satz 4 EStG. Ferner muss der betriebliche Zusammenhang bestehen. Preis- und Kostensteigerungen sind im Unterschied zum Handelsrecht in der Steuerbilanz nicht zu berücksichtigen.

Hinweis

Prozesskosten sind in der Steuerbilanz nicht rückstellungsfähig, wenn am Bilanzstichtag noch kein anhängiges Verfahren existiert. Ausnahme gem. BFH: Die Rückstellungsbildung ist bereits zulässig, wenn die Klageerhebung nur noch eine formale Handlung darstellt.

Beispiele:

Beispiel 1:
Die P-GmbH hat den Kunden K wiederholt aufgefordert, den ausstehenden Rechnungsbetrag von 4.500 € über erbrachte Reinigungsleistungen in dem Bürogebäude des K zu bezahlen. Es sind bereits zwei Mahnungen und die Androhung der Klage an K rausgegangen. Nachdem K auf keine der Mahnungen reagiert hat, wendet sich die P-GmbH am 02.12.2022 an ihren Rechtsanwalt und beauftragt diesen gegen den Kunden K Klage einzureichen. Die Klageschrift geht am 15.01.2023 bei dem zuständigen Gericht ein. Die P-GmbH erstellt ihre Bilanz für das Wirtschaftsjahr 2022 zum 31.12.2022 im April 2023.

Wann muss die P-GmbH die Rückstellung für Prozessrisiken passivieren?

Lösung:
Die P-GmbH muss die Rückstellung für Prozessrisiken bereits in der Bilanz zum 31.12.2022 passivieren. Die Klageeinreichung beim zuständigen Bericht erfolgte zwar erst im Januar 2023, da die P-GmbH aber bereits am Bilanzstichtag die Entscheidung zur Klageeinreichung getroffen hatte, ist die Entscheidung, Klage zu erheben, endgültig im Wirtschaftsjahr 2022 gefallen.

Beispiel 2:
Die P-GmbH führt gegen ihren Zulieferer Z einen Prozess wegen nicht ausgeführter Lieferungen trotz bereits erfolgter Anzahlungen seitens der P-GmbH. Die Kosten für das Verfahren belaufen sich zum 31.12.2022 auf 3.000 €. Die P-GmbH

rechnet damit, dass sie den Prozess verlieren wird und damit neben den 3.000 € weitere Rechtsanwaltskosten der gegnerischen Partei i. H. v. 1.700 € auf sie zukommen. Das Verfahren wird im Jahr 2023 in die nächsthöhere Instanz gehen.

In welcher Höhe darf eine Rückstellung für Prozessrisiken gebildet werden?

Lösung:
Die Rückstellung für Prozessrisiken ist nach § 249 Abs. 1 Satz 1 HGB i. V. m. § 5 Abs. 1 EStG sowohl im Handelsrecht als auch im Steuerrecht zu bilden. Die Höhe der Rückstellung beträgt 3.000 €, weil der Weg zur nächsthöheren Instanz erst im Folgejahr (2023) beschritten wird.

Buchungen: SKR 03/SKR 04

Datum	Umsatz	Gegenkonto	Konto	Buchungstext
31.12.2022	3.000 € (H)	4950/6825	0970/3070	Rückstellung für Prozesskosten Zulieferer Z

6.8 Rückstellung für Umweltschutzmaßnahmen

Rückstellungen für Umweltschutzmaßnahmen sind unter die Rückstellungen für ungewisse Verbindlichkeiten zu subsumieren und nach § 249 Abs. 1 Satz 1 HGB in der Handelsbilanz anzusetzen. Über den Grundsatz der Maßgeblichkeit des § 5 Abs. 1 Satz 1 HGB erfolgt ebenso ein Ansatz in der Steuerbilanz.

Warum handelt es sich bei Rückstellung für Umweltschutzmaßnahmen um eine öffentlich-rechtliche Verpflichtung? Eine öffentlich-rechtliche Verpflichtung liegt zum Beispiel vor, wenn ein Baustoffe recycelndes Unternehmen hinsichtlich der Recycingvorgänge vonseiten der Behörde regelmäßig überprüft wird. Rückstellungen für Umweltschutzmaßnahmen können gebildet werden, wenn eine hinreichende Konkretisierung vorliegt, d. h., es muss entweder ein Verwaltungsakt vorhanden sein, der ein Handeln vorschreibt und dessen Nichteinhaltung Sanktionen nach sich zieht, oder eine konkrete gesetzliche Grundlage existieren, aus der der Unternehmer ein Handeln ableiten kann. Diese gesetzlichen Regelungen können sich z. B. aus dem Abfallgesetz, dem Bundesnaturschutzgesetz oder auch dem Treibhausgas-Emissionshandelsgesetz ergeben. Nicht von Bedeutung ist, wenn der Unternehmer, gegen den der Verwaltungsakt erlassen worden ist, dagegen Widerspruch einlegt oder Klage erhebt.

Für die Wahrscheinlichkeit der Inanspruchnahme wird auf die Kenntnis der zuständigen Behörde abgestellt. Die zuständige Behörde muss von der umweltrechtlichen

Verpflichtung des Unternehmens wissen. Es ist auch ausreichend, wenn die Kenntniserlangung der Behörde unmittelbar bevorsteht (BFH-Urteil vom 19.11.2003, AZ I R 77/01; BFH-Urteil vom 19.10.1993, BStBl 93 II S. 891). Sollte die Behörde klar und deutlich kommunizieren, dass eine Inanspruchnahme ihrerseits nicht erfolgen wird, kann der Unternehmer von der Wahrscheinlichkeit der Inanspruchnahme nicht mehr ausgehen. Die Passivierung einer Rückstellung für Umweltschutzmaßnahmen ist in diesem Fall nicht mehr zulässig.

Die öffentlich-rechtliche Verpflichtung für Umweltschutzmaßnahmen muss vor dem Bilanzstichtag dem Grunde nach entstanden sein. Sollte es sich um eine Verpflichtung handeln, deren Erfüllung in der Zukunft vorgenommen werden muss, muss im abgelaufenen Wirtschaftsjahr die Verursachung liegen. Gemäß zweier BFH-Urteile (vom 12.12.1991, BStBl 92 II S. 600 und vom 19.05.1987, BStBl 87 II S. 848) ist es gerechtfertigt, dass die Verpflichtung wirtschaftlich als eine bereits zum Bilanzstichtag bestehende Verbindlichkeit anzusehen ist, wenn der Tatbestand, dessen Rechtsfolge die Verpflichtung darstellt, bereits vor dem Bilanzstichtag verwirklicht ist und die Verpflichtung damit in einem engen wirtschaftlichen Verhältnis zum Betrieb steht bzw. diesen engen betrieblichen Zusammenhang zum Betrieb rechtfertigt. Die Verursachung ist noch nicht rechtlich entstanden, wenn die Vorschrift, die eine Verpflichtung vorschreibt, eine Frist setzt und diese Frist zum Bilanzstichtag, für den der Unternehmer die Bilanz erstellt, noch nicht abgelaufen ist.

Häufig ist es auch der Fall, dass bei Umweltschutzmaßnahmen Wirtschaftsgüter wie das Bürogebäude oder die Fabrikhalle sowie der Grund und Boden des Unternehmens betroffen sind. In einem solchen Fall muss die Frage geklärt werden, ob vorrangig vor der Passivierung einer Rückstellung eine außerplanmäßige Abschreibung vorzunehmen ist. Im Allgemeinen sind die Abschreibungen für Gebäude und die Passivierung von Rückstellungen selbstständig zu beurteilen. Bereits der BFH hat in seinem Urteil vom 19.11.2003 im Zusammenhang mit einem belasteten Grundstück sowohl eine außerplanmäßige Abschreibung als auch den Ausweis einer Rückstellung bejaht. Im Handelsrecht ist die außerplanmäßige Abschreibung nach § 253 Abs. 3 Satz 3 HGB vorzunehmen, im Steuerrecht erfolgt die Teilwertabschreibung gem. § 6 Abs. 1 Nr. 2 Satz 2 EStG. In seinem Urteil hebt der BFH besonders hervor, dass die außerplanmäßige Abschreibung des Grund und Bodens nicht zu einer Minderung des Rückstellungsbetrags für den zukünftigen Sanierungsaufwand führt. Er begründet seine Auffassung damit, dass es sich bei einem wertzuberichtigenden Grundstück einerseits und der zu passivierenden Rückstellung andererseits um unterschiedliche Wirtschaftsgüter handelt, deren Ansatz und Bewertung nach dem Grundsatz der Einzelbewertung unabhängig voneinander zu erfolgen hat.

In ihrem BMF-Schreiben vom 11.05.2010 – IV C 6 – S2137/07/10004, BStBl 2010 I S. 495 geht auch die Finanzverwaltung davon aus, dass die Frage der Passivierung einer

Rückstellung und der Vornahme einer Teilwertabschreibung unabhängig voneinander zu prüfen ist. Die Finanzverwaltung unterscheidet dabei zwei Fallvarianten:

1. Die Voraussetzung für die Passivierung einer Rückstellung liegt vor, wenn
   - eine Teilwertabschreibung wegen Schadstoffbelastung ausscheidet, sofern die Sanierung zu einer Wertaufholung führen wird,
   - eine Teilwertabschreibung nur (insoweit) in Betracht kommt, als der Steuerpflichtige nachweisen kann, dass trotz der voraussichtlichen Sanierung eine dauernde Wertminderung des Grundstücks anzunehmen ist.
2. Die Voraussetzung für die Passivierung einer Rückstellung liegt nicht vor, wenn
   - eine Teilwertabschreibung grundsätzlich in Betracht kommt,
   - eine Teilwertabschreibung nicht in Betracht kommt, sofern die Rückstellung nur aus dem Grunde nicht gebildet werden konnte, weil sie zukünftig zu Anschaffungs- und Herstellungskosten führt (§ 5 Abs. 4b Satz 1 EStG).

Die Bewertung der Rückstellung für Umweltschutzmaßnahmen richtet sich für die Handelsbilanz nach § 253 Abs. 1 Satz 2 HGB, wonach Rückstellungen mit dem Erfüllungsbetrag, der nach vernünftiger kaufmännischer Beurteilung erforderlich ist, in Ansatz zu bringen sind. Wertaufhellende Tatsachen, also Sachverhalte, die im abgelaufenen Wirtschaftsjahr entstanden sind, dem bilanzierenden Unternehmer aber erst nach dem Bilanzstichtag bekannt werden, sind bei der Bewertung der Rückstellung zu berücksichtigen. Bei der Bewertung sind alle anfallenden Kosten für die umweltrechtliche Verpflichtung anzusetzen. Eine Unterscheidung hinsichtlich der Kosten, die beim Unternehmer selbst anfallen und den Kosten, die durch die Beauftragung Dritter anfallen ist nicht vorzunehmen. Die Kosten sind abzuzinsen, wenn die Laufzeit der Verpflichtung mehr als zwölf Monate beträgt. Die Abzinsung erfolgt mit dem durchschnittlichen Marktzinssatz der vergangenen sieben Geschäftsjahre. Der durchschnittliche Marktzinssatz wird nach § 253 Abs. 2 Satz 4 HGB von der Deutschen Bundesbank bekannt gegeben. Nicht als Aufwand im Zusammenhang mit der Verpflichtung für Umweltschutzmaßnahmen passiviert werden dürfen Aufwendungen, die zu Anschaffungs- oder Herstellungskosten führen.

Die Auflösung der Rückstellung für Umweltschutzverpflichtungen muss erfolgen, wenn der Unternehmer mit einer Inanspruchnahme nicht mehr rechnen muss. Ggf. ist die Rückstellungen bei Veränderungen auch zum jeweilig nächsten Bilanzstichtag durch Zuführung von Aufwand zu erhöhen bzw. bei Aufwandsminderungen oder durch Verbrauch aufzulösen.

Über den Grundsatz der Maßgeblichkeit der Handelsbilanz für die Steuerbilanz nach § 5 Abs. 1 Satz 2 EStG ist die Rückstellung für Verpflichtungen aus Umweltschutzmaßnahmen auch in die Steuerbilanz zu übernehmen. Bei Rückstellungen, für die der laufende Betrieb die Ursache ist, ist die Rückstellung gem. § 6 Abs. 1 Nr. 3 a EStG ratierlich anzusammeln. Bei einer Restlaufzeit von mehr als zwölf Monate ist die Rückstellung auch in der Steuerbilanz abzuzinsen. Gemäß § 6 Abs. 1 Nr. 3a Buchstabe e EStG erfolgt die Abzinsung mit 5,5%. Im Unterschied zur Handelsbilanz sind in der Steuerbilanz lediglich die Preisverhältnisse zum Bilanzstichtag berücksichtigen, nicht hingegen die künftigen Preis- und Kostensteigerungen, vgl. § 6 Abs. 1 Nr. 3a Buchstabe f EStG.

Aufgrund der unterschiedlichen Abzinsungszinssätze kann es dazu kommen, dass die Rückstellung der Höhe nach in der Handels- und Steuerbilanz voneinander abweichen. Bezüglich der Höhe der Rückstellung in der Handels- und Steuerbilanz wird auf Kapitel 5.3 verwiesen.

Beispiel:

Die B-GmbH erhält Bauschutt von verschiedenen Abbruchunternehmen geliefert, um den Bauschutt dann aufzubereiten und an Straßenbauunternehmen weiterzuverkaufen. Für die Wiederaufbereitung des angelieferten Bauschutts bildet die B-GmbH eine Rückstellung in Ihrer Bilanz zum 31.12.2023 i.H.v. 15.000 €.

Einbuchen der Rückstellung:

Buchungen: SKR 03/SKR 04

Datum	Umsatz	Gegenkonto	Konto	Buchungstext
31.12.2023	15.000 € (H)	4969/6859	0973/3085	Rückstellung für Aufbereitung von Bauschutt

6.9 Rückstellungen für ausgegebene Gutscheine

Mit dem Gesetz zur Vermeidung von Umsatzsteuerausfällen im Handel mit Waren im Internet und zur Änderung weiterer steuerlicher Vorschriften vom 14.12.2018, ehemals als »Jahressteuergesetz 2018« bekannt, wurden im Umsatzsteuergesetz ab dem 01.01.2019 im § 3 die Absätze 13–15 UStG neu eingefügt. Hierin wurde erstmalig eine Legaldefinition für umsatzsteuerliche Gutscheine eingeführt und damit die EU-Gutscheinrichtlinie umgesetzt.

Unterschieden wird nunmehr zwischen dem »Einzweckgutschein« und dem »Mehrzweckgutschein«. Bei dem Einzweckgutschein handelt es sich um einen Gutschein, bei dem der Ort der Lieferung oder sonstigen Leistung und die auf diesen Umsatz geschuldete Umsatzsteuer bereits im Zeitpunkt der Ausgabe des Gutscheins feststehen (§ 3 Abs. 14 UStG). Im Zeitpunkt des Erwerbs eines Gutscheins wird bereits eine umsatzsteuerpflichtige Leistung ausgeführt. Die Einlösung des Gutscheins zu einem späteren Zeitpunkt hat keine Auswirkung mehr auf die Umsatzsteuer. Ein Mehrzweckgutschein ist nach § 3 Abs. 15 UStG ein Gutschein, der kein Einzweckgutschein ist.

Der Unternehmer hat den Einzweckgutschein wie folgt zu bilanzieren:

Buchung:

Datum	Gegenkonto	Konto
02.01.2023	Bank	Umsatzerlöse
		Umsatzsteuer

Weil die Leistung aber erst im Zeitpunkt der Einlösung der Gutscheine tatsächlich erfolgt, liegt eine Außenverpflichtung gegenüber dem Käufer des Gutscheins vor. Diese Außenverpflichtung ist durch eine Rückstellung für ungewisse Verbindlichkeiten in der Bilanz des Unternehmers darzustellen. Durch den fehlenden Wareneinsatz oder Leistungseinsatz darf es im Zeitpunkt der Ausgabe/des Verkaufs der Einzweckgutscheine nicht zu einer Gewinnrealisierung kommen. Um diese Gewinnrealisierung der oben dargestellten Buchung zu neutralisieren, ist eine Rückstellung für ungewisse Verbindlichkeiten einzubuchen.

Die Rückstellung ist mit dem nach vernünftiger kaufmännischer Beurteilung notwendigen Erfüllungsbetrag zu bewerten, § 253 Abs. 1 Satz 2 HGB.

Beispiel:

Unternehmer U verkauft am 10.01.2023 50 Einzweckgutscheine für die Teilnahme an dem von ihm angebotenen Escape-Game. Ein Gutschein lautet auf 71,40 €. Seiner Erfahrung nach werden ca. 10 % der Gutscheine gar nicht eingelöst. Die Marge des Unternehmers beim Verkauf eines Escape-Games liegt bei 45 %.

Buchungen: SKR 03/SKR 04

Datum	Umsatz	Gegenkonto	Konto	Buchungstext
10.01.2023	3.570 € (H)	1200/1800	8400/4400	Umsatzerlöse
			1776/3806	Umsatzsteuer

Für die voraussichtlich nicht eingelösten Gutscheine sowie die Umsatzmarge von 45 % entsteht bereits im Zeitpunkt der Ausgabe der Gutscheine eine Gewinnrealisierung, insoweit ist keine Korrektur vorzunehmen. In Höhe der noch nicht realisierten Erlöse (55 %) ist eine Rückstellung zu bilden.

Ermittlung der noch nicht realisierten Erlöse:

55 % × 90 % × 3.000 € = 1.485 €

Buchungen: SKR 03/SKR 04

Datum	Umsatz	Gegenkonto	Konto	Buchungstext
31.12.2023	1.485 € (H)	8400/400	0970/3070	Sonstige Rückstellungen

6.10 Rückstellungen für drohende Verluste aus schwebenden Geschäften

Nach § 249 Abs. 1 Satz 1 HGB sind in der Handelsbilanz Rückstellungen für drohende Verluste aus schwebenden Geschäften zu bilden. Vorab ist deshalb zu klären, was man unter einem schwebenden Geschäft versteht. Voraussetzung für ein schwebendes Geschäft ist, dass im Rahmen eines gegenseitigen auf Leistungsaustausch gerichteten Vertrags die vorgesehenen Leistungen und Gegenleistungen bislang noch von keiner der beiden Seiten erfüllt worden sind. Als bilanzierender Unternehmer muss man sich deshalb fragen, ob die ausstehende Leistung bilanziert werden muss und ob im Falle eines drohenden Verlusts aus diesem schwebenden Geschäft eine Rückstellung zu bilden ist.

Nach den handelsrechtlichen Grundsätzen wird ein schwebendes Geschäft nicht bilanziert, weil davon ausgegangen wird, dass sich die gegenseitig geschuldeten Leistungen (Leistung und Gegenleistung) wertmäßig ausgleichen. Im Steuerrecht geht man dem Grundsatz der Maßgeblichkeit entsprechend ebenfalls von einem wertmäßigen Ausgleich von Leistung und Gegenleistung aus.

Kommt es jedoch zu einer Störung des Verhältnisses von Leistung und Gegenleistung, kommt in der Handelsbilanz eine Bilanzierung in Betracht. Nach den Grundsätzen ordnungsgemäßer Buchführung sind zu erwartende drohende Verluste aus schwebenden Geschäften nach § 249 Abs. 1 Satz 1 HGB zu bilanzieren. Zu einem drohenden Verlust für den Unternehmer kommt es, wenn der Wert der eigenen Verpflichtung aus dem abgeschlossenen Vertrag den Wert des Anspruchs auf die Gegenleistung übersteigt. Es muss ein Verpflichtungsüberschuss beim bilanzierenden Unternehmer vorliegen.

Von einem schwebenden Geschäft ist auch schon dann auszugehen, wenn der Unternehmer ein verbindliches Angebot abgegeben hat und er mit der Vertragsannahme sicher rechnen kann. Schwebende Geschäfte können bei Nutzungsüberlassungen

(Miet-, Pacht- oder Leasingverträgen), Dienstverträgen, Arbeitsverträgen aber auch bei der Anschaffung von Wirtschaftsgütern in Form von Kauf- oder Werkverträgen vorkommen. Eine Unterscheidung hinsichtlich der Häufigkeit (Dauerverträge oder einmalig abgeschlossene Verträge) ist dabei nicht vorzunehmen.

Absatzgeschäft

Bei einem Absatzgeschäft handelt es sich um einen Verkauf von Gegenständen des Anlage- oder Umlaufvermögens. Ein Absatzgeschäft liegt darüber hinaus auch bei der Erbringung von Dienstleistungen oder einem Vertrag über eine Nutzungsüberlassung vor. Bei diesen Geschäften kann sich ein Verlust ergeben, wenn der Unternehmer die internen Kosten in falscher Höhe kalkuliert hat oder auch ein Geschäft bewusst in der Annahme eines Verlusts eingegangen ist, um einen neuen Kunden zu gewinnen, zu behalten oder gar den Kunden von einem Konkurrenzunternehmen abzuwerben. Die aktivierten Anschaffungs- oder Herstellungskosten sowie die noch anfallenden Aufwendungen übersteigen bei einem drohenden Verlust den vereinbarten Verkaufspreis.

Beim Verkauf von Anlagevermögen liegt kein Verlust im Rahmen eines Absatzgeschäfts vor, wenn der Verkaufspreis über dem Buchwert aber unter dem Verkehrswert liegt.

Bei einem ggf. vorliegenden drohenden Verlust kann die Frage aufkommen, ob vor der Bildung einer Rückstellung nicht eine außerplanmäßige Abschreibung vorgenommen werden muss. Das strenge Niederstwertprinzip im Handelsrecht sieht die Berücksichtigung einer Abschreibung bei einem Vermögensgegenstand, der unmittelbar aufgrund eines schwebenden Geschäfts gebildet wird, vor. Nachdem die außerplanmäßige Abschreibung vorgenommen wurde, besteht die Möglichkeit, für die darüber hinaus gehenden Verluste eine Rückstellung für drohende Verluste aus schwebenden Geschäften zu passivieren.

Bei Vermögensgegenständen, die nur mittelbar Gegenstand eines schwebenden Geschäfts sind, wie z. B. bei Pacht- und Leasingverträgen, ist in einem ersten Schritt eine Unterscheidung vorzunehmen, ob es sich um Anlage- oder Umlaufvermögen handelt. Liegt Umlaufvermögen vor, greift wieder das strenge Niederstwertprinzip. Das heißt, die Vermögensgegenstände des Umlaufvermögens sind durch eine außerplanmäßige Abschreibung zu mindern und erst danach besteht die Möglichkeit der Passivierung einer Rückstellung für drohende Verluste. Bei den Vermögensgegenständen des Anlagevermögens gilt das gemilderte Niederstwertprinzip. Das heißt, dass eine außerplanmäßige Abschreibung nur in Betracht kommt, wenn die Wertminderung voraussichtlich von Dauer ist. Ist die Wertminderung nicht von Dauer, ist eine außerplanmäßige Abschreibung nicht zulässig. Um die drohenden Verluste bilanziell zu erfassen, kann der Unternehmer eine Rückstellung für drohende Verluste aus schwebenden Geschäften auf der Passivseite der Bilanz einstellen.

Im Unterschied zu den Rückstellungen für ungewisse Verbindlichkeiten sind Rückstellungen für drohende Verluste stets mit künftigen Erträgen verbunden. Die künftigen Erträge ergeben sich aus dem vom Unternehmer eingegangenen Austauschverhältnis. Beiden Rückstellungsarten gleich ist, dass ihnen eine Außenverpflichtung, also eine Verpflichtung gegenüber einem Dritten zugrunde liegt. Bei den Rückstellungen für drohende Verluste ist ein Dritter der Vertragspartner. Die künftigen Erträge sind bei der Bewertung der Drohverlustrückstellung zu berücksichtigen. Bei den Rückstellungen für ungewisse Verbindlichkeiten fehlen diese zukünftigen Erträge.

Der Ausweis der Rückstellungen für drohende Verluste aus schwebenden Geschäften erfolgt immer saldiert. Die Saldierung von drohenden Verlusten und künftigen Erträgen setzt jedoch voraus, dass die wirtschaftlichen Vorteile hinreichend konkret sind. Vage Vermutungen und Erwartungen begründen keinen Ansatz.

Beschaffungsgeschäft

Typische Beschaffungsgeschäfte sind bestellte Waren, bestellte Sachanlagegüter oder aber auch eingekaufte sonstige Leistungen. Aus den Beschaffungsgeschäften kann sich ein Verlust ergeben, wenn der Wiederbeschaffungspreis der noch nicht erhaltenen Ware oder Dienstleistung niedriger ist als der tatsächlich vereinbarte Kaufpreis. Der Wiederbeschaffungspreis sinkt z. B. bei Preisminderungen oder wenn der Unternehmer die Ware bzw. Dienstleistung zu einem überhöhten Preis bestellt/in Auftrag gegeben hat.

Nach Auffassung des HFA des IDW ist bei am Abschlussstichtag schwebenden Geschäften über Roh-, Hilfs- und Betriebsstoffe eine Drohverlustrückstellung zu bilden, wenn trotz gesunkener Wiederbeschaffungspreise vom bilanzierenden Unternehmer nachgewiesen werden kann, dass eine kostendeckende Weiterverarbeitung erreicht wurde.

Dauerschuldverhältnisse

Bei Dauerschuldverhältnissen kann es zu einem drohenden Verlust kommen, wenn sich Leistung und Gegenleistung nicht mehr gleichwertig gegenüberstehen.

> **Beispiele:**
>
> **Beispiel 1:**
>
> Mieter M hat mit Vermieter V einen Mietvertrag über die Laufzeit von 15 Jahren für ein Bürogebäude abgeschlossen, beginnend ab dem 01.01.2010. Die Jahresmiete beträgt 10.000 €. Zum Ende des Jahres 2015 benötigt M das Bürogebäude nicht mehr für betriebliche Zwecke. Da Vermieter V M nicht vorzeitig aus dem Vertrag lässt, vermietet M das Bürogebäude weiter an K. K zahlt dem M

eine Jahresmiete von 7.500 € und bleibt bis zum Ende der Vertragslaufzeit (bis 31.12.2015) Mieter des Gebäudes.

In welcher Höhe muss M eine Rückstellung für drohende Verluste aus dem schwebenden Geschäft bilden? Die Abzinsung bleibt bei der Lösung außen vor.

Lösung:
Mieter M hat ab dem 31.12.2015 eine Verpflichtung auf Entrichtung der Miete an V i. H. v. für zehn Jahre a‹ 10.000 €. Von dem Mieter K erhält M eine Miete über zehn Jahre i. H. v. a‹ 7.500 €. Damit ergibt sich für M ein drohender Verlust aus einem schwebenden Dauerschuldverhältnis i. H. v. jährlich 2.500 €. M muss in seiner Bilanz zum 31.2012.15 die Drohverlustrückstellung i. H. v. insgesamt 25.000 € passivieren.

Verpflichtung zehn Jahre × 10.000 €=	100.000 €
Anspruch zehn Jahre × 7.500 €=	75.000 €
Verlust zum 31.12.2015	25.000 €

Der Passivierung zum 31.12.2015 folgt eine jährliche Auflösung von 2.500 €.

Buchungen: SKR 03/SKR 04

Datum	Umsatz	Gegenkonto	Konto	Buchungstext
31.12.15	25.000 € (H)	4900/6300	0976/3092	Rückstellung für drohende Verluste aus schwebenden Geschäften

Gewinnauswirkung: -25.000 €

M muss die Rückstellung für drohende Verluste aus schwebenden Geschäften zum 31.12.2016 anpassen. Der Wert der Rückstellung zum 31.12.16 ergibt sich wie folgt:

Verpflichtung 9 Jahre × 10.000 €=	90.000 €
Anspruch 9 Jahre × 7.500 €=	67.500 €
Verlust zum 31.12.2016	=22.500 €

Vortrag des EB-Wertes:

Buchungen: SKR 03/SKR 04

Datum	Umsatz	Gegenkonto	Konto	Buchungstext
01.01.16	25.000 € (H)	9000/9000	0976/3092	Rückstellung für drohende Verluste aus schwebenden Geschäften

Gewinnauswirkung: 0 €

Buchungen: SKR 03/SKR 04

Datum	Umsatz	Gegenkonto	Konto	Buchungstext
31.12.16	2.500 € (H)	0976/3092	1200/1800	Rückstellung für Drohverlust aus Beschaffungsgeschäft

Gewinnauswirkung: 0 €

Beispiel 2:
Die U-GmbH & Co. KG hat am 20.10.2018 für ihr Unternehmen eine neue Prozessoranlage bestellt. Die Kosten belaufen sich im Zeitpunkt der Bestellung auf 10.000 €, die Auslieferung soll im März des Folgejahres erfolgen. Aufgrund des laufenden technischen Fortschritts und Wandels verliert die Prozessoranlage an Wert, weshalb der Kaufpreis nachhaltig gesunken ist. Zum Bilanzstichtag, dem 31.12.2018, würde die U-GmbH & Co. KG nur noch 8.000 € für die Prozessoranlage bezahlen müssen.

Die U-GmbH & Co. KG hat zum 31.12.2018 eine Rückstellung für drohende Verluste aus schwebenden Geschäften gem. § 249 Abs. 1 Satz 2 HGB zu buchen, weil der Wiederbeschaffungspreis der bestellten/noch nicht erhaltenen Ware niedriger ist als der vereinbarte Kaufpreis. Die Rückstellung ist mit dem nach vernünftiger kaufmännischer Beurteilung notwendigem Erfüllungsbetrag zu bilanzieren, vgl. § 253 Abs. 1 Satz 2 HGB. Da die Restlaufzeit zum Bilanzstichtag nicht mehr als zwölf Monate beträgt (die Prozessoranlage wird im März 18 ausgeliefert), muss keine Abzinsung nach § 253 Abs. 2 Satz 1 HGB vorgenommen werden.

Es sind folgende Buchungen vorzunehmen:

Zum 31.12.2018:

Buchungen: SKR 03/SKR 04

Datum	Umsatz	Gegenkonto	Konto	Buchungstext
31.12.18	2.000 € (H)	4900/6300	0976/3092	Rückstellung für Drohverlust aus Beschaffungsgeschäft

Gewinnauswirkung: -2.000 €

Vortrag des EB-Wertes:

Buchungen: SKR 03/SKR 04

Datum	Umsatz	Gegenkonto	Konto	Buchungstext
01.01.19	2.000 € (H)	9000/9000	0976/3092	Rückstellung für Drohverlust aus Beschaffungsgeschäft

Gewinnauswirkung: 0 €

Im Jahr 2019 erfolgt die Lieferung, die Prozessoranlage ist in dem Zeitpunkt der Lieferung mit den Anschaffungskosten zu bilanzieren. Die Anschaffungskosten sind in einem zweiten Schritt um den gesunkenen Wiederbeschaffungswert abzuschreiben.

Buchungen: SKR 03/SKR 04

Datum	Umsatz	Gegenkonto	Konto	Buchungstext
31.03.19	10.000 € (H)	0210/0440	1200/1800	Anschaffung Prozessoranlage
31.03.19	1.900 €	1576/1406	1200/1800	Abziehbare Vorsteuer 19%

Gewinnauswirkung: 0 €

Buchungen: SKR 03/SKR 04

Datum	Umsatz	Gegenkonto	Konto	Buchungstext
31.03.19	2.000 € (H)	4840/6230	0210/0440	Außerplanmäßige Abschreibung auf Sachanlagen

Gewinnauswirkung: -2.000 €

Die im Vorjahr passivierte Rückstellung für drohende Verluste aus schwebenden Geschäften ist im Zeitpunkt der Auslieferung wieder aufzulösen.

Buchungen: SKR 03/SKR 04

Datum	Umsatz	Gegenkonto	Konto	Buchungstext
31.03.19	2.000 € (H)	0976/3092	2735/4930	Erträge aus der Auflösung von Rückstellungen

Gewinnauswirkung: +2.000 €

Für die Fälle, dass kein schwebendes Geschäft mehr vorliegt, sich die Wiederbeschaffungskosten aber erholt haben oder die Wiederbeschaffungskosten die Anschaffungskosten zwischenzeitlich gar übersteigen, ist die Rückstellung gewinnerhöhend aufzulösen. Eine teilweise Auflösung ist auch denkbar und möglich. Das schwebende Geschäft kann sich aber auch über mehrere Bilanzstichtage hinweg ziehen, wodurch der Unternehmer gezwungen ist, an jedem Bilanzstichtag die Höhe der Rückstellung zu überprüfen und ggf. neu zu bewerten.

Im Steuerrecht darf eine Rückstellung für drohende Verluste aus schwebenden Geschäften gem. § 5 Abs. 4a EStG nicht gebildet werden (Ansatzverbot). Nach der Rechtsprechung des BFH galt dieses steuerliche Passivierungsverbot nicht für gegen Entgelt übernommene Verpflichtungen durch eine Schuldübernahme, eine Erfüllungsübernahme mit teilweiser oder vollständiger Schuldfreistellung oder einen Schuldbeitritt. Daraufhin änderte der Gesetzgeber mit dem Gesetz zur Anpassung des Investmentsteuergesetzes und anderer Gesetze an das AIFM-Umsetzungsgesetz (AIFM-StAnpG) vom 18.12.2013 das EStG und fügte den § 5 Abs. 7 EStG ein:

> ***§ 5 Abs. 7 EStG***
> [1]*Übernommene Verpflichtungen, die beim ursprünglich Verpflichteten Ansatzverboten, -beschränkungen oder Bewertungsvorbehalten unterlegen haben, sind zu den auf die Übernahme folgenden Abschlussstichtagen bei dem Übernehmer und dessen Rechtsnachfolger so zu bilanzieren, wie sie beim ursprünglich Verpflichte-*

ten ohne Übernahme zu bilanzieren wären. [2]Dies gilt in Fällen des Schuldbeitritts oder der Erfüllungsübernahme mit vollständiger oder teilweiser Schuldfreistellung für die sich aus diesem Rechtsgeschäft ergebenden Verpflichtungen sinngemäß. [3]Satz 1 ist für den Erwerb eines Mitunternehmeranteils entsprechend anzuwenden. [4]Wird eine Pensionsverpflichtung unter gleichzeitiger Übernahme von Vermögenswerten gegenüber einem Arbeitnehmer übernommen, der bisher in einem anderen Unternehmen tätig war, ist Satz 1 mit der Maßgabe anzuwenden, dass bei der Ermittlung des Teilwerts der Verpflichtung der Jahresbetrag nach § 6a Absatz 3 Satz 2 Nummer 1 so zu bemessen ist, dass zu Beginn des Wirtschaftsjahres der Übernahme der Barwert der Jahresbeträge zusammen mit den übernommenen Vermögenswerten gleich dem Barwert der künftigen Pensionsleistungen ist; dabei darf sich kein negativer Jahresbetrag ergeben. [5]Für einen Gewinn, der sich aus der Anwendung der Sätze 1 bis 3 ergibt, kann jeweils i. H. v. vierzehn Fünfzehntel eine gewinnmindernde Rücklage gebildet werden, die in den folgenden 14 Wirtschaftsjahren jeweils mit mindestens einem Vierzehntel gewinnerhöhend aufzulösen ist (Auflösungszeitraum). [6]Besteht eine Verpflichtung, für die eine Rücklage gebildet wurde, bereits vor Ablauf des maßgebenden Auflösungszeitraums nicht mehr, ist die insoweit verbleibende Rücklage erhöhend aufzulösen.

Der § 5 Abs. 7 EStG ist erstmalig auf Jahresabschlüsse anzuwenden, die für Wirtschaftsjahre aufgestellt werden, die nach dem 28.11.2013 enden, vgl. § 52 Abs. 9 EStG.

Durch diese Regelung hat jemand, der eine Verpflichtung übernimmt, diese zwar in einem ersten Schritt wie in der Handelsbilanz und der Steuerbilanz erfolgsneutral mit den Anschaffungskosten zu bilanzieren. In einem zweiten Schritt hat der Unternehmer in der Steuerbilanz, die der Bilanz des erstmaligen Ansatzes der übernommen Verpflichtung folgt, jedoch dem Ansatzverbot des § 5 Abs. 4a EStG zu folgen und die übernommene Rückstellung für drohende Verluste aus schwebenden Geschäften aufzulösen. Die gewinnerhöhende Auflösung kann durch eine gewinnmindernde Rücklage abgefangen werden. In diese Rücklage sind im Jahr der Auflösung vierzehn Fünfzehntel einzustellen und in den folgenden vierzehn Wirtschaftsjahren ist diese mit jeweils mindestens einem Vierzehntel gewinnerhöhend aufzulösen.

Auch für Rückstellungen für drohende Verluste aus schwebenden Geschäften gilt hinsichtlich der Bewertung der Rückstellung der § 253 Abs. 1 Sätze 2, 3 HGB. Die Rückstellung ist mit ihrem Erfüllungsbetrag, der sich nach vernünftiger kaufmännischer Beurteilung ergibt, in Ansatz zu bringen. Darüber hinaus ist die Rückstellung, soweit ihre Laufzeit mehr als zwölf Monate zum Bilanzstichtag beträgt, mit dem durchschnittlichen Marktzinssatz der vergangenen sieben Geschäftsjahre abzuzinsen. Wertaufhellende Sachverhalte sind bei der Bewertung der Rückstellung vom Unternehmer zu berücksichtigen.

Zukünftige Preis- und Kostensteigerungen, die sich auf die Höhe des Verlusts auswirken, sind vom Unternehmer zu berücksichtigen. Kostensteigerungen, wie z. B. Lohn-, aber auch allgemeine Preissteigerungen, sind zu berücksichtigen, wenn sie auf der Erfahrung des Unternehmers aus der Vergangenheit basieren. Anhaltspunkte für eine Schätzung können beispielsweise Veröffentlichungen von Branchenverbänden geben, die die Entwicklungen von Personal- und Materialkosten zusammenfassen.

Bei Rückstellungen für drohende Verluste aus schwebenden Geschäften ist die Bildung von Bewertungseinheiten gem. § 254 HGB möglich. In die Bewertungseinheit mit einbezogen werden müssen die Hauptleistungs- und Nebenleistungsverpflichtungen sowie ggf. vorhandene wirtschaftliche Vorteile (Bürgschaft, Rückgriffsansprüche auf Versicherungen etc.).

Die Höhe der Rückstellungen für drohende Verluste aus schwebenden Absatzgeschäften wird wie folgt ermittelt:

	vertraglich vereinbarter Verkaufspreis
./.	Erlösminderungen (Skonto, Rabatt, Boni)
./.	aktivierte Anschaffungs-/Herstellungskosten
./.	zukünftig noch anfallende Aufwendungen
=	zu passivierender Rückstellungsbetrag (negativ)

Gem. § 255 Abs. 2 Satz 2 HGB sind durch die Änderungen des BilMoG die Liefer- und Leistungsverpflichtungen aus einem Absatzgeschäft mit den Vollkosten in Ansatz zu bringen.

Die Höhe der Rückstellungen für drohende Verluste aus schwebenden Beschaffungsgeschäften wird wie folgt ermittelt:

	vertraglich vereinbarter Kaufpreis
./.	Wiederbeschaffungskosten am Bilanzstichtag
=	zu passivierender Rückstellungsbetrag

Beispiele:

Beispiel 1:
Die D-GmbH bestellt im Juni 17 Waren im Wert von 5.000 €. Nach den vertraglichen Vereinbarungen, die die Parteien getroffen haben, erfolgt die Auslieferung im Februar 18. Im Dezember 17 senkt der Lieferant der D-GmbH seine Preise dauerhaft. Ein Neukunde würde für dieselben Waren, die die D-GmbH bestellt hat, im Dezember 17 nur noch 4.500 € bezahlen. Zum Bilanzstichtag, dem 31.12.2018, sind die Waren noch im Lager der D-GmbH vorrätig. Der Wert der Wiederbeschaffungskosten beträgt weiterhin 4.500 €.

Lösung:

Die D-GmbH hat zum Bilanzstichtag 31.12.2017 eine Rückstellung für drohende Verluste aus schwebenden Geschäften zu bilden und gem. § 249 Abs. 1 Satz 1 HGB zu passivieren. Die Rückstellung ist mit dem nach vernünftiger kaufmännischer Beurteilung notwendigen Erfüllungsbetrag zu bilanzieren, vgl. § 253 Abs. 1 Satz 2 HGB. Da die Restlaufzeit zum Bilanzstichtag nicht mehr als zwölf Monate beträgt (die Waren werden im Februar 18 ausgeliefert), muss keine Abzinsung nach § 253 Abs. 2 Satz 1 HGB vorgenommen werden.

Die GmbH hat folgende Buchungen vorzunehmen:

Buchungen: SKR 03/SKR 04

Datum	Umsatz	Gegenkonto	Konto	Buchungstext
31.12.17	500 € (H)	4900/6300	0976/3092	Rückstellung für Drohverlust aus Beschaffungsgeschäft

Gewinnauswirkung: -500 €

Vortrag EB-Wert

Buchungen: SKR 03/SKR 04

Datum	Umsatz	Gegenkonto	Konto	Buchungstext
01.01.18	500 € (H)	9000/9000	0976/3092	Rückstellung für Drohverlust aus Beschaffungsgeschäft

Gewinnauswirkung: 0 €

Datum	Umsatz	Gegenkonto	Konto	Buchungstext
31.12.18	5.000 € (H)	3980/1100	1200/1800	Rückstellung für Drohverlust aus Beschaffungsgeschäft

Datum	Umsatz	Gegenkonto	Konto	Buchungstext
31.12.18	500 € (H)	0976/3092	3980/1100	Rückstellung für Drohverlust aus Beschaffungsgeschäft

Gewinnauswirkung: 0 €

Beispiel 2:
In 2017 beauftragt der bilanzierende Unternehmer V einen Gutachter mit der Erstellung eines Gutachtens für ein Grundstück, das Unternehmer V beabsichtigt zu erwerben. Das Gutachten kostet 5.000 € Das Grundstück würde V für den Bau einer Lagerhalle benötigen, in der er seine Waren unterstellen kann.

Ist für die Beauftragung des Gutachters von V eine Rückstellung für drohende Verluste aus einem schwebenden Geschäft zu bilden, wenn sich herausstellt, dass Unternehmer V das Gutachten zum Bilanzstichtag nicht mehr benötigt, weil er bereits ein Grundstück mit aufstehender Lagerhalle zu einem günstigen Preis von der Gemeinde in Aussicht gestellt bekommen hat?

Lösung:
In diesem speziellen Fall betrifft das Geschäft eine nicht bilanzierungsfähige Leistung, es liegt kein bilanziell zu erfassender Vermögensgegenstand vor. Eine Rückstellung für drohende Verluste ist jedoch immer dann zu bilden, wenn der Betrag der Gegenleistung des V (5.000 €) zum Unternehmenserfolg hinter dem Wert der vom Unternehmer zu erbringenden Leistung (5.000 €) zurückbleibt. Der Betrag, der hier zum Unternehmenserfolg führt, wäre der Erwerb der Halle, um die Waren lagern zu können.

Der Unternehmenserfolg ist objektiv schwer zu ermitteln. Die Drohverlustrückstellung muss in diesem Fall aber gebildet werden, weil nur noch eine nicht nennenswerte Verwertungsmöglichkeit im Betrieb besteht (es wird nicht mehr benötigt). Es handelt sich um eine sog. Fehlmaßnahme.

Beispiel 3:
Ein bilanzierender Malermeister übernimmt zu einem vereinbarten Preis von 10.000 € die Malerarbeiten in den Wohnungen und an der Fassade eines Mehrfamilienhauses. Bis zum 31.12.2017 hat der Maler bereits 75% der Arbeiten erledigt. Für diese 75% erledigter Arbeiten sind bereits Kosten i. H. v. 8.500 € angefallen. Für die Restarbeiten kalkuliert der Maler noch weitere 5.000 € (Vollkostenansatz).

Lösung:
Der Malermeister hat nach § 249 Abs. 1 Satz 1 HGB i. V. m. § 253 Abs. 1 Satz 2 HGB eine Rückstellung für drohende Verluste aus einem schwebenden Geschäft zu bilden. Der Rückstellungsbetrag ermittelt sich bei einem Absatzgeschäft wie folgt:

	10.000 €	vertraglich vereinbarter Verkaufspreis
./.	0 €	Erlösminderungen (Skonto, Rabatt, Boni)
./.	8.500 €	bereits angefallene Anschaffungskosten
./.	5.000 €	zukünftig noch anfallende Aufwendungen
=	-3.500 €	zu passivierender Rückstellungsbetrag

Buchungen: SKR 03/SKR 04

Datum	Umsatz	Gegenkonto	Konto	Buchungstext
31.12.17	3.500 € (H)	4900/6300	0976/3092	Rückstellung für Drohverlust Malerarbeiten

Gewinnauswirkung: -3.500 €

6.11 Rückstellungen für Garantie-/Gewährleistungsansprüche

Die Verpflichtung zur Erbringung von Garantie- bzw. Gewährleistungen kann sich sowohl aus dem Gesetz als auch aus vertraglichen Vereinbarungen ergeben. Grundlage für einen Garantie- bzw. Gewährleistungsanspruch kann außerdem Kulanz des liefernden Unternehmers bzw. des Dienstleistungserbringers sein. Gewähr- bzw. Garantieleistungen gibt es in ganz unterschiedlichen Formen:

- der Unternehmer kann die Lieferung durch eine neue Lieferung ersetzen,
- der Unternehmer kann kostenlos Nacharbeiten erbringen,
- der Unternehmer kann den Gegenstand der Lieferung vollständig zurücknehmen,
- der Unternehmer kann dem Käufer einen Preisnachlass gewähren oder
- der Unternehmer kann dem Käufer Schadensersatzzahlungen leisten.

Bei allen genannten Gewähr- bzw. Garantieleistungen fallen beim Unternehmer Kosten an. Bei einer kostenlosen Reparatur oder Nacharbeit fallen Selbstkosten für Lohn- und Materialaufwand an. Bei einem Preisnachlass verliert der Unternehmer einen Teil seines Erlöses.

Vertragliche Gewährleistungspflichten ergeben sich u. a. aus

- Kauf- und Werkverträgen,
- Allgemeinen Geschäftsbedingungen (AGB),
- vom Unternehmen gesondert vereinbarten Garantieverträgen oder
- der Vergabe- und Vertragsordnung für Bauleistungen (VOB).

EXKURS: VERJÄHRUNGSFRISTEN FÜR VERTRAGLICHE GEWÄHRLEISTUNGSPLICHTEN IM BLICK BEHALTEN

Der Unternehmer hat seine Gewährleistungspflichten im Auge zu behalten. Aufgrund eines Zeitablaufs kann es auch dazu kommen, dass Käufer oder Empfänger von Leistungen gar keine Gewährleistungsansprüche mehr geltend machen können. Sollte das der Fall sein, ist auch die Rückstellung für Gewähr- und Garantieleistungen zum Bilanzstichtag zu überprüfen und ggf. gewinnerhöhend aufzulösen.

Die Verjährungsfristen bei Mängelansprüchen betragen 5 Jahre, wenn der Mangel bei einem gekauften Bauwerk oder einer Sache, die entsprechend ihrer üblichen Verwendungsweise für ein Bauwerk verwendet worden ist und dessen Mangelhaftigkeit verursacht hat (Leistungen des Architekten etc.), entstanden ist, vgl. § 438 Abs. 2 Nr. 1 BGB. Die Verjährungsfrist beträgt 30 Jahre, wenn der Mangel an einem dinglichen Recht eines Dritten, aufgrund dessen die Herausgabe einer Kaufsache verlangt werden kann, oder bei einem sonstigen Recht, das im Grundbuch eingetragen ist, besteht, vgl. §§ 197 Abs. 1 Nr. 1, 200 BGB. Bei den Ansprüchen aus Kaufpreiszahlungen, Werklohnzahlungen sowie Arbeitslohn und Rückforderungsansprüchen bei Kreditgebühren und Mietkautionszahlungen endet die Verjährung mit Ablauf von 3 Jahren mit Ablauf des Entstehungsjahres und der Kenntnis des Anspruchs, vgl. §§ 195, 199 BGB. In den übrigen Fällen, also beim Kaufvertrag über bewegliche Sachen oder abgeschlossenen Werkverträgen sowie Ansprüchen aus einem Reisevertrag endet die Verjährung mit Ablauf von 2 Jahren, vgl. §§ 438, 634a, 651 g BGB.

Muss der Unternehmer am Bilanzstichtag ernsthaft damit rechnen, aus den von ihm getätigten Umsätzen aufgrund von Garantie- und Gewährleistungsverpflichtungen in Anspruch genommen zu werden, muss er in der Handelsbilanz und der Steuerbilanz eine Rückstellung für Garantieverpflichtungen bzw. Gewährleistungsansprüchen gem. § 249 Abs. 1 Satz 1 HGB i.V.m. § 5 Abs. 1 Satz 1 EStG passivieren. Nicht erforderlich ist, dass am Bilanzstichtag bereits konkrete Gewährleistungsansprüche oder Garantieansprüche vom Kunden geltend gemacht wurden. Nach den Umständen des Einzelfalls muss der Unternehmer aber ernsthaft mit einer Inanspruchnahme rechnen, damit er eine Rückstellung bilden darf.

Für Kulanzleistungen, also Leistungen, die ohne eine rechtliche Verpflichtung gegenüber dem Kunden erbracht werden, ist ebenfalls sowohl in der Handels- als auch Steuerbilanz eine Rückstellung zu passivieren. Bei der Rückstellung für Kulanzleistungen muss jedoch als Voraussetzung zwingend hinzukommen, dass sich der Unternehmer den Verpflichtungen aus geschäftlichen Umständen nicht entziehen kann. Der Verpflichtung nicht entziehen kann sich der Unternehmer dann, wenn in der Vergangenheit bereits Kulanzleistungen erbracht wurden und der Unternehmer am Bilanzstichtag unter Berücksichtigung der vernünftigen kaufmännischen Beurteilung davon ausgehen musste, dass derartige Kulanzleistungen auch zukünftig erbracht werden müssen.

Gemäß H 5.7 Abs. 5 EStH können Gewährleistungs- und Garantierückstellungen sowohl als Einzel- als auch als Pauschalrückstellungen gebildet werden. Die Bildung einer Einzelrückstellung setzt voraus, dass dem Unternehmer die Garantiefälle bis zum Tag der Bilanzaufstellung tatsächlich bekannt geworden sind. Pauschalrückstellungen werden gebildet, wenn der Unternehmer aufgrund seiner Erfahrungen aus der Vergangenheit mit einer großen Wahrscheinlichkeit für Garantie- und Gewährleistungsfälle in Anspruch genommen werden wird. Neben den Erfahrungen aus der Vergangenheit kann sich der Unternehmer bei der Wahrscheinlichkeit auch auf die Branchenerfahrung berufen. In der Regel werden die Garantie- und Gewährleistungsfälle an einem Prozentsatz festgemacht. Es werden auch regelmäßig branchenübliche Prozentsätze von Wirtschaftsverbänden veröffentlicht, an denen sich die Unternehmer orientieren können. Die Anerkennung durch die Finanzverwaltung ist damit aber noch nicht garantiert.

Die Garantie- und Gewährleistungsrückstellungen sind aufgrund des Zusammenhangs mit den im Wirtschaftsjahr ausgeführten Lieferungen und sonstigen Leistungen im selbigen zu bilden. Hat ein oder haben mehrere Kunden bis zum Tag der Bilanzaufstellung Garantieansprüche geltend gemacht, muss der Unternehmer eine Rückstellung bilden. Sind dem Unternehmer bis zur Aufstellung noch keine Garantie- und Gewährleistungsansprüche bekannt, ergibt sich aber aus seiner Erfahrung heraus, dass er mit einer Inanspruchnahme in einem bestimmbaren Umfang und hoher Wahrscheinlichkeit rechnen muss, ist eine Rückstellung zu bilden.

Die Rückstellung kann nach drei verschiedenen Methoden vom Unternehmer berechnet werden. Entsprechend dem Grundsatz der Bewertungsstetigkeit des § 252 Abs. 1 Nr. 6 HGB darf die einmal gewählte Bewertungsvariante nicht jedes Jahr willkürlich gewechselt werden.

1. Methode: Pauschalrückstellung

Die Kosten, die der Unternehmer für die durchzuführenden Garantiearbeiten aufbringen muss, werden geschätzt. Schätzungsbasis ist dabei die Erfahrung der Vergangenheit bzw. die Branchenerfahrung. Die Zulässigkeit zur Bildung einer pauschalen Rückstellung wurde durch ein EuGH-Urteil aus dem Jahr 1999 (Urteil vom 14.9.1999 – Rs. C 275/97) bestätigt. Wie der Begriff »pauschal« bereits sagt, handelt es sich um eine Schätzung der voraussichtlich anfallenden Garantieaufwendungen, die auf am Bilanzstichtag noch vorhandenen garantiebehafteten Umsätzen basieren. Von vornherein zu eliminieren sind die Umsätze, für die keine Garantie- und Gewährleistungsverpflichtungen seitens des Unternehmens bestehen.

Ermittlung des garantibehafteten Umsatzes:

	Forderungen aus Lieferungen und Leistungen
./.	Umsatzsteuer
./.	Rücksendungen der Kunden
./.	Preisnachlässe an Kunden
./.	Umsätze, die bereits in Einzelrückstellungen enthalten sind
./.	nicht garantiebehaftete Umsätze
=	garantiebehaftete Umsätze

2. Methode: Einzelrückstellung

Sie ist zu bilden für am Bilanzstichtag noch nicht erledigte, aber spätestens am Tag der Bilanzaufstellung bekannt gewesene Garantie- und Gewährleistungsfälle. Außerdem sind die ggf. auftretenden Konstruktionsfehler einer gesamten Produktionsserie über eine Einzelrückstellung zu bewerten.

3. Methode: Gemischtes Verfahren

Für Einzelfälle, die dem Unternehmer bis zum Tag der Aufstellung der Bilanz bekannt waren, wird eine Einzelrückstellung gebildet. Für das verbleibende Umsatzvolumen (ohne Umsätze, die unter die Einzelrückstellung fallen) wird eine Pauschalrückstellung (häufig mittels Prozentsatz) gebildet.

Bei der Ermittlung der Garantie- und Gewährleistungsrückstellungen sind die voraussichtlich anfallenden Kosten des Unternehmens zu berücksichtigen. Bei Nacharbeiten werden die Selbstkosten (Materialkosten, Materialgemeinkosten, Lohnkosten, Lohngemeinkosten, Transportkosten, Fremdleistungen, Gutachterkosten, Reisekosten u. v. m.) berücksichtigt. Bei einem Umtausch durch den Unternehmer werden die Anschaffungs- bzw. Herstellungskosten des nachzuliefernden Gegenstands inklusive aller Nebenkosten berücksichtigt. Nicht berücksichtigt werden darf ein Gewinnzuschlag des Unternehmens. Bei einer Rücknahme und Kaufpreiserstattung stellt das zurückgezahlte Entgelt netto abzüglich des Buchwerts die Bemessungsgrundlage für die Rückstellung dar.

Hat der Unternehmer mit seinen Zulieferern eventuelle Rückgriffsmöglichkeiten vereinbart, sind diese in die Ermittlung der Rückstellung mit einzubeziehen, weil der Unternehmer insoweit keine eigene Belastung erfährt. Dasselbe gilt bei Fällen, die durch eine Betriebsversicherung abgedeckt sind. Preis- und Kostensteigerungen sind gem. § 253 Abs. 1 Satz 2 HGB in der Handelsbilanz zu berücksichtigen. Beträgt die Laufzeit der Rückstellung mehr als ein Jahr, ist die Rückstellung nach § 253 Abs. 2 Satz 1 HGB abzuzinsen. Die Abzinsung erfolgt dabei mit dem durchschnittlichen Marktzinssatz der vergangenen sieben Geschäftsjahre, den die Deutsche Bundesbank monatlich veröffentlicht.

Über den Grundsatz der Maßgeblichkeit der Handelsbilanz für die Steuerbilanz nach § 5 Abs. 1 Satz 1 EStG ist die Rückstellung für Garantie- und Gewährleistungsansprüche auch in die Steuerbilanz zu übernehmen. Bei einer Restlaufzeit von mehr als zwölf Monate ist die Rückstellung auch in der Steuerbilanz abzuzinsen. Gemäß § 6 Abs. 1 Nr. 3a Buchstabe e EStG erfolgt die Abzinsung mit 5,5%. Bei Pauschalrückstellungen wird vonseiten der Finanzverwaltung auf eine Verzinsung aus Vereinfachungsgründen verzichtet. Im Unterschied zur Handelsbilanz sind in der Steuerbilanz lediglich die Preisverhältnisse zum Bilanzstichtag zu berücksichtigen, nicht hingegen die künftigen Preis- und Kostensteigerungen, vgl. § 6 Abs. 1 Nr. 3a Buchstabe f EStG.

Aufgrund der unterschiedlichen Abzinsungszinssätze kann es dazu kommen, dass die Rückstellungen der Höhe nach in der Handels- und Steuerbilanz voneinander abweichen. Bezüglich der Höhe der Rückstellung in der Handels- und Steuerbilanz wird auf Kapitel 5.3 verwiesen.

Beispiel: Pauschalrückstellung

Aufgrund der gesetzlichen Gewährleistungspflicht von zwei Jahren fallen bei der Produktions GmbH, die Möbel für Schulen und Kitas produziert, regelmäßig Aufwendungen für Gewährleistungen an. Aus den Aufzeichnungen des Unternehmens ergibt sich, dass zwischen der Auslieferung der Möbel für Grundschulen und Kitas und den eventuell anfallenden Schadensbeseitigungen rund sechs Monate liegen. Einzeln identifizierbare Garantieansprüche wurden für das Geschäftsjahr 2017, das am 31.12.2017 endet, bis zum Zeitpunkt der Bilanzaufstellung im März 2018 nicht bekannt.

Hat die GmbH eine Rückstellung für Gewährleistungsansprüche zu bilden? Wenn ja, in welcher Höhe?

Lösung:
Mangels vorliegen konkreter, vom Kunden geltend gemachter Gewährleistungsansprüche kann die GmbH keine Einzelrückstellungen für Gewährleistungsansprüche bilden. Gemäß § 249 Abs. 1 Satz 1 HGB wird jedoch der Ansatz von Gewährleistungsrückstellungen vorgeschrieben, wenn der Unternehmer aufgrund seiner bisherigen Erfahrungen mit einer hohen Wahrscheinlichkeit davon ausgehen muss, dass er aus den Gewährleistungsansprüchen in Anspruch genommen wird.

Weil sich die Gewährleistungskosten aus verschiedenen Positionen der Gewinn- und Verlustrechnung zusammensetzen, kann nicht einfach ein Wert aus der Buchhaltung entnommen werden. In den Gewährleistungskosten sind sowohl

Lohnkosten als auch Aufwendungen für Material, Preisnachlässe und Reisekosten zum Kunden enthalten.

Das Unternehmen kann aufgrund des betriebsinternen Qualitätsmanagements folgende Gewährleistungsaufwendungen für die vergangenen drei Jahre nachweisen:

Jahr	Aufwand f. kostenlose Nacharbeiten	gewährte Preisnachlässe	Summe Gewährleistungskosten
2015	18.400 €	12.000 €	30.400 €
2016	31.300 €	6.300 €	37.600 €
2017	15.300 €	9.900 €	25.200 €
Summe	65.000 €	28.200 €	93.200 €

Rückgriffsansprüche an Zulieferer hat die GmbH nicht.

Die durchschnittlichen Schadensquoten lassen sich aus dem Verhältnis der jährlich anfallenden Gewährleistungskosten zum Jahresumsatz ermitteln. Laut dem betriebsinternen Qualitätsmanagement ergeben sich folgende Umsätze in den einzelnen Jahren:

Jahr	Umsatz in €
2015	10.000.000 €
2016	15.750.000 €
2017	11.500.000 €
Summe	37.250.000 €

Der garantiebehaftete Umsatz der letzten sechs Monate in 2017 beträgt laut den BWA-Unterlagen des Unternehmens 3.000.000 €.

Jahr	Umsatz in €	Gewährleistungskosten	Verhältnis in %
2015	10.000.000 €	30.400 €	0,304
2016	15.750.000 €	37.600 €	0,238
2017	11.500.000 €	25.200 €	0,219
Summe	37.250.000 €	93.200 €	0,250

Die durchschnittliche Schadensquote der P GmbH beträgt, basierend auf den Angaben der vergangenen drei Jahre, 0,25 %.

In die Rückstellung dürfen nur die garantiebehafteten Umsätze mit einbezogen werden. Entsprechend dem zu Beginn des Beispiels geschilderten Sachverhalt beträgt die durchschnittliche Zeit für Reklamationen durch Kunden und die Beseitigung der Gewährleistungsansprüche durch das Unternehmen sechs Monate. Damit sind zum Bilanzstichtag, dem 31.12.17, nur noch mit Reklamationen für die ausgeführten Umsätze von Juli bis Dezember 17 ernsthaft zu rechnen. Die GmbH kann ihre garantiebehafteten Umsätze aus Basis der letzten sechs Monate des Wirtschaftsjahres 2017 ermitteln.

garantiebehafteter Umsatz Juli-Dezember 2017:	3.000.000 €
× Schadensquote des Unternehmens:	0,25 %
Gewährleistungsrückstellung pauschal zum 31.12.2017:	7.500 €

Aufgrund der Reklamationszeit von sechs Monaten und der Beseitigung der Gewährleistungsansprüche durch das Unternehmen innerhalb eben dieser Zeit muss die Rückstellung mangels einer Restlaufzeit von mehr als einem Jahr weder handelsrechtlich noch steuerrechtlich abgezinst werden.

Ggf. vorzunehmende Anpassungen aufgrund von Preis- und Kostensteigerungen gem. § 253 Abs. 1 HGB sind zu berücksichtigen.

Buchungen: SKR 03/SKR 04

Datum	Umsatz	Gegenkonto	Konto	Buchungstext
31.12.17	7.500 € (H)	4790/6790	0974/3090	Rückstellung für Gewährleistungsansprüche

Gewinnauswirkung: -7.500 €

Beispiel: Einzelrückstellung

Im Jahr 2017 verkauft die Baumaschinen GmbH 10.000 Stück Betonmischgeräte ihrer Serie B. Nach dem Verkauf stellt sich schnell heraus, dass die Serie B mit einem Konstruktionsfehler verkauft wurde. Die B GmbH muss alle Geräte reparieren und wendet dafür 55 € pro Gerät auf (Lohn-, Material- und Reisekosten). Bis zum Bilanzstichtag, dem 31.12.17, sind 2.000 Reklamationen eingegangen, die zum Bilanzstichtag bereits repariert wurden.

In welcher Höhe muss die B GmbH eine Rückstellung für Gewährleistungsansprüche passivieren?

Lösung:
Die B GmbH muss sowohl in ihrer Handels- als auch in der Steuerbilanz eine Rückstellung für Gewährleistungen gem. § 249 Abs. 1 Satz 1 HGB i. V. m. § 5 Abs. 1 Satz 1 EStG bilden. Für die bereits zum Bilanzstichtag abgearbeiteten Reklamationen (2.000 Stück) und die in diesem Zusammenhang aufgewendeten Leistungen der GmbH sind keine Rückstellungen mehr zu bilden.

Da die GmbH die Rückstellungen konkret beziffern kann, ist eine Einzelrückstellung zu bilden. Zum Bilanzstichtag verbleiben 8.000 offene Reklamationen aus der Serienproduktion, für die je Gerät mit einem Aufwand von 55 € kalkuliert wird:

8.000 St. × 55 €/Stück = 440.000 €

Buchungen: SKR 03/SKR 04

Datum	Umsatz	Gegenkonto	Konto	Buchungstext
31.12.17	440.000 € (H)	4790/6790	0974/3090	Rückstellung für Gewährleistungsansprüche

Gewinnauswirkung: -440.000 €

Beispiel: Gemischtes Verfahren

Die Landwirtschaftliche Maschinen KG erzielte im Wirtschaftsjahr 17 einen Umsatz i. H. v. 1.000.000 € netto. Ein Kunde, der im Juni 2017 bei der KG einen Rasentraktor für 15.000 € gekauft hat, macht im November 2017 von seinen Garantieansprüchen gegenüber der KG Gebrauch. Die KG kostet die Behebung des Fehlers bei dem Traktor 9.000 €.

Aufgrund der Aufzeichnungen der vergangenen fünf Jahre kann die KG glaubhaft darlegen, dass die während der Garantiezeit anfallenden Garantieaufwendungen immer bei rund 2% des garantiebehafteten Umsatzes lagen.

In welcher Höhe muss die KG eine Rückstellung für Garantieverpflichtungen bilden?

Lösung:
Die L KG muss sowohl in ihrer Handels- als auch Steuerbilanz eine Rückstellung für Gewährleistungen gem. § 249 Abs. 1 Satz 1 HGB i. V. m. § 5 Abs. 1 Satz 1 EStG bilden. Für die im November 2017 geltend gemachten Garantieansprüche hin-

sichtlich des einen Traktors ist eine Einzelrückstellung zu bilden. Für die anderen Umsätze kann die KG eine Pauschalrückstellung bilden, weil sie anhand der Zahlen aus der Vergangenheit die anfallenden durchschnittlichen Garantieaufwendungen nachweisen kann.

Einzelrückstellung i. H. v. 9.000 €

Pauschalrückstellung	2 % von (1.000.000 € ./. 15.000 €) = 2 % von 985.000 € = 19.700 €

Die Garantierückstellung zum 31.12.17 beträgt insgesamt 28.700 €.

Buchungen: SKR 03/SKR 04

Datum	Umsatz	Gegenkonto	Konto	Buchungstext
31.12.17	28.700 € (H)	4790/6790	0974/3090	Rückstellung für Gewährleistungsansprüche

Gewinnauswirkung: -28.700 €

Beispiel: Rückstellung i. V. m. Gewerbesteuer
Das folgende Beispiel zeigt Ihnen die Berechnung einer Garantierückstellung im Zusammenhang mit einer Rückstellung für Gewerbesteuer. Es verdeutlicht, dass die eine Rückstellung unmittelbare Auswirkungen auf eine andere Rückstellung haben kann, was dazu führt, dass eine bestimmte Berechnungsreihenfolge eingehalten werden sollte.

Die Architektur GmbH (A GmbH), mit Sitz in Berlin (Gewerbesteuer-Hebesatz 410 %), muss im Rahmen der Erstellung ihres Jahresabschlusses zum 31.12.2017 noch folgende Sachverhalte berücksichtigen:

a) Im Wirtschaftsjahr 2017 hat die GmbH Arbeiten mit einem Volumen von insgesamt 1.000.000 € (netto) ausgeführt. Auf die erbrachten Leistungen gewährt die GmbH vereinbarungsgemäß zwei Jahre Garantie. Nach den bisherigen Erfahrungen des Geschäftsführers der A GmbH muss die Firma mit einer Inanspruchnahme aus diesen Garantieverpflichtungen i. H. v. 2 % der mit Garantie belasteten Umsätzen rechnen. Im November 2018 stellt die GmbH fest, dass die tatsächlich angefallenen Garantieaufwendungen aus den o. g. Umsätzen 30.000 € betragen haben.
b) Nach Passivierung der o. g. Garantierückstellungen ergibt sich ein vorläufiger Gewinn für die GmbH i. H. v. 250.000 €. Hierin sind bereits die von der GmbH geleisteten Gewerbesteuervorauszahlungen für das Wirtschaftsjahr 2017 i. H. v. 20.000 € enthalten. Im Kalenderjahr 2018 erhält die GmbH den Gewerbesteuerbescheid (Bescheiddatum 2.5.2018), in dem die Gewerbesteuer für

2017 auf 38.745 € festgesetzt wird. Die Zahlung der Gewerbesteuer erfolgt per Bank.

Lösung:

Gem. § 249 Abs. 1 Nr. 2 HGB hat die GmbH für Verbindlichkeiten aus Gewährleistungsgarantien Rückstellung zu bilden, weil der Betrieb durch die Übernahme der Garantie belastet wird. Die Rückstellung ist im Zeitpunkt der Entstehung der Garantieverpflichtung zu passivieren, mithin mit der Erteilung der Garantien auf die im Wirtschafsjahr ausgeführten Arbeiten.

Gem. § 253 Abs. 1 HGB sind Rückstellungen mit dem nach vernünftiger kaufmännischer Beurteilung notwendigen Erfüllungsbetrag zu bilanzieren. Künftige Preis- und Kostensteigerungen sind bei der Ermittlung des Rückstellungsbetrags zu berücksichtigen. Da die Restlaufzeit der Garantieverpflichtungen zum Bilanzstichtag nicht länger als ein Jahr beträgt, braucht die Rückstellung nicht abgezinst zu werden. Bei Pauschalrückstellungen findet das Abzinsungsgebot aus Vereinfachungsgründen keine Anwendung.

Die GmbH muss mit einer gewissen Wahrscheinlichkeit mit der Inanspruchnahme aus der Garantie rechnen, das ergibt sich aus dem Prozentsatz, den das Unternehmen bereits aus den Erfahrungen der Vergangenheit abgeleitet hat.

In der Steuerbilanz ist § 6 Abs. 1 Nr. 3a EStG zu beachten, d. h., dass künftige Preis- und Kostensteigerungen nicht berücksichtigt werden dürfen. Maßgebend sind die Wertverhältnisse am Bilanzstichtag.

Die Bewertung der Rückstellung für Garantieverpflichtungen kann als Einzelrisiko oder als Pauschalrisiko nach den Erfahrungen des Unternehmens aus der Vergangenheit ermittelt werden. Grundlage für die pauschale Rückstellung ist der garantiebehaftete Umsatz.

Die Garantierückstellung ist wie folgt zum 31.12.2017 zu bilanzieren:

1.000.000 € × 2% =20.000 €

Buchungen: SKR 03/SKR 04

Datum	Umsatz	Gegenkonto	Konto	Buchungstext
31.12.17	20.000 € (H)	4790/6790	0974/3090	Rückstellung für Garantie-/ Gewährleistungsansprüche

Gewinnauswirkung: -20.000 €

Für die Gewerbesteuerschuld ist eine Rückstellung zu bilden, § 249 Abs. 1 Satz 2 HGB. Die Gewerbesteuerbelastung kann zwar ausgerechnet werden, sie bleibt jedoch solange ungewiss, bis das Finanzamt die Bemessungsgrundlage anerkannt oder selbst ermittelt hat. In der Steuerbilanz bleibt die Gewerbesteuer eine nicht abzugsfähige Betriebsausgabe gem. § 4 Abs. 5b EStG. Eine Rückstellung kann in der Steuerbilanz weiterhin gebildet werden, die Aufwandsbuchungen in der Steuerbilanz für die Gewerbesteuer sind aber außerhalb der Gewinnermittlung dem Gewinn wieder hinzuzurechnen.

Ermittlung der Gewerbesteuerbelastung für das Kalenderjahr 2017:

vorläufiger Gewinn laut Sachverhalt:	250.000 €
darin enthaltene GewSt-Vorauszahlungen:	20.000 €
Gewinn vor GewSt:	270.000 €
× Messbetrag 3,5% gem. § 11 Abs. 2 GewStG	9.450 €
× Hebesatz 410%	38.745 €
abzgl. Vorauszahlungen	20.000 €
GewSt-Nachzahlung/-Rückstellung	13.745 €

Buchungen: SKR 03/SKR 04

Datum	Umsatz	Gegenkonto	Konto	Buchungstext
31.12.17	13.745 € (H)	4320/7610	0956/3035	Rückstellung für Gewerbesteuer

Gewinnauswirkung im Handelsrecht: -13.745 €

Gewinnauswirkung im Steuerrecht: ± 0 € → außerbilanzielle Hinzurechnung

Im Wirtschaftsjahr 2018 kann die GmbH dann den Garantieaufwand mit 30.000 € genau beziffern. Durch die Verbuchung der tatsächlichen Garantieaufwendungen auf Aufwandskonten der Gesellschaft in 2018 kommt es zu einer Gewinnminderung, die jedoch zum Teil bereits durch die Bildung der Rückstellung für Garantieverpflichtungen im Wirtschaftsjahr 2017 abgedeckt war. Deshalb ist die Rückstellung gewinnerhöhend aufzulösen, sodass im Saldo nur der die Rückstellung tatsächlich übersteigende Aufwand eine gewinnmindernde Auswirkung hat.

Vortrag EB-Werte

Buchungen: SKR 03/SKR 04

Datum	Umsatz	Gegenkonto	Konto	Buchungstext
01.01.18	20.000 € (H)	9000/9000	0974/3090	Rückstellung für Garantie-/ Gewährleistungsansprüche

Buchungen: SKR 03/SKR 04

Datum	Umsatz	Gegenkonto	Konto	Buchungstext
01.01.18	13.745 € (H)	9000/9000	0956/3035	Rückstellung für Gewerbesteuer

Gewinnauswirkung: 0 €

Buchungen: SKR 03/SKR 04

Datum	Umsatz	Gegenkonto	Konto	Buchungstext
30.09.18	20.000 € (H)	0974/3090	2735/4930	Erträge aus der Auflösung von Rückstellungen

Mit dem Ergehen des Gewerbesteuerbescheides über eine Zahllast von 38.745 € ist die Gewerbesteuer-Rückstellung aufzulösen. Der Bescheid sieht eine Zahlungsfrist von 4 Wochen ab dem Bescheiddatum vor, mithin erfolgt die Bezahlung des Restbetrags binnen vier Wochen.

Buchungen: SKR 03/SKR 04

Datum	Umsatz	Gegenkonto	Konto	Buchungstext
02.06.18	20.000 € (H)	0956/3035	1200/1800	Erträge aus der Auflösung von Rückstellungen

Gewinnauswirkung: 0 €

6.12 Rückstellung für unterlassene Instandhaltungen

Gemäß § 249 Abs. 1 Nr. 1 HGB sind Rückstellungen für im Geschäftsjahr unterlassene Aufwendungen für Instandhaltung, die im folgenden Geschäftsjahr innerhalb von drei Monaten nachgeholt werden, zu bilden. Es muss sich um eine Innenverpflichtung des Unternehmens handeln, also um eine Verpflichtung gegenüber sich selbst. Handelt es sich um eine Außenverpflichtung, z. B. durch eine behördliche Anweisung oder eine Verpflichtung aus einem privatrechtlichen Vertrag wie z. B. einem Mietvertrag, liegt keine Rückstellung für unterlassene Instandhaltungen, sondern eine Rückstellung für ungewisse Verbindlichkeiten vor. Sollten die Voraussetzungen für eine außerplanmäßige Abschreibung vorliegen (dauerhafte Wertminderung beim Anlagevermögen; bei Finanzanlagen auch bei voraussichtlich nicht dauernder Wertminderung), ist die außerplanmäßige Abschreibung vorrangig vor der Bildung einer Rückstellung für unterlassene Instandhaltungen vorzunehmen.

Zu den Instandhaltungs- und Instandsetzungsaufwendungen gehören Wartungsarbeiten, Reparaturarbeiten, aber auch Inspektionsarbeiten. Unter Instandsetzung sind Maßnahmen zu verstehen, die der Beseitigung von Verschleißerscheinungen und der Herstellung des ursprünglichen Zustands dienen. Wartungsarbeiten sind Maßnahmen, um Verschleiß zu verhindern oder vorzubeugen. Inspektionen sind Maßnahmen, um den Grad des Verschleißes feststellen zu können. Wird hingegen ein neuer Vermögensgegenstand geschaffen und eben nicht nur der Verschleiß beseitigt bzw. identifiziert, darf keine Rückstellung gebildet werden.

Darüber hinaus müssen die Instandhaltungsarbeiten für den Betrieb notwendig sein, um ihn entsprechend seinem Wesen ungestört weiterführen zu können.

Damit Rückstellungen für unterlassene Instandhaltungsmaßnahmen gebildet werden dürfen, müssen die Maßnahmen spätestens zum Bilanzstichtag erforderlich gewesen sein, das Unternehmen muss aber aufgrund von abzuwickelnden Aufträgen oder wegen Terminschwierigkeiten mit den für die Instandhaltung beauftragten Handwerkern daran gehindert gewesen sein, die Arbeiten durchführen zu lassen.

Der Unternehmer muss die Absicht der vorzunehmenden Instandhaltung nachweisen können. Hierzu muss die Funktionsfähigkeit eines betrieblichen Vermögensgegenstands vorgelegen haben. Es eignen sich als Nachweise aber auch eingeholte Kostenvoranschläge oder ein Schriftverkehr des Unternehmens mit potenziellen Handwerkern über die Art der auszuführenden Arbeiten und den Termin, wann diese planmäßig durchgeführt werden sollten. Aus diesen Unterlagen sollte sich der Grund der Verschiebung der Arbeiten ins folgende Wirtschaftsjahr eindeutig und nachvollziehbar erkennen lassen.

Keine Rückstellung darf gebildet werden für immer regelmäßig wiederkehrende Instandhaltungsarbeiten. Die Formulierung »regelmäßig wiederkehrend« stellt dabei auf die zeitliche Abfolge und den Umfang der Arbeiten ab.

Die Grenzen, in denen die Instandhaltungsarbeiten für das aktuelle Wirtschaftsjahr im Folgejahr nachgeholt werden müssen, sind starr. Sollte die Instandhaltungsmaßnahme erst nach den ersten drei Monaten des folgenden Geschäftsjahres, also ab dem 1. April nachgeholt/durchgeführt werden, muss die gebildete Rückstellung wieder gewinnerhöhend aufgelöst werden. Lediglich Arbeiten, die der Instandhaltungsmaßnahme nicht ihr wesentliches Gebilde geben, also unbedeutende Restarbeiten, dürfen auch außerhalb des dreimonatigen Zeitraums ausgeführt werden. Wird die Instandhaltungsmaßnahme innerhalb der gesetzlich vorgeschriebenen Frist durchgeführt, kann aus der Rückstellung eine Verbindlichkeit werden. Hieraus ergeben sich drei unterschiedliche Rechtsfolgen im Rahmen der Bilanzierung:

Die Rückstellung ist höher als der tatsächliche Aufwand
- Die Rückstellung ist gegen die Verbindlichkeit aufzulösen, der übersteigende Betrag der Rückstellung ist als Ertrag zu erfassen

Die Rückstellung ist niedriger als der tatsächliche Aufwand
- Die Rückstellung ist gegen die Verbindlichkeit aufzulösen, der die Rückstellung übersteigende Aufwand ist als periodenfremder Aufwand zu verbuchen

Die Rückstellung entspricht der Höhe nach dem tatsächlichen Aufwand
- Die Rückstellung wird gegen die Verbindlichkeit aufgelöst.

Die Rückstellung ist nach § 253 Abs. 1 Satz 2 HGB in Höhe des nach vernünftiger kaufmännischer Beurteilung notwendigen Erfüllungsbetrags anzusetzen. Grundlage für die Rückstellungen für unterlassene Instandhaltungen sind die Selbstkosten. Eine Abzinsung scheidet dem Grunde nach aus, weil die Rückstellung für maximal drei Monate gebildet wird und damit die Restlaufzeit nicht mehr als ein Jahr beträgt.

Über den Grundsatz der Maßgeblichkeit der Handelsbilanz für die Steuerbilanz nach § 5 Abs. 1 Satz 1 EStG sind die Rückstellungen für unterlassene Instandhaltungsmaßnahmen, die innerhalb von drei Monaten nachgeholt werden, auch in die Steuerbilanz zu übernehmen. Die Bewertung der Rückstellung erfolgt analog dem Handelsrecht mit den Vollkosten, d. h. den Einzelkosten und den notwendigen Gemeinkosten. Eine Abzinsung scheidet auch steuerrechtlich aus, weil die Restlaufzeit der Rückstellung zum Bilanzstichtag nicht mehr als ein Jahr beträgt.

Beispiel:

Der Büromöbelhersteller B, der sein Unternehmen in Form einer GmbH führt, konnte die Instandhaltungsarbeiten zur Beseitigung der Verschleißerscheinungen einer seiner Produktionsmaschinen im Wirtschaftsjahr 2017 aufgrund von einem nicht vorhersehbaren Kälteeinbruch nicht mehr vornehmen. Die B GmbH hatte sich bereits einen Kostenvoranschlag für die Arbeiten eingeholt, die Kosten sollten sich auf 17.850 € brutto (15.000 € netto) belaufen. Die Instandhaltungsarbeiten wurden Ende Februar 2018 nachgeholt. Die endgültige Rechnung des Handwerkers belief sich auf 19.635 € brutto (16.500 € netto).

Hat die GmbH eine Rückstellung zu bilden? Wenn ja, in welcher Höhe?

Lösung:
Gemäß § 249 Abs. 1 Nr. 1 HGB i.V.m. § 5 Abs. 1 Satz 1 EStG besteht sowohl in der Handelsbilanz als auch in der Steuerbilanz die Pflicht, eine Rückstellung zu bilden für im Geschäftsjahr unterlassene Aufwendungen für Instandhaltungen, die im folgenden Geschäftsjahr innerhalb von drei Monaten nachgeholt werden. Für die Höhe der Rückstellung ist der Erfüllungsbetrag in Ansatz zu bringen.

Buchungen: SKR 03/SKR 04

Datum	Umsatz	Gegenkonto	Konto	Buchungstext
31.12.17	15.000 € (H)	4808/6475	0971/3075	Rückstellung für unterlassene Instandhaltungen, Nachholung in den ersten drei Monaten

Gewinnauswirkung: -15.000 €

Vortrag EB-Wert

Buchungen: SKR 03/SKR 04

Datum	Umsatz	Gegenkonto	Konto	Buchungstext
01.01.18	15.000 € (H)	9000/9000	0971/3075	Rückstellung für unterlassene Instandhaltungen, Nachholung in den ersten drei Monaten

Gewinnauswirkung: 0 €

Verbrauch der Rückstellung

Buchungen: SKR 03/SKR 04

Datum	Umsatz	Gegenkonto	Konto	Buchungstext
27.02.18	15.000 € (H)	0971/3075	1200/1800	Rückstellung für unterlassene Instandhaltungen, Nachholung in den ersten drei Monaten

Gewinnauswirkung: 0 €

Buchung des Mehraufwands i. H. v. 1.500 €

Buchungen: SKR 03/SKR 04

Datum	Umsatz	Gegenkonto	Konto	Buchungstext
27.02.18	1.500 € (H)	4800/6460	1200/1800	Reparaturen und Instandhaltung von technischen Anlagen und Maschinen

Gewinnauswirkung: -1.500 €

Buchung der abziehbaren Vorsteuer aus der Rechnung des Handwerkers i. H. v. 3.135 €

Buchungen: SKR 03/SKR 04

Datum	Umsatz	Gegenkonto	Konto	Buchungstext
27.02.18	3.135 € (H)	1576/1406	1200/1800	Abziehbare Vorsteuer 19 %

6.13 Rückstellung für die Verletzung fremder Patent-, Urheber- und ähnlicher Schutzrechte

Die Rückstellungen, die für die Verletzung fremder Patent-, Urheber- und ähnlicher Schutzrechte zu bilden sind, gehören zu den Rückstellungen für ungewisse Verbindlichkeiten gem. § 249 Abs. 1 Satz 1 HGB, und zwar aus folgenden Gründen:

- Es handelt sich um eine Außenverpflichtung. Ein Außenstehender kann eine bestimmte Leistung aus einem Recht, das er innehat, verlangen und dieses Recht mindert das Vermögen des Unternehmers,

- Die Verpflichtung ist hinreichend bestimmt.
- Die Verpflichtung ist dem Grunde nach ungewiss, sie ist zum Bilanzstichtag jedoch wirtschaftlich entstanden.
- Die Verpflichtung ist der Höhe nach ungewiss.
- Der Unternehmer, der die Rechteverletzung begangen hat, muss mit einer Inanspruchnahme rechnen. Es müssen mehr Gründe für eine Inanspruchnahme als dagegensprechen.

Bei einem Patent ist mit der Inanspruchnahme während der gesamten geschützten Dauer des Patents zu rechnen. Voraussetzung ist darüber hinaus, dass Ansprüche gegen den Patentverletzer geltend gemacht wurden.

§ 253 Abs. 1 Satz 2 HGB bestimmt als Bewertungsmaßstab die Höhe des Rückstellungsbetrags. Dieser ist mit dem nach vernünftiger kaufmännischer Beurteilung notwendigen Erfüllungsbetrag in Ansatz zu bringen. Werterhellende Erkenntnisse des Unternehmers, die bis zur Aufstellung der Bilanz bekannt werden, sind zu berücksichtigen. Beträgt die Restlaufzeit der Rückstellung mehr als ein Jahr, ist sie mit dem durchschnittlichen Marktzinssatz der vergangenen sieben Geschäftsjahre gem. § 253 Abs. 2 Satz 1 HGB abzuzinsen. Der Marktzinssatz wird monatlich von der Deutschen Bundesbank ermittelt und bekannt gegeben.

Die Bewertung bemisst sich dabei nach den möglichen Schadensersatzansprüchen, die der Rechte- bzw. Patentinhaber beim rechte- bzw. patentverletzenden Unternehmer geltend macht. Es bieten sich drei verschieden Möglichkeiten an, wonach man die Schadensersatzansprüche bemessen kann.

Als Maßstab für Schadensersatzansprüche bieten sich an:
- angemessene Lizenzbeträge für die unbefugte Nutzung,
- erwirtschaftete Gewinne durch die unbefugte Rechte- bzw. Patentnutzung oder
- der Ersatz des dem Rechte- bzw. Patentinhabers entstandenen Schadens einschließlich eines Gewinnanteils.

Über den Grundsatz der Maßgeblichkeit der Handelsbilanz für die Steuerbilanz nach § 5 Abs. 1 Satz 1 EStG ist die Rückstellung für die Verletzung fremder Patent-, Urheber- und ähnlichen Schutzrechten auch in die Steuerbilanz zu übernehmen.

Das Steuerrecht konkretisiert den Ansatzzeitpunkt im § 5 Abs. 3 Satz 1 EStG. So darf die Rückstellung wegen der Verletzung fremder Patent-, Urheber- oder ähnlicher Schutzrechte erst gebildet werden, wenn

1. der Rechteinhaber Ansprüche wegen der Rechtsverletzung geltend gemacht hat oder
2. mit einer Inanspruchnahme wegen der Rechtsverletzung ernsthaft zu rechnen ist.

Die Geltendmachung der Ansprüche kann z.B. über die Einschaltung eines Anwalts erfolgen. Es bedarf aber nicht zwingend eines Anwalts, denn die Geltendmachung der Ansprüche ist auch vollzogen, wenn der rechteverletzende Unternehmer einen Brief vom Rechteinhaber erhält. Die Folge ist, dass der rechteverletzende Unternehmer eine Rückstellung sowohl in der Handelsbilanz als auch in der Steuerbilanz bilden muss.

Damit die Voraussetzung des § 5 Abs. 3 Satz 1 Nr. 2 EStG »es müsse ernsthaft mit einer Inanspruchnahme gerechnet werden« erfüllt ist, ist es nicht erforderlich, dass der Rechte- oder Patentinhaber von der Rechtsverletzung Kenntnis hat. Nach einem BFH-Urteil vom 09.02.2006, AZ IV R 33/05, BStBl 2006 II S. 517 kann man unter Kaufleuten davon ausgehen, dass der Rechteinhaber durch von ihm durchgeführte Beobachtungen des Marktes über kurz oder lang von einer Rechteverletzung erfährt. Dieses Urteil stützt sich jedoch auf einen Patentrechtsverletzungsfall. Geht es um die Verletzung von Rechten, die über das Patentrecht hinausgehen, kann nicht automatisch angenommen werden, dass der Rechteinhaber davon Kenntnis erlangt. Insofern sollte bei allen anderen Rechteverletzungen erst eine Rückstellung gebildet werden, wenn der Rechteinhaber die Ansprüche aus der Verletzung geltend gemacht hat.

Nach § 5 Abs. 3 Satz 2 EStG ist die Rückstellung, die gebildet wurde, obwohl die Rechteverletzung vom Rechteinhaber noch nicht geltend gemacht wurde, spätestens in der Bilanz des dritten auf ihre Bildung folgenden Wirtschaftsjahres wieder gewinnerhöhend aufzulösen, sofern tatsächlich keine Ansprüche geltend gemacht wurden. Wird die Rechtsverletzung in einem späteren Jahr doch vom Rechteinhaber geltend gemacht, ist die Rückstellung erneut gewinnmindernd einzustellen nach § 5 Abs. 3 Satz 1 Nr. 1 EStG.

Bei einer Restlaufzeit von mehr als zwölf Monate ist die Rückstellung sowohl in der Handels- als auch Steuerbilanz abzuzinsen. Gemäß § 6 Abs. 1 Nr. 3a Buchstabe e EStG erfolgt die Abzinsung mit 5,5%. Im Unterschied zur Handelsbilanz sind in der Steuerbilanz aber lediglich die Preisverhältnisse zum Bilanzstichtag zu berücksichtigen, nicht hingegen die künftigen Preis- und Kostensteigerungen, vgl. § 6 Abs. 1 Nr. 3a Buchstabe f EStG.

Aufgrund der unterschiedlichen Abzinsungszinssätze kann es dazu kommen, dass die Rückstellung der Höhe nach in der Handels- und Steuerbilanz voneinander abweichen. Bezüglich der Höhe der Rückstellung in der Handels- und Steuerbilanz wird auf Kapitel 5.3 verwiesen.

Beispiel:

Am 05.11.2017 erhält die P-GmbH ein Schreiben mittels Einschreiben von der Rechtsanwalts GbR, in dem sie auf die Patentverletzung durch Benutzung eines geschützten Produktionsverfahrens hingewiesen wird. Der Patentinhaber fordert aufgrund der Patentrechtsverletzung eine Lizenzgebühr i. H. v. 75.000 € pro Jahr. Die P-GmbH hat das geschützte Produktionsverfahren von 2015 an bis einschließlich 2017 verwendet. Die P-GmbH gibt das Einschreiben ihren Anwälten zur Prüfung, woraufhin diese die Richtigkeit der Patentverletzung feststellen.

Hat die GmbH eine Rückstellung zu bilden? Wenn ja, in welcher Höhe?

Lösung:
Nach § 249 Abs. 1 Satz 1 HGB und § 5 Abs. 1 Satz 1, Abs. 3 Satz 1 Nr. 1 EStG hat die GmbH aufgrund der Geltendmachung der Patentverletzung durch den Patentinhaber eine Rückstellung zu passivieren. Die Rückstellung ist nach § 253 Abs. 1 Satz 2 HGB mit dem nach vernünftiger kaufmännischer Beurteilung notwendigen Erfüllungsbetrag anzusetzen: für das Jahr 2015, 2016 und 2017 mit jeweils 75.000 €. Mangels einer längeren Laufzeit als einem Jahr zum Bilanzstichtag 31.12.2017 ist eine Abzinsung nicht vorzunehmen.

Buchungen: SKR 03/SKR 04

Datum	Umsatz	Gegenkonto	Konto	Buchungstext
31.12.17	225.000 € (H)	4900/6300	0970/3070	Rückstellung für Patentverletzung, Lizenzgebühren

Gewinnauswirkung: -225.000 €

6.14 Rückstellung für latente Steuern

Ursächlich für die Entstehung latenter Steuern sind die für die handels- und steuerrechtliche Ermittlung des Gewinns geltenden unterschiedlichen Ansatzvorschriften. Wird der Steueraufwand des Betriebs auf Basis des steuerrechtlichen Einkommens ermittelt, korrespondiert dieser mitunter nicht mit dem handelsrechtlich ermittelten Steueraufwand. Hierdurch werden aktiv bzw. passiv latente Steuern im Handelsrecht notwendig, um den ausgewiesenen Steuerertrag bzw. -aufwand dem ausgewiesenen Ergebnis entsprechend anzupassen. Erfasst werden aber nur temporäre Unterschiede, d. h., die Unterschiede im Ansatz oder in der Bewertung müssen sich im Laufe der Zeit wieder ausgleichen. Hiervon geht man im Allgemeinen aus, wenn sich die Differenz nach fünf Jahren abgebaut hat, so zumindest bei der Berücksichtigung von steuerlichen Verlustvorträgen gem. § 274 Abs. 1 Satz 4 HGB. Die Bildung latenter Steuern hat das Ziel, künftige Forderungen oder Verbindlichkeiten gegenüber der Finanzverwaltung darzustellen. In diesem Zusammenhang zeigt sich auch, dass dem Grundsatz des Gläubigerschutzes gem. § 252 HGB Rechnung getragen wird, denn für den Überhang an aktiv latenten Steuern besteht eine Ausschüttungs- und Abführungssperre, vgl. § 268 Abs. 8 HGB. Das heißt, Gewinne dürfen nur ausgeschüttet werden, wenn die nach der Ausschüttung übrigbleibenden Rücklagen zuzüglich eines Gewinnvortrags und abzüglich eines Verlustvortrags mindestens dem Betrag entsprechen, um den die aktiv latenten Steuern die passiv latenten Steuern übersteigen. Welche Unterschiede führen zum Ansatz latenter Steuern?

Temporäre bilanzielle Unterschiede im Hinblick auf Ansatzvorschriften: Hierunter fallen Ansatzwahlrechte gem. § 274 Abs. 1 Satz 2 HGB, die zur Bildung aktiv latenter Steuern führen. Eine Ansatzpflicht im Handelsrecht nach § 274 Abs. 1 HGB führt zur Bildung passiv latenter Steuern. Im Rahmen der Bewertung von Vermögensgegenständen, Schulden und Rechnungsabgrenzungsposten kann es z. B. bei Abweichungen im Abzinsungsgebot (Höhe der Zinsen bei der Abzinsung in Handels- und Steuerrecht), aber auch bei der Bewertung der Werthaltigkeit von Bilanzpositionen zu Differenzen zwischen Handels- und Steuerrecht kommen, die über latente Steuern geglättet werden müssen. Für aktiv latente Steuern besteht ein Ansatzwahlrecht gem. § 274 Abs. 1 Satz 2 HGB, für passiv latente Steuern besteht eine handelsrechtliche Ansatzpflicht.

Aktiv latente Steuern ergeben sich, wenn das Umlaufvermögen in der Handelsbilanz niedriger als in der Steuerbilanz bewertet wird. Eine unterschiedliche Bewertung kann sich z. B. aus der Anwendung von Abschreibungen auf den niedrigeren Wert am Bilanzstichtag ergeben, vgl. § 253 Abs. 4 HGB. Darüber hinaus ergeben sich aktiv latente Steuern bei im handelsrechtlichen Abschluss vorgenommenen höheren Abschreibungen oder gar nicht erst aktiviertem Anlagevermögen, vgl. § 253 Abs. 3 HGB. Außerdem führt die Bildung von Rückstellungen in der Handelsbilanz, die in der Steuerbilanz aufgrund von § 5 Abs. 3, 4a oder 4b EStG nicht gebildet werden dürfen, zu aktiv latenten Steuern. Auch die Berücksichtigung steuerlicher Verlustvorträge bei der Ermittlung des steuerlichen Einkommens und entsprechend niedrigeren Steuerverbindlichkeiten bzw. höheren Steuererstattungsansprüchen führen zu aktiv latenten Steuern im handelsrechtlichen Jahresabschluss.

Passiv latente Steuern ergeben sich, wenn Vermögensgegenstände nur in der Handelsbilanz in Ansatz gebracht werden, nicht aber in der Steuerbilanz. Ebenso, wenn der Vermögensgegenstand mit einem höheren Ansatz bewertet wird als in der Steuerbilanz. Darüber hinaus sind passiv latente Steuern zu bilanzieren, wenn eine Schuldposition nur in der Steuerbilanz, nicht aber in der Handelsbilanz oder höher als in der

Handelsbilanz passiviert wird. Die Ausübung des Aktivierungswahlrechts für Entwicklungskosten gem. § 248 Abs. 2 HGB in der Handelsbilanz führt zu passiven Latenzen. Werden Fremdwährungsforderungen mit einer Restlaufzeit von weniger als zwölf Monaten in der Handelsbilanz höher bewertet als in der Steuerbilanz, führt dies unweigerlich zur Bildung passiv latenter Steuern. Ebenso ist zu verfahren, wenn nur in der Steuerbilanz zulässige Sonderabschreibungen, z. B. nach §§ 7 g, h, i EStG, vorgenommen werden.

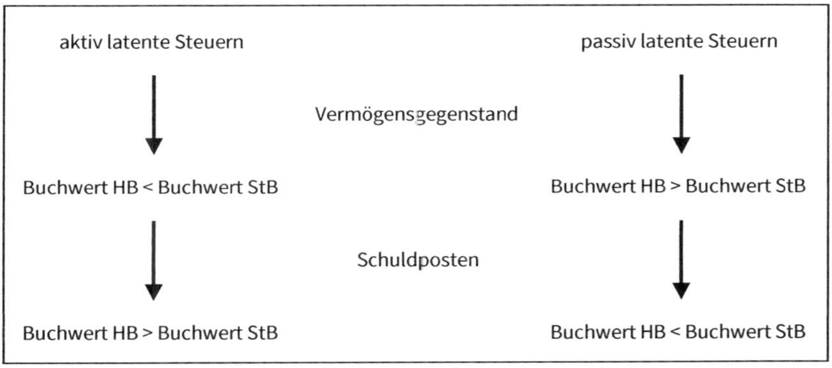

Abb. 2: Überblick über latente Steuern

Nach § 274 Abs. 1 Satz 1 und 2 HGB ist der Saldo der aktiv latenten Steuern und der passiv latenten Steuern auszuweisen, sog. Grundsatz der Gesamtdifferenzbetrachtung. Das Aktivierungswahlrecht für aktiv latente Steuern nach § 274 Abs. 1 Satz 2 HGB bezieht sich demnach nur auf den Betrag, um den die aktiven Latenzen die passiven Latenzen übersteigen. § 274 Abs. 1 Satz 3 HGB eröffnet darüber hinaus die Möglichkeit, die aktiven und passiven latenten Steuern unsaldiert in der Bilanz anzusetzen. Sollte von dem Wahlrecht in einem Jahresabschluss Gebrauch gemacht werden, ist das Wahlrecht aufgrund des Grundsatzes der Bewertungsstetigkeit nach § 252 Abs. 1 Nr. 6 HGB auch in den folgenden Jahresabschlüssen beizubehalten.

Um die Bilanzposition der latenten Steuern ermitteln/bewerten zu können, sind die tatsächlichen, individuellen Steuersätze des Unternehmens zugrunde zu legen, vgl. § 274 Abs. 2 Satz 1 HGB. Sollten sich aufgrund von Gesetzesänderungen andere individuelle Steuersätze ergeben, sind diese erst dann bei der Bewertung von latenten Steuern zu berücksichtigen, wenn die Änderungen am Bilanzstichtag verabschiedet waren. Eine Abzinsung der Bilanzposition latente Steuern ist nicht vorzunehmen, vgl. § 274 Abs. 2 HGB.

Bei Kapitalgesellschaften rechnet man mit einem Körperschaftsteuersatz von 15%, einem Solidaritätszuschlag von 5,5% sowie einer Gewerbesteuer-Messzahl von 3,5%

sowie dem Hebesatz der jeweils zuständigen Gemeinde. Nach § 274 HGB ergibt sich folgendes Berechnungsschema für Rückstellungen für latente Steuern:

	Vermögensgegenstand/Schuldposten laut HB
±	Vermögensgegenstand/Schuldposten laut StB
=	Ansatz-/Bewertungsdifferenz zw. HB und StB
±	permanente Differenz
=	zeitliche Differenz
×	individuellem Steuersatz
=	aktiv/passiv latente Steuern
±	aktiv/passiv latente Steuern auf Verlustvorträge
=	aktiv/passiv latente Steuern (Bilanzansatz zum Bilanzstichtag)

Mit in die Berechnung mit einbezogen werden müssen auch außerbilanzielle Hinzurechnungen und Kürzungen in der Steuerbilanz. Das Ergebnis aus dem o.a. Berechnungsschema stellt die voraussichtliche Steuerbe-/-entlastung der Folgejahre dar. Der Bilanzansatz ist zu jedem der zukünftigen Bilanzstichtage zu überprüfen und ggf. anzupassen. Sobald das Unternehmen mit den Steuerbe- oder -entlastungen nicht mehr rechnet, sind die aktiv oder passiv latenten Steuern aufzulösen. Man geht bei einer Kapitalgesellschaft mit einem Hebesatz von 400% von einem Steuersatz von rund 30% aus. Dieser ergibt sich wie folgt:

	15% Körperschaftsteuer
+	0,825% Solidaritätszuschlag (15 × 5,5% Solidaritätszuschlag)
=	15,825%
+	14% Gewerbesteuer (3,5% Steuermesszahl × 400% Hebesatz)
=	29,825%

Entsprechend dem Grundsatz der Maßgeblichkeit der Handelsbilanz für die Steuerbilanz nach § 5 Abs. 1 Satz 1 EStG ist eine Rückstellung für passiv latente Steuern auch in der Steuerbilanz zu bilden. Es können sich wiederrum Abweichungen aus den unterschiedlich angewandten Zinssätzen bei der Abzinsung ergeben. Der Aufwand, der sich in der Steuerbilanz aufgrund des Grundsatzes der Maßgeblichkeit aus dem Ansatz der Rückstellung für passiv latente Steuern ergibt, muss außerbilanziell dem Gewinn wieder hinzugerechnet werden, weil es sich um nicht abzugsfähige Steuern handelt.

Lediglich Kapitalgesellschaften und Personengesellschaften, bei denen nicht wenigstens ein persönlich haftender Gesellschafter eine natürliche Person oder eine offene Handelsgesellschaft, Kommanditgesellschaft oder andere Personengesellschaft mit einer natürlichen Person als persönlich haftendem Gesellschafter ist (§§ 264, 264a HGB) haben latente Steuern zu bilden. Kleine haftungsbeschränkte Personengesellschaften und Kapitalgesellschaften haben das Wahlrecht latente Steuern auszuweisen oder nicht, vgl. § 274a Nr. 4 HGB. Sollten sie sich gegen die Inanspruchnahme des Wahlrechts entscheiden, müssen sie dennoch bei Vorliegen der Tatbestandsmerkmale des § 249 Abs. 1 Satz 1 HGB (Rückstellungen für ungewisse Verbindlichkeiten) passiv latente Steuern bilden. Das gilt ebenso für Einzelunternehmer und nicht haftungsbeschränkte Personengesellschaften. Ein Beispiel hierfür bildet die Inanspruchnahme eines Investitionsabzugsbetrags gem. § 7 g Abs. 1 EStG. In diesem Fall ist der steuerrechtliche Gewinn niedriger als der handelsrechtliche Gewinn. Da sich die Differenz jedoch in späteren Geschäftsjahren ausgleicht, nämlich spätestens drei Jahren nach der Bildung eines Investitionsabzugsbetrags, wenn dieser tatsächlich nicht in Anspruch genommen wurde (vgl. § 7 g Abs. 3 Satz 1 EStG), sind passiv latente Steuern zu bilden. Die Bundessteuerberaterkammer hat mit ihrer Verlautbarung vom 18.09.2012 bekannt gegeben, dass ein Ansatz von Rückstellungen für latente Steuern nur in folgenden Fällen in Betracht kommt:

- Ausweis unversteuerter Rücklagen nach § 6b Abs. 3 EStG bei der Veräußerung bestimmter Anlagegüter,
- Ausweis unversteuerter Rücklagen bei Ersatzbeschaffung nach R 6.6 Abs. 4 EStR, wenn ein Wirtschaftsgut des Anlage- oder Umlaufvermögens infolge höherer Gewalt oder infolge oder zur Vermeidung eines behördlichen Eingriffs gegen Entschädigung aus dem Betriebsvermögen ausscheidet,
- Inanspruchnahme des Investitionsabzugsbetrags nach § 7 g Abs. 1 EStG.

Die Steuerberaterkammer setzt darüber hinaus voraus, dass keine Übertragung von Rücklagen oder des Investitionsabzugsbetrags auf ein Einzelwirtschaftsgut erfolgt, sondern eine erfolgswirksame Auflösung in den Folgejahren erfolgt.

In der Bilanz werden die Posten unter »Aktiv latente Steuern« und »Passiv latente Steuern« ausgewiesen, vgl. § 266 Abs. 2 D. und Abs. 3 E. HGB. Der Ausweis von latenten Steuern (Aufwand bzw. Ertrag) ist in der Gewinn- und Verlustrechnung unter der Position »Steuern vom Einkommen und Ertrag« auszuweisen, vgl. § 274 Abs. 2 Satz 3 HGB. Nach § 285 Nr. 29 HGB ist im Anhang anzugeben auf welchen Differenzen oder steuerlichen Verlustvortrögen die latenten Steuern beruhen und mit welchen Steuersätzen die Bewertung erfolgt ist. Werden latente Steuern angesetzt, sind nach § 285 Nr. 30 HGB im Anhang ebenfalls die latenten Steuersalden am Ende des Geschäftsjahres und die im Laufe des Geschäftsjahres erfolgten Änderungen dieser Salden anzugeben. Nach § 288 HGB sind kleine und mittelgroße Kapitalgesellschaften zu diesen Anhangangaben nicht verpflichtet.

Beispiel: Rückstellung für aktiv latente Steuern

Die L-GmbH & Co. KG hat zum 01.07.2017 den Firmenwert ihres Konkurrenten erworben. Der Kaufpreis betrug 250.000 €. Die L-GmbH & Co. KG schreibt den Firmenwert in der Handelsbilanz, entsprechend einem vorliegenden Gutachten, über eine betriebsgewöhnliche Nutzungsdauer von 5 Jahren ab. Die betriebsgewöhnliche Nutzungsdauer in der Steuerbilanz beträgt gem. § 7Abs. 1 Satz 3 EStG 15 Jahre. Die KG hat einen Steuersatz von 30 %.

Welche Berechnungen und Buchungen hat die KG zum 31.12.2017 sowie in den folgenden Wirtschaftsjahren vorzunehmen?

Lösung:
Der Firmenwert wird in der Handelsbilanz mit jährlich 50.000 €, im Jahr der Anschaffung pro rata temporis mit 25.000 € abgeschrieben. In der Steuerbilanz beträgt die jährliche Abschreibung gerundet 16.667 €, im Jahr der Anschaffung beträgt die Abschreibung anteilig für ein halbes Jahr gerundet 8.333 €.

Demnach besteht eine Abweichung zwischen dem Buchwert zum 31.12.2017 und den folgenden Bilanzstichtagen in der Handels- und Steuerbilanz. Der Buchwert in der Handelsbilanz ist aufgrund der kürzeren Nutzungsdauer niedriger als in der Steuerbilanz, bei der die Dauer der Abschreibung um zehn Jahre länger ist. Es ergibt sich folgendes Abschreibungsbild:

Bilanzstichtag	Abschreibung HB in €	Buchwert HB in €	AfA StB in €	Buchwert StB in €	Differenz BW HB und StB in €
31.12.17	-25.000	225.000	-8.333	241.667	-16.667
31.12.18	-50.000	175.000	-16.667	225.000	-50.000
31.12.19	-50.000	125.000	-16.667	208.333	-83.333
31.12.20	-50.000	75.000	-16.667	191.666	-116.666
31.12.21	-50.000	25.000	-16.667	174.999	-149.999
31.12.22	-25.000	0	-16.667	158.332	-158.332
31.12.23			-16.667	141.665	-141.665
31.12.24			-16.667	124.998	-124.998
31.12.25			-16.667	108.331	-108.331
31.12.26			-16.667	91.664	-91.664
31.12.27			-16.667	74.997	-74.997
31.12.28			-16.667	58.330	-58.330
31.12.29			-16.667	41.663	-41.663
31.12.30			-16.667	24.996	-24.996
31.12.31			-16.667	8.329	-8.329
31.12.32			8.329	0	0

Der Buchwert in der Steuerbilanz liegt in jedem Jahr über dem in der Handelsbilanz, sodass aktiv latente Steuern zu bilden sind. Aufgrund der Differenz hat sich ein latenter Steuerertrag ergeben. Ab dem Wirtschaftsjahr 2024 ergibt sich ein latenter Steueraufwand, weil ab diesem Jahr die temporäre Differenz zwischen Handels- und Steuerbilanz wieder abnimmt.

Berechnungen zum 31.12.2017:

	225.000 €	Buchwert HB
./.	241.667 €	Buchwert StB
=	-16.667 €	temporäre Differenz
	-16.667 € × 30% Steuersatz = **-5.000,10 €** → aktiv lat. Steuern	

Buchungen: SKR 03/SKR 04

Datum	Umsatz	Gegenkonto	Konto	Buchungstext
31.12.17	5.000,10 € (S)	2200/7600	0983/1950	Aktivierung latenter Steuern

Gewinnauswirkung: + 5.000,10 €

Berechnungen zum 31.12.2018:

	175.000 €	Buchwert HB
./.	225.000 €	Buchwert StB
=	-50.000 €	temporäre Differenz
	-50.000 € × 30% Steuersatz = **-15.000 €** → aktiv lat. Steuern	

Buchungen: SKR 03/SKR 04 – Anpassungsbuchung

Datum	Umsatz	Gegenkonto	Konto	Buchungstext
31.12.18	9.999,90 € (S)	2200/7600	0983/1950	Aktivierung latenter Steuern

Gewinnauswirkung: + 9.999,90 €

Da bereits zum 31.12.2017 5.000,10 € eingebucht worden sind, ist zum 31.12.2018 nur noch die Anpassungsbuchung auf 15.000 € vorzunehmen. Die Höhe der Anpassungsbuchung stellt zugleich die Gewinnauswirkung des Wirtschaftsjahres 2018 dar.

Berechnungen zum 31.12.2019:

	125.000 €	Buchwert HB
./.	208.333 €	Buchwert StB
=	-83.333 €	temporäre Differenz
	-83.333 € × 30% Steuersatz = **-24.999 €** → aktiv lat. Steuern	

Buchungen: SKR 03/SKR 04 – Anpassungsbuchung

Datum	Umsatz	Gegenkonto	Konto	Buchungstext
31.12.19	9.999 € (S)	2200/7600	0983/1950	Aktivierung latenter Steuern

Gewinnauswirkung: +9.999 €

Berechnungen zum 31.12.2020:

	75.000 €	Buchwert HB
./.	191.666 €	Buchwert StB
=	-116.666 €	temporäre Differenz

-116.666 € × 30 % Steuersatz = **-34.999 € →** aktiv lat. Steuern

Buchungen: SKR 03/SKR 04 – Anpassungsbuchung

Datum	Umsatz	Gegenkonto	Konto	Buchungstext
31.12.20	10.000 € (S)	2200/7600	0983/1950	Aktivierung latenter Steuern

Gewinnauswirkung: +10.000 €

Berechnungen zum 31.12.2021:

	25.000 €	Buchwert HB
./.	174.999 €	Buchwert StB
=	-149.999 €	temporäre Differenz

-149.999 € × 30 % Steuersatz = **-44.999 € →** aktiv lat. Steuern

Buchungen: SKR 03/SKR 04 – Anpassungsbuchung

Datum	Umsatz	Gegenkonto	Konto	Buchungstext
31.12.21	10.000 € (S)	2200/7600	0983/1950	Aktivierung latenter Steuern

Gewinnauswirkung: +10.000 €

Berechnungen zum 31.12.2022:

	0 €	Buchwert HB
./.	158.332 €	Buchwert StB
=	-158.332 €	temporäre Differenz

-158.332 € × 30 % Steuersatz = **-47.499 € →** aktiv lat. Steuern

Buchungen: SKR 03/SKR 04 – Anpassungsbuchung

Datum	Umsatz	Gegenkonto	Konto	Buchungstext
31.12.22	2.500 € (S)	2200/7600	0983/1950	Aktivierung latenter Steuern

Gewinnauswirkung: + 2.500 €

Berechnungen zum 31.12.2023:

	0 €	Buchwert HB
./.	141.665 €	Buchwert StB
=	-141.665 €	temporäre Differenz

-141.665 € × 30 % Steuersatz = **-42.499 € →** aktiv lat. Steuern

Buchungen: SKR 03/SKR 04 – Anpassungsbuchung

Datum	Umsatz	Gegenkonto	Konto	Buchungstext
31.12.23	4.950 € (H)	2250/7645	0969/3060	latenter Steueraufwand

Gewinnauswirkung: -4.950 €

Bis zum 31.12.2022 wurden aktiv latente Steuern i. H. v. insgesamt 47.499 € aktiviert. Da der Buchwert in der Handelsbilanz zum 31.12.2023 Null beträgt und sich der Buchwert in der Steuerbilanz ab dem Jahr 2023 nur noch um die steuerrechtliche Abschreibung vermindert, vermindert sich auch die aktiv latente Steuer um 4.950 € auf 42.499 €. Mithin ist der Posten der aktiv latenten Steuern wieder aufzulösen. Aus dieser Auflösung ergibt sich ein latenter Steueraufwand.

Berechnungen zum 31.12.2031:

	0 €	Buchwert HB
./.	-8.329 €	Buchwert StB
=	-8.329 €	temporäre Differenz

-8.329 € × 30 % Steuersatz = **-2.499 € →** aktiv lat. Steuern

Zum 31.12.2031 beträgt die latente Steuer nur noch 2.499 €, auf diesen Betrag verringert sich der Bilanzansatz der aktiv latenten Steuerüber die Jahre 2024–2031 kontinuierlich. Im Jahr 2032 ist die Bilanzposition Null, zu dem Bilanzstichtag 31.12.2032 hat sich die Differenz zwischen handelsbilanziellem und steuerbilanziellem Buchwert in voller Höhe aufgelöst, sodass eine latente Steuer nicht mehr zu bilanzieren ist.

Beispiel: Rückstellung für passiv latente Steuern

Die G-GmbH macht von ihrem handelsrechtlichen Wahlrecht zur Aktivierung eines selbstgeschaffenen Firmenwerts gem. § 248 Abs. 2 HGB Gebrauch und aktiviert unter dem Anlagevermögen 270.000 € zum 01.01.2017. Die voraussichtliche betriebliche Nutzungsdauer beträgt 7 Jahre. Der Steuersatz der GmbH liegt bei 30%.

Welche Berechnungen und Buchungen hat die KG zum 31.12.2017 sowie in den folgenden Wirtschaftsjahren vorzunehmen? Welche Rückstellungen hat die GmbH zu bilden?

Lösung:
Die GmbH kann von ihrem Wahlrecht zur Aktivierung eines selbst geschaffenen Firmenwerts Gebrauch machen und die Aufwendungen hierfür in der Handelsbilanz aktivieren. In der Steuerbilanz ist die Aktivierung eines selbst geschaffenen Firmenwerts ausgeschlossen nach § 5 Abs. 2 EStG. Im Steuerrecht darf für immaterielle Wirtschaftsgüter des Anlagevermögens ein Aktivposten nur angesetzt werden, wenn er entgeltlich erworben wurde.

Damit ist der handelsrechtliche Wert des Bilanzpostens »Firmenwert« im Zeitpunkt der Zugangsaktivierung mit 270.000 € höher als der Ansatz im Steuerrecht, hier beträgt der Wert 0 €.

Bilanzstichtag	Abschreibung HB in €	Buchwert HB in €	AfA StB in €	Buchwert StB in €	Differenz BW HB und StB in €
31.12.17	-38.571	231.429	0	0	231.429
31.12.18	-38.571	192.858	0	0	192.858
31.12.19	-38.571	154.287	0	0	154.287
31.12.20	-38.571	115.716	0	0	115.716
31.12.21	-38.571	77.145	0	0	77.145
31.12.22	-38.571	38.574	0	0	38.574
31.12.23	-38.573	1	0	0	1

Berechnungen zum 31.12.2017:

	231.429 €	Buchwert HB
./.	0 €	Buchwert StB
=	231.429 €	temporäre Differenz

231.429 € × 30% Steuersatz = **69.428,70 €** → passiv lat. Steuern

Buchungen: SKR 03/SKR 04

Datum	Umsatz	Gegenkonto	Konto	Buchungstext
31.12.17	69.428,70 € (H)	2250/7645	0969/3060	Rückstellung für passiv latente Steuern

Gewinnauswirkung: -69.428,70 €

Berechnungen zum 31.12.2018:

	192.858 €	Buchwert HB
./.	0 €	Buchwert StB
=	192.858 €	temporäre Differenz

192.858 € × 30% Steuersatz = **57.857,40 €** → passiv lat. Steuern

Buchungen: SKR 03/SKR 04 – Anpassungsbuchung

Datum	Umsatz	Gegenkonto	Konto	Buchungstext
31.12.18	11.571,30 € (S)	2255/7649	0969/3060	Minderung Rückstellung für passiv latente Steuern/ latenter Steuerertrag

Gewinnauswirkung: + 11.571,30 €

Da bereits zum 31.12.2017 eine Rückstellung für passiv latente Steuern i. H. v. 69.428,70 € eingebucht worden ist, ist zum 31.12.2018 nur noch die Anpassungsbuchung auf 75.857,40 € vorzunehmen. Die Höhe der Anpassungsbuchung stellt zugleich die Gewinnauswirkung des Wirtschaftsjahres 2018 dar. Die passiv latenten Steuern lösen sich aufgrund des jedes Jahr niedriger werdenden Buchwerts Stück für Stück auf.

Berechnungen zum 31.12.2019:

	154.287 €	Buchwert HB
./.	0 €	Buchwert StB
=	154.287 €	temporäre Differenz

154.287 € × 30% Steuersatz = **46.286,10 €** → passiv lat. Steuern

Buchungen: SKR 03/SKR 04 – Anpassungsbuchung

Datum	Umsatz	Gegenkonto	Konto	Buchungstext
31.12.19	11.571,30 € (S)	2250/7645	0969/3060	Erhöhung Rückstellung für passiv latente Steuern

Gewinnauswirkung: + 11.571,30 €

Berechnungen zum 31.12.2020:

	115.716 €	Buchwert HB
./.	0 €	Buchwert StB
=	115.716 €	temporäre Differenz

115.716 € × 30 % Steuersatz = **34.714,80 € →** passiv lat. Steuern

Buchungen: SKR 03/SKR 04 – Anpassungsbuchung

Datum	Umsatz	Gegenkonto	Konto	Buchungstext
31.12.20	11.571,30 € (S)	2250/7645	0969/3060	Erhöhung Rückstellung für passiv latente Steuern

Gewinnauswirkung: + 11.571,30 €

Berechnungen zum 31.12.2021:

	77.145 €	Buchwert HB
./.	0 €	Buchwert StB
=	77.145 €	temporäre Differenz

77.145 € × 30 % Steuersatz = **23.143,50 € →** passiv lat. Steuern

Buchungen: SKR 03/SKR 04 – Anpassungsbuchung

Datum	Umsatz	Gegenkonto	Konto	Buchungstext
31.12.21	11.571,30 € (S)	2250/7645	0969/3060	Erhöhung Rückstellung für passiv latente Steuern

Gewinnauswirkung: + 11.571,30 €

Berechnungen zum 31.12.2022:

	38.574 €	Buchwert HB
./.	0 €	Buchwert StB
=	38.574 €	temporäre Differenz

38.574 € × 30 % Steuersatz = **11.572,20 € →** passiv lat. Steuern

Buchungen: SKR 03/SKR 04 – Anpassungsbuchung

Datum	Umsatz	Gegenkonto	Konto	Buchungstext
31.12.22	11.571,30 € (S)	2250/7645	0969/3060	Erhöhung Rückstellung für passiv latente Steuern

Gewinnauswirkung: + 11.571,30 €

Berechnungen zum 31.12.2023:

	1 €	Buchwert HB
./.	0 €	Buchwert StB
=	1 €	temporäre Differenz

1 € × 30 % Steuersatz = 0,30 € → passiv lat. Steuern, abgerundet 0 €

Buchungen: SKR 03/SKR 04 – Anpassungsbuchung

Datum	Umsatz	Gegenkonto	Konto	Buchungstext
31.12.23	11.572,20 € (S)	2250/7645	0969/3060	Erhöhung Rückstellung für passiv latente Steuern

Gewinnauswirkung: + 11.572,20 €

Beispiel: Rückstellung für aktiv und passiv latente Steuern in einem Sachverhalt

Bei der L-GmbH ergeben sich folgende aktiv latente Steuern – aus verschiedenen betrieblichen Nutzungsdauern – und folgende passiv latente Steuern – aus dem Ansatz einer Rücklage nach § 6b Abs. 3 EStG. Die Rücklage nach § 6b EStG ist eine reine steuerrechtliche Vorschrift, eine entsprechende Rücklage kann in der Handelsbilanz nicht gebildet werden.

Wirtschaftsjahr/ Kalenderjahr	aktiv latente Steuern in €	passiv latente Steuern in €
31.12.17	-3.000	20.000
31.12.18	-4.500	16.000
31.12.19	-6.000	12.000
31.12.20	-7.500	8.000
31.12.21	-6.500	4.000
31.12.22	-5.500	0
31.12.23	-4.500	0
31.12.24	-3.500	0

Welche latenten Steuern hat die L-GmbH in Ihrer Bilanz zum jeweiligen Stichtag auszuweisen?

Lösung: (saldiert)
Bis zum 31.12.2020 betragen die passiv latenten Steuern mehr als die aktiv latenten Steuern, es ergibt sich im Saldo ein Überhang der passiv latenten Steuern. Ab dem folgenden Wirtschafts-/Kalenderjahr ergibt sich ein Überhang der aktiv latenten über die passiv latenten Steuern. Gemäß § 274 Abs. 1 Satz 1, 2 HGB ist der Saldo aus aktiven und passiv latenten Steuern zu bilden und entsprechend auszuweisen.

Wirtschaftsjahr/ Kalenderjahr	aktiv latente Steuern in €	passiv latente Steuern in €	Differenzen
31.12.17	-3.000	20.000	17.000
31.12.18	-4.500	16.000	11.500
31.12.19	-6.000	12.000	6.000
31.12.20	-7.500	8.000	500
31.12.21	-6.500	4.000	-2.500
31.12.22	-5.500	0	-5.500
31.12.23	-4.500	0	-4.500
31.12.24	-3.500	0	-3.500

Zum 31.12.2017 sind gemäß der Passivierungspflicht nach § 274 Abs. 1 Satz 1 HGB der Überhang der passiv latenten Steuern in Ansatz zu bringen.

Zum 31.12.2021 besteht ein Überhang der aktiv latenten Steuern über die passiv latenten Steuern, die GmbH hat ein Aktivierungswahlrecht gem. § 274 Abs. 1 Satz 2 HGB. Das Aktivierungswahlrecht beschränkt sich jedoch auf den Saldo der aktiv latenten Steuern, mithin den 2.500 € nicht jedoch den 6.500 €. Die GmbH kann also entweder die aktiv latenten Steuern i. H. v. 2.500 € in der Bilanz ausweisen oder aber sie entscheidet sich dafür gar keine latenten Steuern auszuweisen. Letzteres ist ebenfalls eine Möglichkeit von dem Aktivierungswahlrecht Gebrauch zu machen.

Die GmbH muss in ihren Anhangangaben zur Bilanz und Gewinn- und Verlustrechnung des Jahres 2021 nach § 285 Nr. 29 HGB auf die temporären Differenzen im Sachanlagevermögen (unterschiedliche betriebliche Nutzungsdauern) und die Einstellung einer steuerlichen Rücklage ausschließlich in der Steuerbilanz hinweisen.

Formulierungsvorschlag: Die aktiv latenten Steuern übersteigen zum Bilanzstichtag die passiv latenten Steuern. Der Überhang der aktiv latenten Steuern wird gem. dem Wahlrecht nach § 274 Abs. 1 Satz 2 HGB nicht in der Bilanz als Aktivposten ausgewiesen.

Lösung: (unsaldiert)
Darüber hinaus hat die GmbH die Möglichkeit, die aktiven und passiven latenten Steuern gem. § 274 Abs. 1 Satz 3 HGB auch unsaldiert in der Bilanz auszuweisen. Zum 31.12.2017 würde auch der Aktivseite die Position »aktiv latente Steuern« i. H. v. 3.000 € und auf der Passivseite die Position »passiv latente Steuern« i. H. v. 20.000 € stehen. Ab dem 31.12.2021 besteht ein Überhang der aktiv latenten über die passiv latenten Steuern, hier greift erneut das Aktivierungswahlrecht gem. § 274 Abs. 1 Satz 2 HGB. Die GmbH kann aktiv latente Steuern i. H. v. 6.500 € ausweisen und passiv latente Steuern i. H. v. 4.000 € oder bei Nichtausübung des Aktivierungswahlrechts die aktiv latenten Steuern i. H. v. 2.500 € und die passiv latenten Steuern i. H. v. 4.000 €.

Lediglich die passiv latenten Steuern i. H. v. 4.000 € auszuweisen und den aktiv latenten Steuerüberhang gar nicht auszuweisen, ist hingegen nicht zulässig.

6.15 Steuerrückstellungen

Steuerrückstellungen sind zu passivieren, wenn sie zum Bilanzstichtag rechtlich und wirtschaftlich entstanden, ihrer Höhe nach aber noch ungewiss sind. Bei Kapitalgesellschaften kommen Körperschaft-, Grunderwerb- und Gewerbesteuer für Rückstellungen in Betracht, soweit keine Steuerbefreiungstatbestände vorliegen.

Bei Personenhandelsgesellschaften kommen nur Grunderwerbsteuer- und Gewerbesteuerrückstellungen infrage, weil die auf die jeweiligen Beteiligten entfallenden Gewinnanteile von diesen im Rahmen ihrer persönlichen Steuererklärung versteuert werden. Die Personenhandelsgesellschaft gibt zwar eine Steuererklärung ab, aus der Erklärung zur gesonderten und einheitlichen Feststellung der Besteuerungsgrundlagen ergeben sich jedoch keine Steuerzahlungen.

Die Körperschaftsteuer entsteht gem. § 30 Nr. 3 KStG mit Ablauf des Veranlagungszeitraums. Sie beträgt gem. § 23 Abs. 1 KStG 15% des zu versteuernden Einkommens. Die Gewerbesteuer entsteht gem. § 18 GewStG mit Ablauf des Erhebungszeitraums, für den die Festsetzung vorgenommen wird. Der Erhebungszeitraum ist das Kalenderjahr, vgl. § 14 Satz 2 GewStG. Bei der Berechnung der Gewerbesteuer ist von einem Steuermessbetrag auszugehen. Dieser ist durch Anwendung eines Prozentsatzes (Steuermesszahl) auf den Gewerbeertrag zu ermitteln, vgl. § 11 Abs. 1 Satz 1,2 GewStG. Die Steuermesszahl beträgt gem. § 11 Abs. 2 GewStG einheitlich 3,5%. Die Steuer ergibt sich durch Multiplikation des Steuermessbetrags mit dem Hebesatz, der von der jeweiligen hebeberechtigten Gemeinde bestimmt wird, vgl. § 16 Abs. 1 GewStG.

Der Gewerbesteuerhebesatz beträgt in Berlin seit 1999 410%, in München seit 1997 einheitlich 490% und in Hamburg 470%. In Brandenburg kann jede Gemeinde ihre eigenen Hebesätze festlegen. So kommt es beispielsweise zu Unterschieden zwischen Bad Saarow mit 300%, Angermünde mit 400%, Beelitz mit 306%, Bestensee mit 300% und Cottbus mit 400%.

In der Handelsbilanz besteht nach § 249 Abs. 1 HGB die Pflicht zur Passivierung noch ausstehender Steuerrückstellungen. Die Rückstellung ist unter Berücksichtigung aller am Bilanzstichtag vorliegenden Erkenntnisse aus der Sicht eines sorgfältigen und gewissenhaften Kaufmanns zu bilden. Steuerrückstellungen lassen sich anhand der Steuerprogramme ziemlich genau vorausberechnen, mangels vorliegender Steuerbescheide bleibt die Höhe jedoch bis zum Ergehen der Steuerbescheide ungewiss. Die Steuerrückstellungen sind nach § 266 Abs. 3 HGB in einem gesonderten, entsprechend benannten Bilanzposten auszuweisen.

Die Kenntnis über ein eingetretenes Ereignis am Bilanzstichtag ist Voraussetzung für die Bildung von Rückstellungen. Für die Bilanzierung von Mehrsteuern aufgrund einer Betriebsprüfung muss der Unternehmer ernsthaft mit einer Inanspruchnahme rechnen müssen. Rückstellungen kommen erst in Betracht, wenn der Betriebsprüfer Feststellungen für den Prüfungszeitraum getroffen hat und dem Unternehmer aus den Feststellungen Steuernachzahlungen drohen. Der Rückgriff auf die Erfahrungen aus der Vergangenheit des Unternehmers, dass Betriebsprüfungen bei ihm erfahrungsgemäß zu Steuernachzahlungen geführt haben, reicht für die Passivierung von Steuerrückstellungen nicht aus.

Achtung

Die Prüfungsanordnung allein reicht nicht aus, um Rückstellungen für eventuell anfallende Steuernachforderungen der Finanzverwaltung durch eine Betriebsprüfung zu bilden.

Die Finanzverwaltung hat dem Unternehmer in H 4.9 EStH »Rückstellungen für künftige Steuernachforderungen« ein Wahlrecht gegeben:

- Steuernachforderungen sind im Wege der Rückstellung zulasten des Wirtschaftsjahres zu berücksichtigen, zu dem sie wirtschaftlich gehören, **oder**
- Steuernachforderungen sind im Wege der Rückstellung zulasten des Wirtschaftsjahres zu berücksichtigen, in dem der Steuerpflichtige ernsthaft mit der Nachforderung rechnen muss.

Das Bayerische Landesamt für Steuern hat ergänzend zum H 4.9 EStH festgestellt, dass Steuernachforderungen und Nachforderungszinsen grundsätzlich im Jahr der Entstehung als Rückstellung zu passivieren sind, vgl. auch Beck'scher Bilanzkommentar, 10. Auflage, München 2016, § 249 HGB, Rz. 100.

Eine andere Auffassung vertreten das Finanzgericht und die Finanzverwaltung, wenn es sich um hinterzogene Steuern handelt: Rückstellungen für hinterzogene Steuern sind erst zu dem Bilanzstichtag zu passivieren, zu dem der Steuerpflichtige mit der Aufdeckung der Steuerhinterziehung rechnen musste, vgl. BFH, Urteil vom 22.08.2012 – X R 23/10, BStBl. 2013 II, S. 76. Ein Wahlrecht ähnlich demjenigen in H 4.9 EStH gibt es für hinterzogene Steuerbeträge nicht. Der Unternehmer kann eine Rückstellung für hinterzogene Steuern also erst dann passivieren, wenn er von den Umständen, die zum Anspruch berechtigen, Kenntnis hat oder die Kenntniserlangung unmittelbar bevorsteht. Die Rückstellung ist demnach erst zu dem Bilanzstichtag zu bilden, zu dem der Steuerpflichtige aufgrund eines konkreten Sachverhalts ernsthaft mit der Steuernachforderung rechnen musste. Der Arbeitgeber muss hinterzogene Lohnsteuerbeträge in dem Zeitpunkt passivieren, in dem er mit seiner Haftungsinanspruchnahme ernsthaft rechnen musste, vgl. BFH, Urteil vom 16.02.1996, BStBl. 1996 II, S. 592.

Im Rahmen der laufenden Buchhaltung ist zu beachten, dass nicht die laufenden Steueraufwandskonten bebucht werden. Durch das BilRUG werden die Aufwendungen aus den Steuernachforderungen nunmehr unter den »sonstigen betrieblichen Aufwendungen« und **nicht mehr** unter den »außerordentlichen Aufwendungen« ausgewiesen. Bei Kapitalgesellschaften ab einer mittleren Größenklasse sind die periodenfremden und nicht von untergeordneter Bedeutung anfallenden Aufwendungen gem. § 285 Nr. 32 HGB im Anhang zu erläutern.

Legt der Unternehmer gegen die Steuerbescheide, die nach der Durchführung einer Betriebsprüfung ergangen sind, Einspruch ein und wird dem Einspruch vom Finanzamt abgeholfen, sind die zu hoch ausgewiesenen Steuerrückstellungen im Jahr ihrer Bildung zu korrigieren.

Die Steuerrückstellungen werden in Höhe der voraussichtlichen Steuerbelastung bewertet, dies entspricht der Bewertung gem. § 253 Abs. 1 Satz 2 HGB. Erfolgte die Steuerfestsetzung bereits, ist die Rückstellung aufzulösen und die Steuernachforderung als Verbindlichkeit umzugliedern und einzubuchen.

Gemäß dem Grundsatz der Maßgeblichkeit der Handelsbilanz für die Steuerbilanz nach § 5 Abs. 1 Satz 1 EStG sind die Steuerrückstellungen auch in die Steuerbilanz zu übernehmen. Hierbei gibt es bezüglich der Gewerbesteuer jedoch eine Besonderheit. Für alle Erhebungszeiträume, die nach dem 31.12.2007 enden, stellen die Gewerbesteuer und die darauf entfallenden Nebenleistungen keine Betriebsausgaben mehr dar, vgl. § 4 Abs. 5b EStG. Handelsrechtlich sind die Gewerbesteuer und die darauf anfallenden Nebenleistungen dennoch weiterhin Betriebsausgaben. Aufgrund des Grundsatzes der Maßgeblichkeit wird die Gewerbesteuer als Betriebsausgabe in die Steuerbilanz übernommen. Außerbilanziell erfolgt dann die Hinzurechnung der Gewerbesteuerrückstellung, wodurch dem steuerlichen Abzugsverbot entsprochen wird.

Berechnungsschema zur Ermittlung der Körperschaftsteuerrückstellung und der Rückstellung zum Solidaritätszuschlag

	Steuerbilanzgewinn/Steuerbilanzverlust
+	verdeckte Gewinnausschüttungen § 8 Abs. 3 Satz 2 KStG
+	nicht abziehbare Betriebsausgaben §§ 4 Abs. 5 EStG, 10 KStG
./.	verdeckte Einlagen § 8 Abs. 3 Satz 3 KStG
./.	steuerfreie Vermögensmehrungen (Investitionszulage etc.)
./.	abziehbare Spenden § 9 Abs. 1 Nr. 2 KStG
±	Kürzungen/Hinzurechnungen nach §§ 8b KStG und 3c EStG
±	Korrekturen und Einkommenszurechnungen bei Organschaften
=	Gesamtbetrag der Einkünfte
./.	Verlustabzug § 10d EStG
=	zu versteuerndes Einkommen
×	Steuersatz 15 %
./.	geleistete Vorauszahlungen zur Körperschaftsteuer
=	Körperschaftsteuerrückstellung

	Körperschaftsteuer gem. vorheriger Berechnungsliste
×	5,5 %
=	Solidaritätszuschlag zur Körperschaftsteuer
./.	geleistete Vorauszahlungen zum Solidaritätszuschlag
=	Solidaritätszuschlagsrückstellung

Beispiel: Körperschaftsteuer

Die M-GmbH hat im Rahmen der Erstellung ihres Jahresabschlusses 2017 der betrieblichen Steuererklärungen eine voraussichtliche Körperschaftsteuer i. H. v. 3.500 € ermittelt.

Welche Buchung muss die M-GmbH zum 31.12.2017 vornehmen?

Lösung:
Buchungen: SKR 03/SKR 04

Datum	Umsatz	Gegenkonto	Konto	Buchungstext
31.12.2023	3.500 € (H)	2200/7600	0963/3040	Körperschaftsteuerrückstellung

Gewinnauswirkung: –3.500 €

Berechnungsschema zur Ermittlung der Gewerbesteuerrückstellung

	Gewinn aus Gewerbebetrieb § 7 GewStG
+	Hinzurechnungen § 8 GewStG (soweit sie bei der Ermittlung des Gewinns abgezogen wurden) § 8 Nr. 1 GewStG Entgelte für Schulden; § 8 Nr. 1 Buchst. a GewStG + Renten und dauernde Lasten; § 8 Nr. 1 Buchst. b GewStG + Gewinnanteile stiller Gesellschafter; § 8 Nr. 1 Buchst. c GewStG 1/5 der Miet- und Pachtzinsen (einschließlich Leasingraten) für bewegliche Wirtschaftsgüter; § 8 Nr. 1 Buchst. d GewStG. Eine Hinzurechnung ist nur zur Hälfte vorzunehmen bei aa) Fahrzeugen mit Antrieb ausschließlich durch Elektromotoren, die ganz oder überwiegend aus mechanischen oder elektromechanischen Energiespeichern oder aus emissionsfrei betriebenen Energiewandlern gespeist werden (Elektrofahrzeugen), bb) extern aufladbaren Hybridelektrofahrzeugen, für die sich aus der Übereinstimmungsbescheinigung nach Anhang IX der Richtlinie 2007/46/EG oder aus der Übereinstimmungsbescheinigung nach Artikel 38 der Verordnung (EU) Nr. 168/2013 ergibt, dass das Fahrzeug eine Kohlendioxidemission von höchstens 50 Gramm je gefahrenem Kilometer hat oder die Reichweite des Fahrzeugs unter ausschließlicher Nutzung der elektronischen Antriebsmaschine mindestens 80 Kilometer beträgt, und cc) Fahrrädern, die keine Kraftfahrzeuge sind, + 1/2 der Miet- u. Pachtzinsen (einschließlich Leasingraten) für unbewegliche Wirtschaftsgüter; § 8 Nr. 1 Buchst. e GewStG + 1/4 der Aufwendungen für die befristete Rechteüberlassung; § 8 Nr. 1 Buchst. f GewStG = Summe vor Freibetrag von 200.000 € ./. 200.000 € = Summe nach Freibetrag
+	Gewinnanteile, die an persönlich haftende Gesellschafter einer KGaA gezahlt wurden; § 8 Nr. 4 GewStG
+	Streubesitzdividenden bei einer Beteiligungsquote von unter 15 %; § 8 Nr. 5 GewStG
+	Anteile am Verlust von in- oder ausländischen Personengesellschaften; § 8 Nr. 8 GewStG

+	Spenden nach § 9 Abs. 1 Nr. 2 KStG; § 8 Nr. 9 GewStG
+	ausschüttungsbedingte Gewinnminderungen; § 8 Nr. 10 Buchst. a GewStG
+	die nach § 34c EStG abgezogenen ausländischen Steuern; § 8 Nr. 12 GewStG
./.	Kürzungen nach § 9 GewStG
./.	1,2 % des Einheitswerts des zum Betriebsvermögen des Unternehmers gehörenden Grundbesitzes; § 9 Nr. 1 Satz 1 GewStG
./.	Anteile am Gewinn einer in- oder ausländischen Personengesellschaft; § 9 Nr. 2 GewStG
./.	Gewinnanteile aus inländischen Kapitalgesellschaften, bei denen die Beteiligungsquote bei mind. 15 % liegt; § 9 Nr. 2a EStG
./.	Gewinnanteile einer KGaA, die nach § 8 Nr. 4 GewStG hinzugerechnet wurden; § 9 Nr. 2b GewStG
./.	Gewinne einer ausländischen Betriebsstätte; § 9 Nr. 3 GewStG
./.	Zuwendungen zur Förderung steuerbegünstigter Zwecke; § 9 Nr. 5 GewStG
./.	Gewinne aus ausländischen Kapitalgesellschaften bei einer Beteiligungsquote von mindestens 15 %; § 9 Nr. 7 GewStG
./.	Gewinne aus einer Beteiligung an einer Auslandsgesellschaft bei Bestehen eines DBA; § 9 Nr. 8 GewStG
=	maßgebender Gewerbeertrag nach § 10 GewStG
./.	Gewerbeverlust nach § 10a GewStG
=	Gewerbeertrag, der auf volle 100 € abzurunden ist; § 11 Abs. 1 Satz 3 GewStG
./.	Freibetrag nach § 11 Abs. 1 GewStG
=	verbleibender Gewerbeertrag
×	Gewerbesteuermesszahl 3,5 %; § 11 Abs. 2 GewStG
=	Steuermessbetrag
×	Hebesatz der Gemeinde (mindestens 200 %); § 16 GewStG
=	Gewerbesteuer
./.	geleistete Vorauszahlungen zur Gewerbesteuer
=	Gewerbesteuerrückstellung

Beispiel: Gewerbesteuer

Die N-GmbH hat im Rahmen der Erstellung ihrer betrieblichen Steuererklärungen für 2016 eine voraussichtliche Gewerbesteuernachzahlung i. H. v. 5.000 € errechnet. Mit Datum vom 18.01.2019 geht der Gewerbesteuerbescheid für das Veranlagungsjahr 2016 bei der N-GmbH ein. Die Gewerbesteuer für 2016 wurde im Bescheid auf 4.750 € festgesetzt. Die Prüfung des Bescheids durch den Steuerberater der N-GmbH hat keine Beanstandungen ergeben, der vom Finanzamt erlassene Bescheid ist korrekt.

Welche Buchungen muss die N-GmbH zum 31.12.2017, zum 31.12.2018 und zum 21.02.2019 (Bescheiddatum + 3 Tage Postlaufzeit + 1 Monat Zahlungsfrist) vornehmen?

Lösung:
Die N-GmbH muss die voraussichtliche Gewerbesteuerbelastung für 2017 als Rückstellung einbuchen, sowohl handels- als auch steuerrechtlich. Für die Ermittlung des steuerlichen Gewinns ist der Aufwand aus der Gewerbesteuerrückstellung jedoch zu neutralisieren, weil es sich bei der Gewerbesteuer nach § 4 Abs. 5b EStG um eine nicht abzugsfähige Betriebsausgabe handelt.

Buchungen: SKR 03/SKR 04

Datum	Umsatz	Gegenkonto	Konto	Buchungstext
31.12.2017	5.000 € (H)	4320/7610	0956/3035	Gewerbesteuerrückstellung

Gewinnauswirkung im Handelsrecht: –5.000 €

Gewinnauswirkung im Steuerrecht: ± 0 € → außerbilanzielle Hinzurechnung

Buchungen: SKR 03/SKR 04

Datum	Umsatz	Gegenkonto	Konto	Buchungstext
01.01.2018	5.000 € (S)	0956/3035	9000/9000	Vortrag Gewerbesteuerrückstellung

Gewinnauswirkung: ± 0 €

Zum 31.12.2018 ist keine Buchung vorzunehmen, da der endgültige Gewerbesteuerbescheid für 2017 erst 2019 ergangen ist.

Buchungen: SKR 03/SKR 04

Datum	Umsatz	Gegenkonto	Konto	Buchungstext
01.01.2019	5.000 € (S)	0956/3035	9000/9000	Vortrag Gewerbesteuerrückstellung

Gewinnauswirkung: ± 0 €

Mit dem Ergehen des Gewerbesteuerbescheids 2017 am 18.01.2019 hat die Buchung der Zahlung zu erfolgen. Da die tatsächliche Gewerbesteuer für 2017 höher in die Rückstellung eingebucht wurde, ist die Differenz zwischen Rückstellung und tatsächlicher Zahlung erfolgswirksam aufzulösen. Die Zahlungsfrist beträgt grundsätzlich vier Wochen, die Gewerbesteuer wird von der N-GmbH deshalb voraussichtlich am 21.02.2019 gezahlt. Sollte die N-GmbH dem Finanzamt eine Einzugsermächtigung erteilt haben, gilt dasselbe.

Buchungen: SKR 03/SKR 04

Datum	Umsatz	Gegenkonto	Konto	Buchungstext
21.02.2019	4.750 € (H)	0956/3035	1200/1800	Zahlung Gewerbesteuer 2017

Gewinnauswirkung: ± 0 €

Buchungen: SKR 03/SKR 04

Datum	Umsatz	Gegenkonto	Konto	Buchungstext
21.02.2019	250 € (H)	0956/3035	2284/7644	Erträge aus der Auflösung der Gewerbesteuerrückstellung 2017, § 4 Abs. 5b EStG

Gewinnauswirkung im Handelsrecht: + 250 €

Gewinnauswirkung im Steuerrecht: ± 0 €

In der Steuerbilanz ist die Rückstellung zwar analog der Buchung in der Handelsbilanz aufzulösen; hier gilt jedoch auch das Abzugsverbot gem. § 4 Abs. 5b EStG. Das heißt, die Gewinnerhöhung von 250 € aus der Auflösung der Rückstellung ist außerhalb der Steuerbilanz wieder zu neutralisieren (vom Gewinn abzuziehen bzw. einem Verlust hinzuzurechnen). Durch die Buchung über die Konten 2284/7644 erfolgt der Ausweis in der Gewinn- und Verlustrechnung gleich unter den Konten mit dem Hinweis auf die Nichtabzugsfähigkeit nach § 4 Abs. 5b EStG.

Die Gewerbesteuer, die für Erhebungszeiträume vor dem 31.12.2017 festgesetzt werden, sind die Konten 2283/7643 zu benutzen, da es sich in diesen Fällen noch um eine abzugsfähige Betriebsausgabe handelt.

Beispiel: Sonstige Steuern

Die O-GmbH hat für das Kalenderjahr 2017 eine Stromsteueranmeldung i. H. v. 10.000 € vorgenommen und eine Rückstellung in entsprechender Höhe in ihrer Bilanz zum 31.12.2017 passiviert. 2018 kam die Steuerfestsetzung über 9.000 €, mithin war die Rückstellung zu hoch bemessen.

Welche Buchungen hat die O-GmbH zum Stichtag 31.12.2017 und mit Ergehen des Stromsteuerbescheids am 16.05.2018 vorzunehmen?

Lösung:

Bei der Stromsteuer handelt es sich um eine sonstige Steuer, weshalb das entsprechende Konto zu bebuchen ist.

Buchungen: SKR 03/SKR 04

Datum	Umsatz	Gegenkonto	Konto	Buchungstext
31.12.2022	10.000 € (H)	0955/3020	4350/7675	Rückstellung für Stromsteuer 2022

Gewinnauswirkung: -10.000 €

Buchungen: SKR 03/SKR 04

Datum	Umsatz	Gegenkonto	Konto	Buchungstext
01.01.2023	10.000 € (S)	9000/9000	0955/3020	Vortrag Rückstellung für Stromsteuer 2022

Gewinnauswirkung: 0 €

Buchungen: SKR 03/SKR 04

Datum	Umsatz	Gegenkonto	Konto	Buchungstext
16.05.2023	9.000 € (H)	0955/3020	1200/1800	Verbrauch Rückstellung für Stromsteuer 2022

Gewinnauswirkung: 0 €

Buchungen: SKR 03/SKR 04

Datum	Umsatz	Gegenkonto	Konto	Buchungstext
16.05.2023	1.000 € (H)	0955/3020	2289/7694	Erträge aus der Auflösung von Rückstellungen für sonstige Steuern

Gewinnauswirkung: 0 €

Beispiel: Betriebsprüfung

Die P-GmbH mit Sitz in Berlin hat Anfang Juli 2018 die Prüfungsanordnung von ihrem zuständigen Finanzamt erhalten. Die Prüfungsanordnung bezieht sich auf die Jahre 2014–2016. Für das Kalenderjahr 2017 hat die GmbH noch keine Bilanz, keine Gewinn- und Verlustrechnung und keine betrieblichen Steuererklärungen abgegeben. Der Betriebsprüfer hat diverse Feststellungen im Rahmen seiner Betriebsprüfung getroffen, die zu folgenden Steuernachzahlungen für die P-GmbH führen:

Körperschaftsteuer 2014: Nachzahlung i. H. v.	1.800 €
Solidaritätszuschlag 2014: Nachzahlung i. H. v.	99 €
Gewerbesteuer 2014: Nachzahlung i. H. v.	2.000 €

Für die Kalenderjahre 2015 und 2016 hat der Prüfer keine Beanstandungen. Die geänderten Steuerbescheide für 2014 sowie die Aufhebungen der Vorbehalte der Nachprüfung für 2015 und 2016 ergehen Ende Oktober 2018.

Welche Buchungen muss die GmbH zum Bilanzstichtag 31.12.2017 noch vornehmen?

Lösung:
Die Steuernachforderungen sind nach den Grundsätzen der Fehlerkorrektur in laufender Rechnung in der Handelsbilanz im Jahresabschluss zum 31.12.2017 zu berücksichtigen. Der Betriebsprüfer wird für Zwecke der Steuerbilanz die Rückstellungen im Jahr 2014 passivieren (entsprechend der BFH-Rechtsprechung).

Darüber hinaus sind bei Beanstandungen im Rahmen einer Betriebsprüfung, die Steuernachzahlungen zur Folge haben, noch die ausgelösten Verzugszinsen gem. § 233a AO zu berücksichtigen. Gemäß § 233a Abs. 2 AO beginnt der Zinslauf 15 Monate nach Ablauf des Kalenderjahres, in dem die Steuer entstanden ist. Die Steuer für 2017 ist mit Ablauf des Kalenderjahres 2014 entstanden. Unter Berücksichtigung des Karenzzeitraums von 15 Monaten beginnt der Zinslauf für die Steuernachforderungen 2014 demnach am 01.04.2016. Die Steuernachforderungen sind bis zum Ergehen der Bescheide mit 0,5 % pro Monat zu verzinsen. Bis Ende Oktober 2018 sind sie also für 31 Monate zu verzinsen; dies ergibt bei einem Zinssatz von 0,5 % pro Monat einen Gesamtzinssatz von 15,5 %.

Körperschaftsteuer 2014:	1.800 €
Gewerbesteuer 2014:	2.000 €
Saldo	3.800 €
× 15,5 % =	589 €

Buchungen: SKR 03/SKR 04

Datum	Umsatz	Gegenkonto	Konto	Buchungstext
31.12.2022	1.800 € (H)	2203/7603	0963/3040	KSt-Rückstellung für Vorjahre

Gewinnauswirkung: –1.800 €

Buchungen: SKR 03/SKR 04

Datum	Umsatz	Gegenkonto	Konto	Buchungstext
31.12.2022	99 € (H)	2209/7609	0963/3040	SoliZ-Rückstellung für Vorjahre

Gewinnauswirkung: –99 €

Buchungen: SKR 03/SKR 04

Datum	Umsatz	Gegenkonto	Konto	Buchungstext
31.12.2022	2.000 € (H)	2281/7641	0956/3035	GewSt-Rückstellung für Vorjahre, § 4 Abs. 5b EStG

Gewinnauswirkung: –2.000 €

Buchungen: SKR 03/SKR 04

Datum	Umsatz	Gegenkonto	Konto	Buchungstext
31.12.2022	387 € (H)	2105/7305	0963/3040	Zinsaufwendungen § 233a AO auf betriebliche Steuern (KSt)

Gewinnauswirkung: –387 €

Buchungen: SKR 03/SKR 04

Datum	Umsatz	Gegenkonto	Konto	Buchungstext
31.12.2022	430 € (H)	2102/7308	0956/3035	Zinsaufwendungen § 233a AO auf betriebliche Steuern, § 4 Abs. 5b EStG

Gewinnauswirkung: –430 €

6.16 Urlaubsrückstellungen

Jedem Arbeitnehmer steht eine vertraglich vereinbarte Anzahl (bezahlte) Urlaubstage für das Kalenderjahr zu. Schaffen es die Arbeitnehmer nicht, ihren gesamten Urlaub während des laufenden Kalenderjahres in Anspruch zu nehmen, ergibt sich aus den vertraglichen Vereinbarungen häufig, dass der Resturlaub in den ersten drei Monaten des Folgejahres zu nehmen ist. Auch Vereinbarungen über die Auszahlung von Urlaubsansprüchen sind möglich. Irrelevant ist es, ob der Urlaub durch Freizeitausgleich oder aber durch eine Ausgleichszahlung abgegolten wird. Ist das Dienstverhältnis jedoch beendet, ist der verbleibende Urlaubsanspruch durch eine Geldzahlung abzugelten.

Im Handelsrecht kann die Urlaubsverpflichtung, die dem Arbeitnehmer gegenüber zum Bilanzstichtag besteht, nicht als Verbindlichkeit passiviert werden, weil sie der Höhe nach ungewiss ist. Die Ungewissheit liegt darin, dass der bilanzierende Unternehmer zum Bilanzstichtag nicht weiß, ob der Arbeitnehmer seinen Resturlaubsanspruch im Folgejahr ausbezahlt haben möchte, ob er ihn voll in Anspruch nimmt oder ob der Urlaubsanspruch ggf. sogar verfällt. Unter Umständen kann es auch passieren, dass das Arbeitsverhältnis endet und der Arbeitnehmer dann einen Abgeltungsanspruch nach dem Bundesurlaubsgesetz hat.

Darüber hinaus liegen auch folgende Voraussetzungen für die Passivierung einer Rückstellung vor:

- Die Rückstellung wurde im abgelaufenen Wirtschaftsjahr verursacht,
- es handelt sich um eine Außenverpflichtung des Unternehmers gegenüber seinem Arbeitnehmer (der Arbeitgeber schuldet dem Arbeitnehmer das Entgelt für die noch nicht in Anspruch genommenen Urlaubstage),
- die Belastung aus dem Urlaubsentgelt ist bezifferbar und
- mit einer Inanspruchnahme durch den Arbeitnehmer ist ernsthaft zu rechnen (es spricht mehr für eine Inanspruchnahme als dagegen).

In diesem Fall sind die Voraussetzungen des § 249 Abs. 1 Satz 1 HGB erfüllt und eine Rückstellung für ungewisse Verbindlichkeiten kann in der Handelsbilanz dem Grunde nach passiviert werden.

Die Bewertung der Urlaubsrückstellungen richtet sich nach den Bewertungsgrundsätzen des § 253 Abs. 1 Satz 2 HGB. Urlaubsrückstellungen sind mit dem nach vernünftiger kaufmännischer Beurteilung notwendigen Erfüllungsbetrag in der Bilanz in Ansatz zu bringen. Zukünftige Preis- und Kostensteigerungen, also Lohnerhöhungen etc., sind in die Bewertung mit einzubeziehen.

Die Ermittlung der Urlaubsrückstellung der Höhe nach bedarf folgender Eckdaten:

- Anzahl der gesamten Arbeitstage des Arbeitnehmers,
- Höhe des Urlaubsentgelts,
- Anzahl der bis zum Bilanzstichtag noch nicht in Anspruch genommenen Urlaubstage.

Anzahl der gesamten Arbeitstage des Arbeitnehmers

Die Anzahl der tatsächlichen Arbeitstage des Arbeitnehmers sind zu ermitteln und der Berechnung der Urlaubsrückstellung zugrunde zu legen. Hierbei sind die normalen Arbeitstage um die neuen Urlaubstage und die ggf. zu erwartenden Fehlzeiten zu kürzen (= Arbeitstage ohne Urlaubs- und Krankheitstage).

Höhe des Urlaubsentgelts

Mit »Urlaubsentgelt« ist der Aufwand für Löhne und Gehälter des abgelaufenen Wirtschaftsjahres gemeint. Soweit zum Bilanzstichtag Lohnerhöhungen bereits bekannt waren, sind diese in die handelsrechtliche Berechnung mit einzubeziehen. Ebenfalls einzubeziehen sind Zuführungen zu Pensions- und Jubiläumsrückstellungen und vermögenswirksame Leistungen. Nach § 11 Abs. 1 BurlG wird das Urlaubsentgelt nach dem durchschnittlichen Arbeitsentgelt der letzten 13 Wochen vor dem Beginn des Urlaubs bemessen. Abweichungen können sich ergeben, wenn die Höhe des Urlaubsentgelts in einem Tarifvertrag oder einer einzelvertraglichen Vereinbarung abweichend geregelt ist.

Vereinfachend kann vom Jahresarbeitsentgelt ausgegangen werden, wenn in den letzten drei Monaten vor dem Bilanzstichtag keine wesentlichen Änderungen im Gehalt vorgenommen wurden. Neben dem Jahresarbeitsentgelt ist der mitarbeiterindividuelle Arbeitgeberanteil zur Sozialversicherung zu berücksichtigen. Verdient der Arbeitnehmer z. B. ein Gehalt, das über der Beitragsbemessungsgrenze liegt, ist der Arbeitgeberanteil zur Sozialversicherung entsprechend anzupassen.

Beitragsbemessungsgrenzen der letzten drei Jahre:

Kalenderjahr	Alte Bundesländer und Berlin-West jährlich (monatlich)	Neue Bundesländer und Berlin-Ost jährlich (monatlich)
2022	84.600 € (7.050 €)	81.000 € (6.750 €)
2023	87.600 € (7.300 €)	85.200 € (7.100 €)
2024	90.600 € (7.550 €)	89.400 € (7.450 €)

Es wird nicht beanstandet, wenn man bei der Berechnung pauschal 20% des durchschnittlichen Bruttoarbeitsentgelts als Arbeitgeberanteil zur Sozialversicherung ansetzt.

Anzahl der bis zum Bilanzstichtag noch nicht in Anspruch genommenen Urlaubstage
Inhaltlich handelt es sich bei der Urlaubsrückstellung um Lohnaufwand für Urlaubstage, die der Arbeitnehmer zum Bilanzstichtag noch nicht in Anspruch genommen hat, für die der Arbeitgeber aber eine Entgeltverpflichtung hat. Die am Bilanzstichtag noch nicht in Anspruch genommenen Urlaubstage des Arbeitnehmers sind zu ermitteln.

Sofern im Arbeitsvertrag keine besonderen Vereinbarungen getroffen wurden, verfällt der Urlaubsanspruch nach den gesetzlichen Regelungen des § 7 Abs. 3 BurlG ab dem 01.04. des Folgejahres. Die Urlaubsrückstellung kommt deshalb nur für Urlaubstage in Betracht, die aus dem Zeitraum vor dem Bilanzstichtag stammen.

Kommt es zu einer langfristigen Arbeitsunfähigkeit des Arbeitnehmers, wodurch er seinen Urlaub nicht bis zum 31.03. des Folgejahres in Anspruch nehmen kann, erlischt dieser Urlaubsanspruch nicht; EuGH-Urteil vom 20.01.2009, AZ C 350/06. Die stehen gebliebenen Resturlaubstage sind in die Ermittlung der Urlaubsrückstellung mit einzubeziehen.

Für die Ermittlung der Urlaubsrückstellungen stehen zwei Berechnungsmethoden zur Verfügung: die individuelle und die durchschnittliche.

- **Individuelle Berechnungsmethode**
  Für die Ermittlung der zum Bilanzstichtag zu bildenden Urlaubsrückstellungen ist die Verpflichtung des Arbeitgebers gegenüber jedem einzelnen seiner Arbeitnehmer zu berechnen. Jedes Urlaubsentgelt ist gesondert je Arbeitnehmer zu berechnen. Das ermittelte Urlaubsentgelt ist durch die Zahl der Arbeitstage des jeweiligen Arbeitnehmers zu teilen und mit der Anzahl der noch nicht genommenen Urlaubstage (Resturlaubstage) zu multiplizieren. Diese Berechnungsmethode ist genauer als die durchschnittliche, aber auch zeitintensiver.
  Urlaubsrückstellung für Arbeitnehmer A = Urlaubsentgelt ÷ durchschnittliche Arbeitstage pro Jahr × noch nicht genommene Urlaubstage zum Bilanzstichtag
- **Durchschnittliche Berechnungsmethode**
  Eine schnelle Möglichkeit zur Berechnung von Urlaubsrückstellungen ist die Durchschnittsmethode. Hierbei werden die künftigen Lohnaufwendungen mittels einer Durchschnittsberechnung über alle Arbeitnehmer ermittelt. Es ist dieselbe Formel anzuwenden wie bei der individuellen Berechnungsmethode.

Urlaubsrückstellungen sind mangels enthaltenen Zinsanteils nicht abzuzinsen. Für Wirtschaftsjahre, die nach dem 31.12.2009 beginnen, sind nach § 253 Abs. 2 HGB Rückstellungen, deren Laufzeit mehr als ein Jahr beträgt, mit dem durchschnittlichen Marktzinssatz der vergangenen sieben Geschäftsjahre abzuzinsen. Da der Urlaub aber in der Regel bis zum 31.03. des Folgejahres zu nehmen ist, beträgt die Laufzeit der Urlaubsrückstellungen zumeist keine zwölf Monate. Anders sieht es bei den Resturlaubstagen von langzeitkranken Arbeitnehmern aus. Bei diesen können sich Laufzeiten ergeben, die die zwölf Monate überschreiten; entsprechend sind hier Abzinsungen vorzunehmen. Die Abzinsung erfolgt nach § 253 Abs. 2 Satz 4 HGB mit den Abzinsungszinssätzen, die von der Deutschen Bundesbank nach Maßgabe einer Rechtsverordnung ermittelt und monatlich bekannt gegeben werden.

Nach dem Grundsatz der Maßgeblichkeit der Handelsbilanz für die Steuerbilanz, § 5 Abs. 1 Satz 1 HGB, sind Urlaubsrückstellungen auch in der Steuerbilanz zu passivieren. Auch hier ist die Urlaubsrückstellung am Urlaubsentgelt zu bemessen, dass der Arbeitgeber hätte aufwenden müssen, wenn er seine Zahlungsverpflichtungen bereits zum Bilanzstichtag hätte erfüllen müssen.

In H 6.11 EStH ist unter dem Stichwort »Urlaubsverpflichtungen« geregelt, welche Beträge zur Ermittlung der Höhe der rückständigen Urlaubsverpflichtungen zu berücksichtigen sind: das Bruttoarbeitsentgelt, die Arbeitgeberanteile zur Sozialversicherung, das Urlaubsgeld und andere lohnabhängige Nebenkosten. Nicht berücksichtigt werden dürfen hingegen jährlich vereinbarte Sondervergütungen wie z. B. Weihnachtsgeld, Tantiemen, vermögenswirksame Leistungen oder Zuführungen zu Pensions- und Jubiläumsrückstellungen. Kosten für Arbeitnehmer, die als Ersatzkraft für den Arbeitnehmer beschäftigt werden, der noch Resturlaub mit in das nächste Wirtschaftsjahr nimmt, dürfen ebenfalls nicht einbezogen werden.

Auch für die Urlaubsrückstellungen gilt § 6 Abs. 1 Nr. 3a Buchst. f EStG, es sind also die Wertverhältnisse am Bilanzstichtag maßgebend. Bereits vereinbarte Gehaltserhöhungen nach dem Bilanzstichtag – als künftige Preis- und Kostensteigerungen – dürfen nicht mit in die Berechnung der Rückstellungen einbezogen werden.

Für die Anzahl der Tage (reguläre Arbeitstage), die der Berechnung zugrunde gelegt werden, ist nach dem Beschluss des BFH vom 29.01.2008 bei einer 5-Tage-Woche von 250 Arbeitstagen und bei einer 6-Tage-Woche von 300 Arbeitstagen auszugehen. Für die Bestimmung der Anzahl der Urlaubstage gilt dasselbe wie im Handelsrecht.

Die Berechnungsmethoden entsprechen denen für die Handelsbilanz.

Eine Abzinsung der Urlaubsrückstellung erfolgt nach § 6 Abs. 1 Nr. 3a Buchst. e EStG erst, wenn die Laufzeit der Rückstellung am Bilanzstichtag mehr als ein Jahr beträgt. Dieses Szenario ergibt sich in der Regel nur, wenn in der Rückstellung die noch nicht genommenen Urlaubstage von langzeitkranken Arbeitnehmern mit einbezogen wurden. Eine Abzinsung hat dann mit 5,5 % zu erfolgen.

6.16.1 Bildungsurlaub

Unter »Bildungsurlaub« versteht man die unbezahlte oder bezahlte Freistellung eines Arbeitnehmers mit Zustimmung des Arbeitgebers zur Teilnahme an einer allgemeinen, politischen oder beruflichen Weiterbildung. Ein Bildungsurlaubsanspruch kann sich aus dem Arbeitsvertrag, der Betriebsvereinbarung, dem Tarifvertrag, aber auch aus dem Gesetz ergeben.

Um Rückstellungen für Urlaub bilden zu können, muss diese Art der Rückstellung die Voraussetzungen einer Rückstellung für ungewisse Verbindlichkeiten erfüllen, § 249 Abs. 1 HGB. Die Rückstellung kann nur gebildet werden, wenn der Arbeitgeber ernsthaft mit einer Inanspruchnahme aus der Schuld rechnen muss. Hinzu kommt, dass die ungewisse Verbindlichkeit im alten Wirtschaftsjahr ursächlich sein muss.

Im Unterschied zu dem vertraglich vereinbarten Jahresurlaub eines Arbeitnehmers bedarf es für den Anspruch auf Bildungsurlaub einer schriftlichen Antragstellung durch den Arbeitnehmer und der Erbringung von Nachweisen für Weiterbildungen, an denen der Arbeitnehmer teilnehmen möchte. Der Arbeitgeber gerät durch die Möglichkeit der Inanspruchnahme des Bildungsurlaubs durch den Arbeitnehmer nicht in einen Erfüllungsrückstand. Die Bildung einer Verbindlichkeitsrückstellung kommt deshalb nicht in Betracht.

Tritt aber der Fall ein, dass ein Arbeitnehmer seinen Bildungsurlaub in einem Jahr nicht genommen hat und aufgrund dessen im Folgejahr die doppelte Anzahl Tage für seinen Bildungsurlaub in Anspruch nimmt (fünf Tage aus dem alten und fünf Tage aus dem aktuellen Wirtschaftsjahr), kommt es beim Arbeitgeber zu einem Erfüllungsrückstand für die fünf Tage aus dem alten Wirtschaftsjahr. Mithin ist die Urlaubsrückstellung für fünf nicht in Anspruch genommene Bildungsurlaubstage zu passivieren.

Der Ansatz und die Bewertung der Rückstellungen für Bildungsurlaub haben identisch zur Bildung von Urlaubsrückstellungen zu erfolgen.

Wie die Urlaubsrückstellung berechnet wird, zeigen Ihnen die folgenden Berechnungsschemata. Dabei wird zwischen dem Berechnungsschema für die Handelsbilanz und für die Steuerbilanz unterschieden.

Berechnungsschema für die Urlaubsrückstellungen

	Schema für die Handelsbilanz	**Betrag in €**
	Lohn-/Gehaltsaufwand	
+	Arbeitgeberanteile zur Sozialversicherung	
+	erwartete/vereinbarte Lohn- und Gehaltssteigerungen nach dem Bilanzstichtag	
+	Zuführung zu Pensions- und Jubiläumsrückstellungen	
+	vermögenswirksame Leistungen	
+	zugesagte Tantiemen	
+	Urlaubsgeld	
=	Bemessungsgrundlage Urlaubsentgelt	
÷	tatsächliche Arbeitstage	
=	durchschnittliches Arbeitsentgelt/Tag	
	Bemessungsgrundlage Urlaubsentgelt	
÷	Anzahl der Arbeitnehmer	
=	durchschnittliches Arbeitsentgelt je Tag und Arbeitnehmer	
×	Anzahl der nicht genommenen Urlaubstage	
=	zu passivierende Urlaubsrückstellung	

	Schema für die Steuerbilanz	**Betrag in €**
	Lohn-/Gehaltsaufwand	
+	Arbeitgeberanteile zur Sozialversicherung	
./.	Urlaubsgeld (wenn einzelvertraglich oder tarifvertraglich vereinbart)	
+	Weihnachtsgeld	
./.	Sondervergütungen (Tantieme, Gratifikation, Überstundenvergütung)	
./.	Zuführung zu Pensions- und Jubiläumsrückstellungen (soweit im Lohnaufwand enthalten)	
./.	vermögenswirksame Leistungen (soweit im Lohnaufwand enthalten)	
=	Bemessungsgrundlage Urlaubsentgelt	
÷	reguläre Arbeitstage	

Schema für die Steuerbilanz		Betrag in €
=	durchschnittliches Arbeitsentgelt/Tag	
	Bemessungsgrundlage Urlaubsentgelt	
	Anzahl der Arbeitnehmer	
=	durchschnittliches Arbeitsentgelt je Tag und Arbeitnehmer	
×	Anzahl der nicht genommenen Urlaubstage	
=	zu passivierende Urlaubsrückstellung	

Beispiel: Berechnung von Urlaubsrückstellungen

Ausgehend von der durchschnittlichen Berechnung für 30 Arbeitnehmer und insgesamt 50 nicht genommenen Urlaubstagen bis zum Bilanzstichtag (31.12.2017) ergeben sich folgende Berechnungen für die Handels- und die Steuerbilanz:

		Handelsrecht in €	Steuerrecht in €
	Lohn-/Gehaltsaufwand	450.000	450.000
+	Arbeitgeberanteile zur Sozialversicherung	90.000	90.000
+	erwartete/vereinbarte Lohn- und Gehaltssteigerungen nach dem Bilanzstichtag	25.000	--
+	Zuführung zu Pensions- und Jubiläumsrückstellungen	5.000	--
+	vermögenswirksame Leistungen	2.000	--
+	zugesagte Tantiemen		
+	Urlaubsgeld/Weihnachtsgeld	70.000	--
=	Bemessungsgrundlage Urlaubsentgelt	642.000	540.000
÷	tatsächliche Arbeitstage	220	250
=	durchschnittliches Arbeitsentgelt/Tag	2.918	2.160
	Bemessungsgrundlage Urlaubsentgelt	2.918	2.160
÷	Anzahl der Arbeitnehmer	30	30
=	durchschnittliches Arbeitsentgelt je Tag und Arbeitnehmer	97,3	72,0
×	Anzahl der nicht genommenen Urlaubstage	50	50
=	zu passivierende Urlaubsrückstellung	4.865	3.600

Buchungen: SKR 03/SKR 04 – Handelsrecht

Datum	Umsatz	Gegenkonto	Konto	Buchungstext
31.12.2022	4.865 € (H)	4110/6010	0970/3070	Sonstige Rück-stellungen

Gewinnauswirkung: –4.865 €

Buchungen: SKR 03/SKR 04 – Steuerrecht

Datum	Umsatz	Gegenkonto	Konto	Buchungstext
31.12.2022	3.600 € (H)	4110/6010	0970/3070	Sonstige Rück-stellungen

Gewinnauswirkung: –3.600 €

Alternativ kann die Buchung des Aufwands für die Bildung der Urlaubsrückstellung in Lohn- und in Sozialversicherungsaufwand separiert werden:

Von der Bemessungsgrundlage in der Handelsbilanz »Urlaubsentgelt« entfallen 14,01 % auf Aufwendungen für Sozialversicherungsbeiträge (90.000 × 100/642.000).

4.865 € × 14,01 % = 681,58 € Anteil Sozialversicherung

4.865 € ./. 681,58 € = 4.183,42 € Anteil Lohnaufwand

Buchungen: SKR 03/SKR 04 – Handelsrecht Lohnaufwand

Datum	Umsatz	Gegenkonto	Konto	Buchungstext
31.12.2022	4.183,42 € (H)	4110/6010	0970/3070	Sonstige Rück-stellungen

Gewinnauswirkung: -4.183,42 €

Buchungen: SKR 03/SKR 04 – Handelsrecht SV-Beitrag

Datum	Umsatz	Gegenkonto	Konto	Buchungstext
31.12.2022	681,58 € (H)	4130/6110	0970/3070	Sonstige Rück-stellungen

Gewinnauswirkung: –681,58 €

Von der Bemessungsgrundlage in der Steuerbilanz »Urlaubsentgelt« entfallen 16,67 % auf Aufwendungen für Sozialversicherungsbeiträge (90.000 × 100 ÷ 540.000).

3.600 € × 16,67 % = 600,12 € Anteil Sozialversicherung

3.600 € ./. 600,12 € = 2.999,88 € Anteil Lohnaufwand

Buchungen: SKR 03/SKR 04 – Steuerrecht Lohnaufwand

Datum	Umsatz	Gegenkonto	Konto	Buchungstext
31.12.2022	2.999,88 € (H)	4110/6010	0970/3070	Sonstige Rückstellungen

Gewinnauswirkung: –2.999,88 €

Buchungen: SKR 03/SKR 04 – Steuerrecht SV-Beitrag

Datum	Umsatz	Gegenkonto	Konto	Buchungstext
31.12.2022	600,12 € (H)	4130/6110	0970/3070	Sonstige Rückstellungen

Gewinnauswirkung: –600,12 €

Alternativ kann für die Buchung in der Steuerbilanz, wenn die Daten der Handelsbilanz in die Steuerbilanz übernommen werden (die Buchungen also in einem Buchungskreis erfolgen), nur eine Rückgängigmachung des Aufwands in Höhe der Differenzen zwischen Handels- und Steuerrecht erfolgen.

Weiterführung des o. g. Beispiels:

Ausgehend von der durchschnittlichen Berechnung für 40 Arbeitnehmer und insgesamt 65 nicht genommenen Urlaubstagen bis zum Bilanzstichtag (31.12.2018) ergeben sich folgende Berechnungen für Handels- und Steuerbilanz:

		Handelsrecht in €	Steuerrecht in €
	Lohn-/Gehaltsaufwand	550.000	550.000
+	Arbeitgeberanteile zur Sozialversicherung	110.000	110.000
+	erwartete/vereinbarte Lohn- und Gehaltssteigerungen nach dem Bilanzstichtag	35.000	--
+	Zuführung zu Pensions- und Jubiläumsrückstellungen	8.000	--
+	vermögenswirksame Leistungen	5.000	--
+	zugesagte Tantiemen		
+	Urlaubsgeld/ Weihnachtsgeld	70.000	--
=	Bemessungsgrundlage Urlaubsentgelt	708.000	660.000
÷	tatsächliche Arbeitstage	220	250
=	durchschnittliches Arbeitsentgelt/Tag	3.218	2.640
	Bemessungsgrundlage Urlaubsentgelt	3.218	2.640
÷	Anzahl der Arbeitnehmer	40	40
=	durchschnittliches Arbeitsentgelt je Tag und Arbeitnehmer	80,45	66,0
×	Anzahl der nicht genommenen Urlaubstage	65	65
=	zu passivierende Urlaubsrückstellung (gerundet)	5.229	4.290

Es sind folgende Anpassungsbuchungen vorzunehmen:

Buchungen: SKR 03/SKR 04 – Handelsrecht

Datum	Umsatz	Gegenkonto	Konto	Buchungstext
31.12.2023	364 € (H)	4156/6076	0970/3070	Sonstige Rückstellungen

Gewinnauswirkung: –364 €

Buchungen: SKR 03/SKR 04 – Steuerrecht

Datum	Umsatz	Gegenkonto	Konto	Buchungstext
31.12.2023	690 € (H)	4156/6076	0970/3070	Sonstige Rückstellungen

Gewinnauswirkung: –690 €

Alternativ kann die Buchung des Aufwands für die Bildung der Urlaubsrückstellung in Lohn- und in Sozialversicherungsaufwand separiert werden:

Von der Bemessungsgrundlage in der Handelsbilanz »Urlaubsentgelt« entfallen 15,53 % auf Aufwendungen für Sozialversicherungsbeiträge (110.000 × 100 ÷ 708.000).

5.229 € × 15,53 % = 812,06 € Anteil Sozialversicherung

5.229 € ./. 812,06 € = 4.416,94 € Anteil Lohnaufwand

SV-Anteil zum 31.12.2022	681,51 €
SV-Anteil zum 31.12.2023	812,06 €
Differenz	130,55 €

Lohnaufwand zum 31.12.2022	4.183,42 €
Lohnaufwand zum 31.12.2023	4.416,94 €
Differenz	233,52 €

Buchungen: SKR 03/SKR 04 – Anpassungsbuchung Handelsrecht Lohnaufwand

Datum	Umsatz	Gegenkonto	Konto	Buchungstext
31.12.2023	233,52 € (H)	4156/6076	0970/3070	Sonstige Rückstellungen

Gewinnauswirkung: –233,52 €

Buchungen: SKR 03/SKR 04 – Anpassungsbuchung Handelsrecht SV-Beitrag

Datum	Umsatz	Gegenkonto	Konto	Buchungstext
31.12.2023	130,55 € (H)	4156/6076	0970/3070	Sonstige Rückstellungen

Gewinnauswirkung: -130,55 €

Von der Bemessungsgrundlage in der Steuerbilanz »Urlaubsentgelt« entfallen 16,67 % auf Aufwendungen für Sozialversicherungsbeiträge (110.000 × 100 ÷ 660.000).

4.290 € × 16,67 % = 715,14 € Anteil Sozialversicherung

4.290 € ./. 715,14 € = 3.574,86 € Anteil Lohnaufwand

SV-Anteil zum 31.12.2022	600,12 €
SV-Anteil zum 31.12.2023	715,14 €
Differenz	115,02 €

Lohnaufwand zum 31.12.2022	2.999,88 €
Lohnaufwand zum 31.12.2023	3.574,86 €
Differenz	574,98 €

Buchungen: SKR 03/SKR 04 – Anpassungsbuchung Steuerrecht Lohnaufwand

Datum	Umsatz	Gegenkonto	Konto	Buchungstext
31.12.2023	574,98 € (H)	4156/6076	0970/3070	Sonstige Rückstellungen

Gewinnauswirkung: -574,98 €

Buchungen: SKR 03/SKR 04 – Anpassungsbuchung Steuerrecht SV-Beitrag

Datum	Umsatz	Gegenkonto	Konto	Buchungstext
31.12.2023	115,02 € (H)	4156/6076	0970/3070	Sonstige Rückstellungen

Gewinnauswirkung: -115,02 €

Aufwendungen aus der Veränderung von Urlaubsrückstellungen (Anpassungsbuchungen zum nächsten Bilanzstichtag) können über die folgenden Konten gebucht werden:

SKR 03	SKR 04	Bezeichnung
4156	6076	Aufwendungen aus der Veränderung von Urlaubsrückstellungen
4157	6077	Aufwendungen aus der Veränderung von Urlaubsrückstellungen für Gesellschafter-Geschäftsführer

SKR 03	SKR 04	Bezeichnung
4158	6078	Aufwendungen aus der Veränderung von Urlaubsrückstellungen für angestellte Mitunternehmer nach § 15 EStG (mit Sonderbetriebseinnahmen korrespondierend)
4159	6079	Aufwendungen aus der Veränderung von Urlaubsrückstellungen für Minijobber

6.16.2 Aktuelle Rechtsprechung

Der EuGH hat am 06.11.2018 (C-569/16 und C-570/16) entschieden, dass die Erben eines verstorbenen Arbeitnehmers von dessen Arbeitgeber eine finanzielle Entschädigung für den vom Verstorbenen nicht mehr in Anspruch genommenen Urlaub verlangen können. Die Erben können sich unmittelbar auf das geltende Unionsrecht berufen, wenn das nationale Recht die Möglichkeit einer finanziellen Vergütung der Erben ausschließt. Dieses Recht können die Erben sowohl gegenüber einem öffentlichen als auch gegenüber einem privaten Arbeitgeber geltend machen.

Mit zwei Urteilen vom selben Tag hat der BFH (C-619/16 und C-684/16) entschieden, dass ein Arbeitnehmer seine Ansprüche auf bezahlten Jahresurlaub nicht automatisch verliert, nur weil er keinen Urlaub beantragt hat. Die Ansprüche auf bezahlten Jahresurlaub können nur dann verloren gehen, wenn der Arbeitgeber den Arbeitnehmer angemessen darüber aufgeklärt und ihn damit in die Lage versetzt hat, die Urlaubstage rechtzeitig in Anspruch zu nehmen.

Kann der Arbeitgeber also nachweisen, dass der Arbeitnehmer aus freiem Willen heraus, in vollem Bewusstsein und mit Kenntnis der Sachlage entschieden hat, seinen Urlaub nicht zu nehmen, steht auch das Unionsrecht dem Verlust des Urlaubsanspruchs bzw. einem monetären Ausgleich des Anspruchs nicht mehr entgegen. Auch diese Grundsätze gelten sowohl für Arbeitgeber aus dem öffentlichen Bereich als auch für Arbeitgeber aus dem privaten Sektor.

6.17 Rückstellungen für Altersteilzeit

Das Altersteilzeitgesetz (AltTZG) sieht vor, dass Arbeitgeber mit ihren Arbeitnehmern ab Vollendung des 55. Lebensjahres das bisher »normale« Arbeitsverhältnis in ein Altersteilzeitverhältnis umwandeln können. Nach § 1 AltTZG soll älteren Arbeitnehmern durch das Altersteilzeitverhältnis ein gleitender Übergang zwischen dem Erwerbsleben und der Altersrente ermöglicht werden. Neben der Frühverrentung soll die Regelung auch einen frühzeitigen Erholungscharakter haben.

Die Vereinbarung über die Altersteilzeit muss mit dem Arbeitgeber vor Beginn der Altersteilzeit getroffen werden, rückwirkende Verträge werden nicht anerkannt. Darüber hinaus muss die Arbeitszeit auf die Hälfte der regelmäßigen wöchentlichen Arbeitszeit herabgesetzt werden. Hierbei ist höchstens die durchschnittliche Arbeitszeit der vergangenen 24 Monate des Arbeitnehmers zu berücksichtigen. Trotz der Herabsetzung der regelmäßigen wöchentlichen Arbeitszeit muss der Arbeitnehmer weiterhin arbeitslosenversicherungspflichtig bleiben, darf also keine geringfügige Beschäftigung ausüben. Weiterhin muss er innerhalb der letzten fünf Jahre vor Beginn der Altersteilzeitarbeit mindestens 1.080 Kalendertage versicherungspflichtig beschäftigt gewesen sein.

Zum Thema Rückstellung bei Altersteilzeit ist ein umfangreiches BMF-Schreiben erlassen worden, das BMF-Schreiben vom 28.03.2007 – IV B 2 – S2175/07/0002, BStBl. 2007 I, S. 297.

6.17.1 Zwei Altersteilzeitmodelle

Es gibt zwei Altersteilzeitmodelle, die sich in der Arbeitszeitverteilung voneinander unterscheiden:

- Blockmodell
- Reduktionsmodell (Gleichverteilungsmodell)

6.17.1.1 Das Blockmodell

Das Blockmodell unterteilt die Altersteilzeitbeschäftigung in zwei Phasen: die Arbeitsphase und die Freistellungsphase.

- In der Arbeitsphase, auch Beschäftigungsphase genannt, arbeitet der Arbeitnehmer weiterhin Vollzeit, erhält aber bereits ein reduziertes Gehalt. Die Differenz zwischen »altem« und reduziertem Gehalt wird angespart.
- In der zweiten Phase der Altersteilzeit, in der der Arbeitnehmer von der Arbeit freigestellt ist, erhält er weiterhin sein Teilzeitgehalt.

Durch dieses Modell geht der Arbeitnehmer während der ersten Phase in Vorleistung. Hierin besteht auch der wesentliche Unterschied zum Reduktionsmodell.

Ohne eine tarifliche Grundlage darf in diesem Modell der Verteilzeitraum, also die Gesamtzeit über beide Phasen, drei Jahre nicht überschreiten (d. h., 1,5 Jahre Arbeit und 1,5 Jahre Freistellung). Der Verteilzeitraum erhöht sich von drei auf sechs Jahre, wenn in der Betriebsvereinbarung oder im Tarifvertrag eine solche Verlängerung zugelassen wird.

Tipp

In der Freistellungsphase steht dem Arbeitnehmer kein Urlaub zu, weil er keine Verpflichtung zur Erbringung seiner Arbeitsleistung hat. Dies muss bei der Ermittlung von Urlaubsrückstellungen für den Betrieb berücksichtigt werden.

6.17.1.2 Das Reduktionsmodell

Beim Reduktionsmodell wird die Arbeitszeit bis zum Erreichen des Rentenalters bei parallel sinkendem Gehalt in gleichmäßigen Abständen reduziert. Aus der Praxis heraus hat sich das Modell mit einer Reduktion um 50 % bewährt, das deshalb häufig angewandt wird. Dabei ist der Arbeitgeber in Absprache mit dem Arbeitnehmer bezüglich der Verteilung der wöchentlichen Arbeitsstunden frei. Der Arbeitgeber gerät beim Reduktionsmodell nicht in einen Erfüllungsrückstand, weil Arbeitszeit und Gehalt gleichermaßen reduziert werden. Für das Reduktionsmodell kommt deshalb die Bildung einer Rückstellung dem Grunde nach nicht in Betracht.

6.17.2 Absicherung vor Insolvenz des Arbeitgebers

Sollte der Arbeitgeber in Insolvenz gehen, besteht das Risiko, dass der Arbeitnehmer, der sich für das Blockmodell entschieden hat, in seiner Freistellungsphase nicht mehr bezahlt wird, obwohl er in der Arbeitsphase bereits auf einen Teil seines Gehalts verzichtet hat. Deshalb schreibt § 8a AltTZG vor, dass der Arbeitgeber für eine Absicherung für das vom Arbeitnehmer aufgebaute Wertguthaben zu sorgen hat. Die Absicherung des Wertguthabens muss nur gegen den Fall der Insolvenz des Arbeitgebers abgesichert werden, wenn es das Dreifache des Regelarbeitsentgelts einschließlich des darauf entfallenden Arbeitgeberanteils am Gesamtsozialversicherungsbeitrag übersteigt. Die Absicherung, z. B. durch ein angelegtes Wertguthaben in gleicher Höhe bei einem Kreditinstitut, ist ein selbstständig zu bewertender Vermögensgegenstand. Nach § 246 Abs. 2 Satz 2 HGB ist das Deckungsvermögen zur Absicherung des Wertguthabens des Arbeitnehmers mit der Rückstellung in der Handelsbilanz zu saldieren.

Die Saldierung kommt unter den folgenden Voraussetzungen in Betracht:

- Der Vermögensgegenstand muss dem Zugriff aller übrigen Gläubiger entzogen sein und
- er muss ausschließlich der Erfüllung von Schulden aus Altersvorsorgeverpflichtungen oder vergleichbaren langfristig fälligen Verpflichtungen dienen.

6.17.3 Aufstockungsbeträge

In der täglichen Praxis wird das Arbeitsentgelt für die Altersteilzeitarbeit um einen Zuschuss von mindestens 20% aufgestockt. Der Zuschuss wird unabhängig vom gewählten Altersteilzeitmodell gewährt und soll dem Arbeitnehmer einen finanziellen Anreiz bieten, das bisherige Arbeitsverhältnis in ein Altersteilzeitverhältnis umzuwandeln. Der Aufstockungsbetrag ist nach § 3 Nr. 28 EStG für den Arbeitnehmer steuer- und sozialversicherungsfrei, unterliegt nach § 32b Abs. 1 Satz 1 Nr. 1 Buchst. g EStG aber dem Progressionsvorbehalt.

Die Aufstockungsbeträge sind als langfristig fällige Verbindlichkeiten unter den Rückstellungen für ungewisse Verbindlichkeiten zu bilanzieren. Sie sind nach § 253 Abs. 1 Satz 2 i.V.m. Abs. 2 Satz 1 HGB mit dem nach vernünftiger kaufmännischer Beurteilung notwendigen Erfüllungsbetrag zu bewerten und mit dem durchschnittlichen Marktzinssatz der vergangenen sieben Jahre über die Restlaufzeit der Altersteilzeitvereinbarung abzuzinsen.

Aufstockungsbeträge, die Abfindungscharakter haben, sind ab dem Zeitpunkt des Abschlusses des Altersteilzeitvertrags in voller Höhe gewinnmindernd zu buchen.

Aufstockungsbeträge, die Entlohnungscharakter haben, sind zusammen mit dem Erfüllungsrückstand über die Laufzeit (bis zum Beginn der Freistellungsphase) ratierlich anzusammeln. Die Buchung erfolgt über das Aufwandskonto »Lohn- und Gehaltsaufwendungen«.

Der Erfüllungsrückstand, der sich beim Blockmodell für den Arbeitgeber gegenüber dem Arbeitnehmer ergibt, ist in der Bilanz des Arbeitgebers durch eine Rückstellung für ungewisse Verbindlichkeiten darzustellen. Die Rückstellung ist nach § 253 Abs. 1 Satz 2 HGB mit dem nach vernünftiger kaufmännischer Beurteilung notwendigen Erfüllungsbetrag zu passivieren. Zukünftige Preis- und Kostensteigerungen sind für die Handelsbilanz in die Bewertung mit einzubeziehen. Bei der Bewertung werden alle Lohn- und Gehaltsbestandteile berücksichtigt, also der Nettoverdienst, aber auch Urlaubsgeld, Weihnachtsgeld und die Arbeitgeberanteile zur Sozialversicherung. Die Rückstellung ist mit Beginn der Beschäftigungsphase des Arbeitnehmers ratierlich anzusammeln und mit dem nach versicherungsmathematischen Grundsätzen ermittelten Barwert in Ansatz zu bringen. Sobald die Freistellungsphase erreicht wird, ist die Rückstellung parallel zum Verbrauch zu verringern.

Wurden Altersteilzeitvereinbarungen getroffen, nach denen bereits vor dem 31.12.2009 die Arbeitszeit vermindert wurde, hat der Arbeitgeber einen Erstattungsanspruch für die geleisteten Aufstockungsbeträge an die Bundesagentur für Arbeit. Dies gilt jedoch nur unter der Voraussetzung, dass der frei werdende Arbeitsplatz erneut durch einen sozialversicherungspflichtigen Arbeitnehmer besetzt wird. Beim neuen Arbeitnehmer muss es sich um einen bislang arbeitslos gemeldeten Arbeitnehmer, einem Arbeitnehmer, der seine erste Stelle nach abgeschlossener Ausbildung oder abgeschlossenem Studium antritt, oder aber um einen Auszubildenden handeln. Der Erstattungsanspruch des Arbeitgebers ist in die Bewertung der Rückstellung erst dann einzubeziehen, wenn die Voraussetzungen der §§ 1–3 AltTZG erfüllt sind.

6.17.4 Bilanzierung in der Steuerbilanz

Auch in der Steuerbilanz sind nur die Erfüllungsrückstände des Arbeitgebers aus der Anwendung des Blockmodells mittels einer Rückstellung abzubilden. Bei der Bewertung der Rückstellung dürfen zukünftige Preis- und Kostensteigerungen nicht mit einbezogen werden. Darüber hinaus erfolgt die Verzinsung nach § 6 Abs. 1 Nr. 3a Buchst. e EStG mit einheitlich 5,5%. Nach dem BMF-Schreiben vom 28.03.2007 geht die Finanzverwaltung unter Tz. 8–10 davon aus, dass bei gleichbleibend hohen Zahlungsverpflichtungen des Arbeitgebers in der Freistellungsphase eine unverzinsliche Verpflichtung vorliegt. Gemäß Tz. 12 des BMF-Schreibens dürfen abweichend davon die Rückstellungen für laufende Altersteilzeitverpflichtungen aus Vereinfachungsgründen anhand des vereinfachten Pauschalwertverfahrens bewertet werden. Das vereinfachte Pauschalwertverfahren berücksichtigt bereits die Abzinsung und die biometrische Wahrscheinlichkeit des Ausscheidens des Altersteilzeitberechtigten. Der Arbeitgeber muss sich bei der Bewertung der Rückstellung in seiner Steuerbilanz aber einheitlich für eines der beiden Verfahren entscheiden. Gemäß Tz. 13 bindet er sich für vier Jahre an diese Wahl.

Im Unterschied zur Handelsbilanz sieht die Finanzverwaltung in der Wiederbesetzung des durch Altersteilzeit aufgegebenen Arbeitsplatzes und damit dem Unternehmen zustehenden Erstattungsanspruch für den Aufstockungsbetrag zum gezahlten Regelarbeitsentgelt einen der Rückstellung gegenzurechnenden Vorteil nach § 6 Abs. 1 Nr. 3a Buchst. c EStG. Die Rückstellung kann bereits in dem Moment gekürzt werden, in dem mehr Gründe für als gegen die Wiederbesetzung des Arbeitsplatzes und die damit zusammenhängende Inanspruchnahme der Erstattungsleistungen sprechen. Die herabgesetzten Voraussetzungen in der Steuerbilanz im Vergleich zur Handelsbilanz führen zu Abweichungen zwischen beiden Bilanzen.

6.17.5 Ausgleich für den Nachteil der späteren Rentenkürzung

Für den Arbeitnehmer bedeutet die Inanspruchnahme der Altersteilzeit auch die Kürzung der Rente aus der gesetzlichen Rentenversicherung mit Erreichen des Renteneintrittsalters. In der Praxis ist es deshalb durchaus üblich, dem Altersteilzeitberechtigten neben dem Teilzeitgehalt (inkl. Aufstockungsbeträgen) einen Einmalbetrag zu zahlen. Es handelt sich um einen sog. Nachteilsausgleich, der den Anteil der Rente ausgleichen soll, die der Arbeitnehmer erhalten hätte, wenn er sich nicht für die Altersteilzeit entschieden hätte.

Nach der bisherigen Verwaltungsauffassung war die Rückstellung für den Nachteilsausgleich über die Laufzeit des verbleibenden Beschäftigungszeitraums ratierlich anzusammeln und mittels versicherungsmathematischer Grundsätze mit dem Barwert zu bewerten (BFH-Urteil vom 27.09.2017 – I R 53/15). Durch das BMF-Schreiben vom 22.10.2018 – IV C 6 – S 2175/07/10002 hat sich die Verwaltungsmeinung geändert (Tz. 15 des BMF-Schreibens vom 28.03.2007 wurde überarbeitet und an die BFH-Rechtsprechung angepasst). Nunmehr dürfen für Nachteilsausgleichsverpflichtungen, die den Eintritt eines bestimmten Ereignisses voraussetzen, keine Rückstellungen mehr gebildet werden. Dies gilt jedoch nur für Altersteilzeitverhältnisse, die nach dem Tag der Veröffentlichung des BMF-Schreibens vom 22.10.2018 im Bundessteuerblatt begonnen haben. Die bis dato »alte« Rückstellung für Nachteilsausgleichsverpflichtungen kann planmäßig bis zur Auszahlung oder zum Wegfall weitergeführt werden.

Dem Grunde nach weiterhin rückstellungsfähig bleibt die sich auferlegte Verpflichtung des Arbeitgebers, dem Arbeitnehmer in der Freistellungsphase oder nach dem Ende des Arbeitsverhältnisses einen Nachteilsausgleichsbetrag zu zahlen.

6.18 Pensionsrückstellungen

Unter »Pensionsrückstellungen« werden Aufwendungen im Rahmen der betrieblichen Altersvorsorge erfasst. Das Unternehmen gibt gegenüber einem oder mehreren Mitarbeitern sog. Versorgungszusagen ab. Dabei unterscheidet man zwischen den unmittelbaren und den mittelbaren Versorgungszusagen.

Bei den mittelbaren Versorgungszusagen handelt es sich um solche, bei denen nicht der Arbeitgeber, sondern ein externer Versorgungsträger die zugesagten Versorgungsleistungen erbringt. Beispiele für externe Versorgungsdienstleister sind z. B. Pensionsfonds, Direktversicherungen oder Pensionskassen, aber auch die Unterstützungskasse. Gemäß § 1 Abs. 1 Satz 3 BetrAVG (Gesetz zur Verbesserung der betrieblichen Altersversorgung – Betriebsrentengesetz) muss der Arbeitgeber auch für die über einen externen Versorgungsträger zugesagten Leistungen einstehen. Hierbei handelt es sich um die sog. Einstandspflicht des Arbeitgebers.

Bei der unmittelbaren Versorgungszusage muss der Arbeitgeber die zugesagten Versorgungsleistungen unmittelbar aus dem Betriebsvermögen erbringen. In diesem Fall handelt es sich um eine sog. Direktzusage gem. § 1b Abs. 2 BetrAVG.

Die Position »Pensionsrückstellung« in der Bilanz enthält die Beträge zur Erfüllung von Ansprüchen der Pensionsberechtigten auf ihre Pensionszahlungen in Form von Altersruhegeldern, Invalidenrenten oder Hinterbliebenenrenten, die vom Unternehmer direkt zugesagt wurden. Bei den Pensionszahlungen handelt es sich um Lohn- und Gehaltsaufwendungen. Je länger der Mitarbeiter im Betrieb arbeitet, desto mehr erhöhen sich sein Versorgungsanspruch und beim Unternehmen parallel die Versorgungsverpflichtung. Da es sich bei der Versorgungsverpflichtung dem Grunde und der Höhe nach um eine ungewisse Verbindlichkeit handelt, muss das Unternehmen, das die unmittelbare Versorgungszusage erteilt hat, eine Rückstellung für ungewisse Verbindlichkeiten passivieren.

6.18.1 Kapitalgesellschaften

6.18.1.1 Handelsrecht

Gemäß § 249 Abs. 1 Satz 1 HGB besteht für laufende Anwartschaften und Pensionen, die auf unmittelbaren Zusagen seitens des Arbeitgebers basieren, die Verpflichtung zur Passivierung einer Pensionsrückstellung. Voraussetzung für die Passivierungspflicht ist, dass der Pensionsberechtigte die Zusage und damit den Rechtsanspruch nach dem 31.12.1986 erworben hat (sog. Neuzusage). Hiervon zu unterscheiden sind die sog. Altzusagen, also Pensionszusagen, die vor dem 01.01.1987 erteilt wurden. Für die Altzusagen besteht ein Passivierungswahlrecht.

Der erstmalige Ansatz in der Handelsbilanz ist in dem Jahr vorzunehmen, in dem die Zusage vom Arbeitgeber an den Arbeitnehmer erfolgt ist. Bei mittelbaren Zusagen wird nur dann eine Rückstellung gebildet, wenn die Unterstützungskasse als externer Versorgungsdienstleister eingeschaltet wird. Sollte das Vermögen der Unterstützungskasse nicht ausreichen, um die Pensionsverpflichtung zu erfüllen, besteht gem. Art. 28 Abs. 1 Satz 2 EGHGB ein Wahlrecht zur Bildung einer Pensionsrückstellung. Unabhängig von der Rückstellungsbildung stellt die Zahlung des Unternehmers an den externen Versorgungsträger bei ihm einen betrieblichen Aufwand dar.

Bei der Bewertung ist zwischen zwei Stichtagen zu unterscheiden: für Geschäftsjahre, die vor dem 01.01.2010 beginnen, und für solche, die nach dem 31.12.2009 beginnen. Gegebenenfalls tauchen deshalb noch Rückstellungen in aktuellen Bilanzen auf, die nach der Rechtslage für Geschäftsjahre, die vor dem 01.01.2010 begannen, bewertet wurden.

Rechtslage für Geschäftsjahre, die vor dem 01.01.2010 begonnen haben

Nach § 253 Abs. 1 Satz 2 HGB a. F. sind Pensionsverpflichtungen ab dem Zeitpunkt des Rentenbeginns mit dem Barwert der noch zu erbringenden Pensionszahlung anzusetzen. Ansonsten sind sie grundsätzlich mit dem Betrag in Ansatz zu bringen, der nach vernünftiger kaufmännischer Beurteilung notwendig ist. Bei Pensionsrückstellungen konkretisiert sich dieser Bewertungsgrundsatz in Form eines angewandten Bewertungsverfahrens, das den anerkannten Regeln der Versicherungsmathematik entspricht. Bei den Berechnungen werden Sterbe-, aber auch Invaliditätswahrscheinlichkeiten mit einberechnet, ebenso die Wahrscheinlichkeiten der Fluktuationen in dem Betrieb. Hinzu kommen die Renteneintrittsalter, die berücksichtigt werden, sowie zu den einzelnen Bilanzstichtagen bereits vereinbarte Gehalts- und Lohnerhöhungen. Aus der Praxis heraus wird ein Kapitalisierungszins zwischen 3% und 6% in der Handelsbilanz als angemessen anerkannt. Zu diesen Bewertungsverfahren zählt unter anderem das Teilwertverfahren gem. § 6a Abs. 3 EStG, aber auch das Gegenwartswertverfahren.

- Beim Teilwertverfahren wird der Barwert der künftig zu erbringenden Pensionsleistungen zu Beginn des Versorgungsfalls gleichmäßig auf die Zeit vom Diensteintritt bis zum Beginn des Versorgungsfalls verteilt. Steuerrechtlich besteht die Besonderheit, dass der Versorgungsaufwand frühestens ab dem 27. Lebensjahr des Pensionsempfängers berücksichtigt wird. Handelsrechtlich wird hingegen auf den Diensteintritt abgestellt, das Alter des Pensionsempfängers ist irrelevant.
- Das im Handelsrecht zulässige Gegenwartswertverfahren sieht vor, dass der Aufwand für Pensionen gleichmäßig auf den Zeitraum zwischen Pensionszusage und dem voraussichtlichen Eintritt des Versorgungsfalls verteilt wird.

Bei Pensionsrückstellungen, die im Rahmen eines Betriebserwerbs übernommen werden (entgeltlicher Erwerb), sind in der Handelsbilanz die Rückstellungen mit dem nach versicherungsmathematischen Grundsätzen ermittelten Wert in Ansatz zu bringen. Die Abzinsung ist hierbei ebenfalls zu berücksichtigen. Analog erfolgt die Bewertung bei ausgegliederten Pensionsverpflichtungen.

Sobald der Grund für eine Pensionsrückstellung entfallen ist, ist auch die Rückstellung aufzulösen. Sobald die ersten Versorgungsbezüge an den Pensionsempfänger bezahlt werden, ist die Pensionsrückstellung nach der versicherungsmathematischen Methode so aufzulösen, dass der in der Bilanz stehen gelassene Betrag der Rückstellung dem Barwert der noch zu leistenden Versorgungszahlung entspricht.

Mittelbare Pensionsverpflichtungen sind zum Bilanzstichtag mit dem Differenzbetrag zwischen der nach dem versicherungsmathematischen Verfahren ermittelten Verpflichtung und den mit dem Zeitwert angesetzten Deckungsbeträgen des externen Versorgungsdienstleisters zu bewerten.

Rechtslage für Geschäftsjahre, die nach dem 31.12.2009 begonnen haben

Durch das BilMoG haben sich auch zahlreiche Änderungen bei der Bewertung von Pensionsrückstellungen ergeben.

Gemäß § 246 Abs. 2 Satz 2 HGB sind Vermögensgegenstände, die dem Zugriff aller übrigen Gläubiger entzogen sind und ausschließlich der Erfüllung von Pensionsverpflichtungen dienen, mit der entsprechenden Verpflichtung zu verrechnen. Dieses zweckgebundene Vermögen ist nach § 253 Abs. 1 Satz 4 HGB mit dem beizulegenden Zweitwert zu bewerten.

Durch die Änderung des § 253 Abs. 1 HGB, nach der die Rückstellungen in Höhe des nach vernünftiger kaufmännischer Beurteilung notwendigen Erfüllungsbetrags anzusetzen sind, sind für Geschäftsjahre nach dem 31.12.2009 auch eventuelle Preis- und Kostensteigerungen bis zum Zeitpunkt der Erfüllung der Pensionsverpflichtung zu berücksichtigen. Das betrifft bei den Pensionsrückstellungen insbesondere zukünftige Gehaltsentwicklungen.

Durch das BilMoG wurde in § 253 Abs. 1 HGB der Satz 3 neu eingefügt. Soweit sich die Höhe der Altersvorsorgeverpflichtungen ausschließlich nach dem beizulegenden Zeitwert von Wertpapieren bestimmt, sind Rückstellungen hierfür mit deren beizulegendem Zeitwert anzusetzen. Übersteigt der Wert der Mindestzusage den beizulegenden Zeitwert der Wertpapiere, ist die höhere Mindestzusage anzusetzen.

Hinsichtlich der erworbenen Pensionsverpflichtungen und der Auflösungsgründe gilt dasselbe wie für Geschäftsjahre, die vor dem 01.01.2010 begonnen haben.

Abzinsung von Pensionsrückstellungen

Darüber hinaus ist § 253 Abs. 2 HGB zu berücksichtigen, d. h., die Pensionsrückstellungen mit einer Laufzeit von mehr als einem Jahr zum Bilanzstichtag sind abzuzinsen. Dabei besteht ein Wahlrecht, jede einzelne Pensionszusage mit dem jeweiligen laufzeitabhängigen durchschnittlichen Marktzinssatz der vergangenen sieben Geschäftsjahre oder alle Verpflichtungen pauschal mit dem durchschnittlichen Marktzinssatz der letzten sieben Geschäftsjahre, der sich bei einer angenommenen Restlaufzeit von 15 Jahren ergibt, abzuzinsen, vgl. § 253 Abs. 2 Satz 2 HGB. Nach § 253 Abs. 6 HGB ist der Unterschiedsbetrag zwischen dem Ansatz der Rückstellung nach Maßgabe des entsprechenden durchschnittlichen Marktzinssatzes aus den vergangenen zehn Geschäftsjahren und dem Ansatz der Rückstellung nach Maßgabe des entsprechend durchschnittlichen Marktzinssatzes aus den vergangenen sieben Geschäftsjahren in jedem Geschäftsjahr zu ermitteln. Der ermittelte Unterschiedsbetrag ist entweder im Anhang anzugeben oder bei Kleinstkapitalgesellschaften in den Angaben unter der Bilanz zu vermerken, vgl. § 253 Abs. 6 Satz 3 HGB. Darüber hinaus dürfen Gewinne nur ausgeschüttet werden, wenn die nach der Ausschüttung verbleibenden frei verfügbaren Rücklagen zuzüglich eines Gewinnvortrags und abzüglich eines Verlustvortrags mindestens dem Unterschiedsbetrag nach § 253 Abs. 6 Satz 1 HGB entsprechen, vgl. § 253 Abs. 6 Satz 2 HGB.

Bei Kleinstkapitalgesellschaften i. S. d. § 267a HGB ergibt sich die Besonderheit, dass sie die Pensionsrückstellungen nur dann mit dem beizulegenden Zeitwert zu bewerten haben, wenn sie von keiner im HGB vorgesehenen Erleichterung (§§ 264 Abs. 1 Satz 5, 266 Abs. 1 Satz 4, 275 Abs. 5, 326 Abs. 2 HGB) Gebrauch gemacht haben. Dies gilt jedoch erst für Geschäftsjahre mit Abschlussstichtag nach dem 31.12.2012.

Die Auflösung der Pensionsrückstellung darf erst vorgenommen werden, wenn der Grund für ihre Bildung nach § 249 Abs. 2 Satz 2 HGB entfallen ist. Ein möglicher Grund für die Auflösung ist z. B. der Austritt des Arbeitnehmers aus dem Betrieb. Außerdem erfolgt die Auflösung beim Eintritt des Arbeitnehmers in die Rente, also wenn der Pensionsfall eintritt. Die laufenden Pensionszahlungen sind Aufwand. Die Auflösung in Höhe des Unterschiedsbetrags zwischen den Teilwerten erfolgt an zwei aufeinanderfolgenden Bilanzstichtagen.

Sollten Pensionsberechtigte zum Zeitpunkt des Erreichens des Rentenalters nicht in Rente gehen, sondern weiterhin im Betrieb tätig sein, erhalten sie neben ihren laufenden Tätigkeitsbezügen keine weiteren Zahlungen aus Versorgungstöpfen. Die Auflösung der jährlichen Rückstellungen aufgrund des altersbedingten Renteneintritts ist dann ggf. mit den Zuführungen zu saldieren.

Stirbt ein Versorgungsanwärter vor dem Eintritt des Versorgungsfalls, ist die Pensionsrückstellung aufzulösen. Sie ist nach unten anzupassen, wenn sie nicht in Gänze entfällt, sondern sich nur mindert, weil der überlebende Ehegatte einen Anspruch auf Witwen- bzw. Witwerrente hat.

Sollte die betriebsinterne Pensionsverpflichtung auf ein externes Unternehmen (eine Pensionskasse oder die Unterstützungskasse) übertragen werden, ist die Pensionsrückstellung steuerlich aufzulösen (§ 6a EStG).

6.18.1.2 Steuerrecht

In der Steuerbilanz gilt § 6a EStG für den Ansatz, aber auch für die Bewertung von Pensionsrückstellungen. § 6a EStG räumt dem Unternehmer ein Wahlrecht ein: Die Pensionsrückstellung darf

- gem. § 6a Abs. 2 Nr. 1 EStG – in der Fassung bis einschließlich 2017 – erstmals zum Ende des Wirtschaftsjahres passiviert werden, bis zu dessen Mitte der Pensionsberechtigte das **27. Lebensjahr** vollendet hat, oder
- gem. § 6a Abs. 2 Nr. 1 EStG – in der Fassung ab 2018 – erstmals zum Ende des Wirtschaftsjahres passiviert werden, bis zu dessen Mitte der Pensionsberechtigte das **23. Lebensjahr** vollendet hat.

Folgende Voraussetzungen für die Passivierung von Pensionsrückstellungen in der Steuerbilanz ergeben sich gem. § 6a Abs. 1 EStG:

- Der Pensionsberechtigte hat einen Rechtsanspruch auf einmalige oder laufende Pensionsleistung.
- Die Pensionszusage sieht keine Pensionsleistungen in Abhängigkeit von künftigen gewinnabhängigen Bezügen vor und enthält keinen Vorbehalt, dass die Anwartschaft gemindert oder entzogen werden kann, oder ein solcher Vorbehalt erstreckt sich nur auf Tatbestände, bei deren Vorliegen nach allgemeinen Rechtsgrundsätzen unter Beachtung billigen Ermessens eine Minderung oder ein Entzug der Anwartschaft oder Leistung zulässig ist.
- Die Zusage wurde schriftlich erteilt und enthält darüber hinaus eindeutige Angaben zu Art, Form, Voraussetzungen und Höhe der in Aussicht gestellten künftigen Leistungen.

Nach R 6a Abs. 3 EStR liegt ein schädlicher Vorbehalt vor, wenn der Arbeitgeber die Pensionszusage nach freiem Belieben ohne Berücksichtigung der Interessen des Pensionsberechtigten widerrufen kann. Ein Widerruf nach freiem Belieben ist nach dem Urteil des Bundesarbeitsgerichtes (BAG) vom 14.12.1956 gegenüber einem noch aktiven Arbeitnehmer im Allgemeinen zulässig, wenn die Pensionszusage eine der folgenden Formeln oder ähnliche Formulierungen enthält

- »freiwillig und ohne Rechtsanspruch«
- »jederzeitiger Widerruf vorbehalten«
- »Ein Rechtsanspruch auf die Leistungen besteht nicht.«
- »Die Leistungen sind unverbindlich.«

Ist eine der o.g. Voraussetzungen nicht erfüllt oder wird eine der genannten Formulierungen verwendet, darf eine Bilanzierung in der Steuerbilanz nicht erfolgen. Sollte eine Rückstellung gebildet worden sein, ist sie in der ersten noch änderbaren Steuerbilanz gewinnerhöhend aufzulösen. In diesem Fall wird auch der Grundsatz der Maßgeblichkeit der Handelsbilanz für die Steuerbilanz gem. § 5 Abs. 1 Satz 1 HGB durchbrochen.

Ein unschädlicher Vorbehalt i. S. d. § 6a Abs. 1 Nr. 2 EStG liegt gem. R 6a Abs. 4 EStR vor, wenn der Arbeitgeber den Widerruf der Pensionszusage bei geänderten Verhältnissen nur nach billigem Ermessen, d. h. unter verständiger Abwägung der berechtigten Interessen des Pensionsberechtigen einerseits und des Unternehmens andererseits, aussprechen kann. Das gilt in der Regel für die Vorbehalte, die eine Anpassung der zugesagten Pensionen an nicht vorhersehbare künftige Entwicklungen oder Ereignisse vorsehen, insbesondere bei einer wesentlichen Verschlechterung der wirtschaftlichen Lage des Unternehmens, einer wesentlichen Änderung der Sozialversicherungsverhältnisse oder der Vorschriften über die steuerliche Behandlung der Pensionsverpflichtungen oder bei einer Treupflichtverletzung des Arbeitnehmers. Danach sind z. B. die folgenden Vorbehalte als unschädlich anzusehen:

1. Als allgemeiner Vorbehalt:
   »Die Firma behält sich vor, die Leistungen zu kürzen oder einzustellen, wenn sich die bei Erteilung der Pensionszusage maßgebenden Verhältnisse nachhaltig so wesentlich geändert haben, dass der Firma die Aufrechterhaltung der zugesagten Leistungen auch unter objektiver Beachtung der Belange des Pensionsberechtigten nicht mehr zugemutet werden kann.«
2. Als spezielle Vorbehalte:
   »Die Firma behält sich vor, die zugesagten Leistungen zu kürzen oder einzustellen, wenn ...
   - ... die wirtschaftliche Lage des Unternehmens sich nachhaltig so wesentlich verschlechtert hat, dass ihm eine Aufrechterhaltung der zugesagten Leistungen nicht mehr zugemutet werden kann.«
   - ... sich der Personenkreis, die Beiträge, die Leistungen oder das Pensionierungsalter bei der gesetzlichen Sozialversicherung oder anderen Versorgungseinrichtungen mit Rechtsanspruch wesentlich ändern.«
   - ... sich die rechtliche, insbesondere die steuerrechtliche Behandlung der Aufwendungen, die zur planmäßigen Finanzierung der Versorgungsleistungen von der Firma gemacht werden oder gemacht worden sind, so wesentlich ändert, dass der Firma die Aufrechterhaltung der zugesagten Leistungen nicht mehr zugemutet werden kann.«
   - ... der Pensionsberechtigte Handlungen begeht, die in grober Weise gegen Treu und Glauben verstoßen oder zu einer fristlosen Entlassung berechtigen würden.«

Hat der Arbeitnehmer die Möglichkeit, anstelle einer bisher zugesagten Altersversorgung eine Erhöhung seiner laufenden Bezüge zu verlangen, liegt hierin ebenfalls kein schädlicher Vorbehalt.

Gemäß R 6a Abs. 5 EStR werden in besonderen Vorbehalten oft bestimmte wirtschaftliche Tatbestände bezeichnet, bei deren Eintritt die zugesagten Pensionsleistungen gekürzt oder eingestellt werden können. Es wird z. B. vereinbart, dass die Pensionen gekürzt oder eingestellt werden können, wenn der Umsatz, der Gewinn oder das Kapital eine bestimmte Grenze unterschreiten, mehrere Verlustjahre vorliegen oder die Pensionsleistungen einen bestimmten Prozentsatz der Lohn- und Gehaltssumme überschreiten. Diese Vorbehalte sind nur dann als unschädlich anzusehen, wenn sie in dem Sinne ergänzt werden, dass bei den bezeichneten Tatbeständen eine so erhebliche und nachhaltige Beeinträchtigung der Wirtschaftslage des Unternehmens vorliegen muss, dass es dem Unternehmen nicht mehr zumutbar ist, die Pensionszusage aufrechtzuerhalten oder dass es aus unternehmerischer Verantwortung geboten erscheint, die Versorgungsleistungen einzuschränken oder einzustellen.

Entsprechend der Richtlinie R 6a Abs. 6 EStR ist der Vorbehalt, dass der Pensionsanspruch erlischt, wenn das Unternehmen veräußert wird oder aus anderen Gründen ein Wechsel des Unternehmers eintritt (sog. Inhaberklausel), steuerlich schädlich. Entsprechendes gilt für Vorbehalte oder Vereinbarungen, nach denen die Haftung aus einer Pensionszusage auf das Betriebsvermögen beschränkt wird, es sei denn, es gilt wie z. B. bei Kapitalgesellschaften eine gesetzliche Haftungsbeschränkung für alle Verpflichtungen gleichermaßen.

Die vorgeschriebene Schriftform konkretisiert die Finanzverwaltung unter R 6a Abs. 7 EStR. Hier kommt jede schriftliche Festlegung in Betracht, aus der sich der Pensionsanspruch nach Art und Höhe ergibt, z. B. Einzelvertrag, Gesamtzusage, Betriebsvereinbarung, Tarifvertrag oder Gerichtsurteil. Die Schriftform muss am Bilanzstichtag vorliegen. Die Pensionsrückstellungen müssen gebildet werden, wenn sich aus der schriftlichen Vereinbarung die Versorgungsleistung dem Grunde und der Höhe nach ergibt. Zahlungsbelege allein reichen für die Passivierung einer Pensionsrückstellung nicht aus, Grundlage muss immer die Vereinbarung sein. Unter H 6a Abs. 7 EStH fordert das Schriftformerfordernis, dass in der Pensionszusage eindeutige und präzise Angaben zu Art, Form, Voraussetzungen und Höhe der in Aussicht gestellten Leistung enthalten sind. Ebenso sind die Angaben für die versicherungsmathematische Ermittlung der Höhe der Versorgungsverpflichtung schriftlich festzulegen. Fehlen diese Angaben, darf eine Pensionsrückstellung in der Steuerbilanz nicht gebildet werden.

Bereits mit dem BMF-Schreiben vom 18.10.2013, veröffentlicht im Bundessteuerblatt I, S. 1268, wurde festgelegt, dass am Bilanzstichtag bereits feststehende gewinnabhängige Pensionsleistungen in die Bewertung mit einzubeziehen sind, wenn und soweit sie dem Grunde und der Höhe nach eindeutig bestimmt sind und die Erhöhung der Versorgungsleistung schriftlich durch eine Ergänzung der Pensionszusage gem. § 6a Abs. 1 Nr. 3 EStG festgeschrieben ist. Unabhängig vom jeweiligen Entstehungsjahr des Gewinns können die zusätzlichen Versorgungsleistungen aufgrund des Schriftformerfordernisses erstmals an dem der schriftlichen Festschreibung folgenden Bilanzstichtag bei der Bewertung der Pensionsrückstellungen berücksichtigt werden.

Eine Pensionsrückstellung darf gem. § 6a Abs. 2 EStG erstmals

1. vor Eintritt des Versorgungsfalls für das Wirtschaftsjahr, in dem die Pensionszusage erteilt wird, frühestens jedoch für das Wirtschaftsjahr, bis zu dessen Mitte der Pensionsberechtigte das 27. Lebensjahr vollendet, oder für das Wirtschaftsjahr, in dessen Verlauf die Pensionsanwartschaft gemäß den Vorschriften des Betriebsrentengesetzes unverfallbar wird, oder
2. nach Eintritt des Versorgungsfalls für das Wirtschaftsjahr, in dem der Versorgungsfall eintritt,

gebildet werden.

6.18.1.3 Pensionszusage an Gesellschafter-Geschäftsführer

Kommt es zu einer Pensionszusage an den Gesellschafter-Geschäftsführer einer Kapitalgesellschaft, sind zusätzlich zu den o.g. Voraussetzungen weitere Bedingungen zu erfüllen, damit die Passivierung der Pensionsrückstellung von der Finanzverwaltung nicht als verdeckte Gewinnausschüttung angesehen wird. Die zusätzlichen Bedingungen in Bezug auf die Einhaltung der Probezeit sind in dem Schreiben des BMF vom 14.12.2012, IV C 2 – S 2742/10/10001, BStBl. 2013 I, S. 58 zusammengefasst:

> Nach dem Ergebnis der Erörterungen mit den obersten Finanzbehörden der Länder bitte ich, zur Frage der Probezeit bei Pensionszusagen an Gesellschafter-Geschäftsführer von Kapitalgesellschaften folgende Auffassung zu vertreten:
>
> Als Probezeit ist der Zeitraum zwischen Dienstbeginn und der erstmaligen Vereinbarung einer schriftlichen Pensionszusage (zusagefreie Zeit) zu verstehen. Der Zeitraum zwischen der Erteilung einer Pensionszusage und der erstmaligen Anspruchsberechtigung (versorgungsfreie Zeit) zählt nicht zur Probezeit.
>
> **Dauer der Probezeit**
> Für die steuerliche Beurteilung einer Pensionszusage ist regelmäßig eine Probezeit von zwei bis drei Jahren als ausreichend anzusehen. Die Erteilung der Pensionszusage an den Gesellschafter-Geschäftsführer unmittelbar nach der Anstellung und ohne die unter Fremden übliche Erprobung ist in der Regel nicht betrieblich, sondern durch das Gesellschaftsverhältnis veranlasst (BFH-Urteile vom 15. Oktober 1997 – I R 42/97 –, BStBl. 1999 II S. 316, vom 29. Oktober 1997 – I R 52/97 –, BStBl. 1999 II S. 318, vom 24. April 2002 – I R 18/01 –, BStBl. II S. 670, vom 23. Februar 2005 – I R 70/04 –, BStBl. II S. 882 und vom 28. April 2010 – I R 78/08 –, BStBl. 2013 II S. 41). Ein ordentlicher und gewissenhafter Geschäftsleiter einer neu gegründeten Kapitalgesellschaft wird einem gesellschaftsfremden Geschäftsführer erst dann eine Pension zusagen, wenn er die künftige wirtschaftliche Entwicklung und damit die künftige wirtschaftliche Leistungsfähigkeit der Kapitalgesellschaft zuverlässig abschätzen kann (ständige Rechtsprechung des BFH, a.a.O.). Hierzu bedarf es in der Regel eines Zeitraums von wenigstens fünf Jahren. Eine Probezeit ist bei solchen Unternehmen verzichtbar, die aus eigener Erfahrung Kenntnisse über die Befähigung des Geschäftsleiters haben und die die Ertragserwartungen aufgrund ihrer bisherigen unternehmerischen Tätigkeit hinreichend deutlich abschätzen können. Diese Kriterien sind bei einem Unternehmen erfüllt, das seit Jahren tätig war und lediglich sein Rechtskleid ändert, wie beispielsweise bei Begründung einer Betriebsaufspaltung oder einer Umwandlung (BFH Urteile vom 29. Oktober 1997 – I R 52/97 –, BStBl. 1999 II S. 318 und vom 23. Februar 2005 – I R 70/04 –, BStBl. II S. 882) und der bisherige, bereits erprobte Geschäftsleiter das Unternehmen fortführt. Wird ein Unternehmen durch seine bisherigen leitenden Angestellten »aufgekauft« und führen diese An-

gestellten den Betrieb in Gestalt einer neu gegründeten Kapitalgesellschaft als Geschäftsführer fort (sog. Management-Buy-Out), so kann es ausreichen, wenn bis zur Erteilung der Zusagen nur rund ein Jahr abgewartet wird (BFH-Urteil vom 24. April 2002 – I R 18/01 –, BStBl. II S. 670).

Verstoß gegen die angemessene Probezeit
Eine unter Verstoß gegen eine angemessene Probezeit erteilte Pensionszusage ist durch das Gesellschaftsverhältnis veranlasst und führt nach den Grundsätzen des BMF-Schreibens vom 28. Mai 2002 (BStBl. I S. 603) zu verdeckten Gewinnausschüttungen i. S. d. § 8 Absatz 3 Satz 2 KStG. Ausschlaggebend ist die Situation im Zeitpunkt der Zusage, so dass die Anwartschaft auch nach Ablauf der angemessenen Probezeit nicht zu einer fremdvergleichsgerechten Pensionszusage wird (BFH-Urteil vom 28. April 2010 – I R 78/08 –, BStBl. 2013 II S. 41). Das gilt auch dann, wenn die Pensionszusage in der Folgezeit geändert, also z. B. erhöht wird. Die Möglichkeit einer Aufhebung der ursprünglichen und des Abschlusses einer neuen Pensionszusage nach Ablauf der angemessenen Probezeit bleibt hiervon unberührt. Dieses Schreiben ersetzt das BMF-Schreiben vom 14. Mai 1999 (BStBl. I S. 512). Tz. 2. gilt für Pensionsvereinbarungen, die nach dem 29. Juli 2010 (Datum der Veröffentlichung des Urteils vom 28. April 2010 – I R 78/08 –, BStBl. 2013 II S. 41 auf den Internetseiten des Bundesfinanzhofs) abgeschlossen worden sind.

Darüber hinaus muss auch bei einem Gesellschafter-Geschäftsführer die Finanzierbarkeit der Pensionszusage gewährleistet werden. Eine solche ist nicht gegeben, wenn bei einem Versorgungsfall, der unmittelbar nach dem Bilanzstichtag eintritt, der Barwert der zukünftigen Pensionsleistungen am Ende des Wirtschaftsjahres zu einer bilanziellen Überschuldung führen würde. Bei der eventuell entstehenden bilanziellen Überschuldung ist die Rückdeckungsversicherung mit einzubeziehen. Die Finanzierbarkeit ist anhand eines fiktiven vorzeitigen Versorgungsfalls zu prüfen. Daher ist der sich daraus ergebene fiktive Zuführungsbedarf zu prüfen. Die tatsächlich vorgenommene Pensionsrückstellungszuführung ist nicht Grundlage für die Überprüfung der Finanzierbarkeit. Dies sieht der BFH jedoch anders (BFH vom 20.12.2000, NV 2001, S. 980 und vom 7.11.2001, NV 2002, S. 287), der in diesen beiden Urteilen entschieden hat, dass bei der Finanzierungsbeurteilung nur der im Zusagezeitpunkt gegebene versicherungsmathematische Barwert nach § 6a Abs. 3 Satz 2 Nr. 2 EStG anzusetzen ist. Er geht weiterhin nicht von dem Wert aus, der sich bei einem vorzeitigen Eintritt des Versorgungsfalls ergeben würde.

Ist die Finanzierbarkeit im Zeitpunkt der Zusage der Pensionszusage an den Gesellschafter-Geschäftsführer nicht gegeben, beruht die Zusage auf einer gesellschaftsrechtlichen Veranlassung. Eine Teilfinanzierbarkeit kommt nach Ansicht des BMF nicht in Betracht, was eine Aufteilung grundsätzlich ausschließt. Werden bei Pensionszusagen, die auf einer gesellschaftsrechtlichen Veranlassung basieren, Zuführungen in die Rückstellung vorgenommen, handelt es sich insgesamt um verdeckte Gewinnausschüttungen.

Dieser Ansicht hat sich der BFH nicht angeschlossen. Seiner Ansicht nach kann eine Aufteilung in einen finanzierbaren und einen nicht finanzierbaren Teil vorgenommen werden, wenn im Allgemeinen davon ausgegangen werden kann, dass ein ordentlicher und gewissenhafter Geschäftsführer statt der unfinanzierbaren eine finanzierbare Verpflichtung eingegangen wäre. Der BFH sieht in einem solchen Fall lediglich den nicht finanzierbaren Teil der Zusage als verdeckte Gewinnausschüttung an. Mit dem BMF-Schreiben vom 06.09.2005, veröffentlicht im BStBl. I 2005, S. 875, hat sich auch die Verwaltung der Auffassung des BFH angeschlossen und das »alte« BMF-Schreiben vom 14.05.1999 außer Kraft gesetzt.

Eine Finanzierbarkeit ist auch nicht mehr gegeben, wenn keine Anpassung der Pensionszusage erfolgte und dennoch mangels weiterer Finanzierbarkeit nach wie vor Beträge der Pensionsrückstellung zugeführt werden. Diese Beträge stellen in vollem Umfang eine verdeckte Gewinnausschüttung dar. Trotz fehlender Finanzierbarkeit muss die bisher gebildete Rückstellung nicht gewinnerhöhend aufgelöst werden. Erholt sich die Situation der Gesellschaft zu einem späteren Zeitpunkt wieder, wodurch die Versorgungszusage wieder finanzierbar wird, sind die Zuführungen zur Pensionsrückstellung erneut gewinnmindernd zu berücksichtigen. Ab dem Zeitpunkt, in dem sich die Situation der Gesellschaft wieder erholt hat, werden keine verdeckten Gewinnausschüttungen mehr angenommen.

Es gibt zahlreiche Rechtsprechungen von den Finanzgerichten und dem BFH zum Thema »Erdienbarkeit von Pensionszusagen für Gesellschafter-Geschäftsführer«. Auf den folgenden Seiten möchte ich Ihnen einen Überblick über die wichtigsten Entscheidungen geben.

Rechtsprechung zum Thema Erdienbarkeit bei Gesellschafter-Geschäftsführern:

BFH vom 21.12.1994, BStBl. 1995 II, S. 419 und BMF-Schreiben vom 1.8.1996, BStBl. 1996 I, S. 1138: Eine Pensionszusage an einen beherrschenden Gesellschafter-Geschäftsführer stellt eine verdeckte Gewinnausschüttung dar, wenn zwischen dem Zusagezeitpunkt und dem vorgesehenen Eintrittszeitpunkt in den Ruhestand weniger als zehn Jahre liegen.

BFH, Beschluss vom 19.11.2008, NV 2009, S. 608: Der regelmäßige Zeitraum für die Erdienbarkeit einer Zusage an einen beherrschenden Gesellschafter-Geschäftsführer liegt auch bei Zusagen ab Januar 2001 bei zehn Jahren.

Verzichtet der Gesellschafter auf eine Pensionszusage gegenüber seiner Gesellschaft, liegt eine Einlage in Höhe des Teilwerts der Anwartschaft vor. Abgestellt wird gem. BFH Urteil vom 15.10.1997, BStBl. 1998 II, S. 305 auf den Teilwert der Pensionsanwartschaft des Gesellschafters, nicht hingegen auf den Teilwert i. S. d. § 6a EStG.

BFH-Urteil vom 19.5.1998, BStBl. II, S. 689: Rückstellungen für Pensionszusagen an beherrschende Gesellschafter-Geschäftsführer sind auch dann nach einem Alter für den Ruhestand von 65 Jahren zu berechnen, wenn der beherrschende Gesellschafter-Geschäftsführer mit dem 63. Lebensjahr in Rente geht. Das Urteil erging unter der Annahme, dass es nicht wahrscheinlich erscheint, dass ein beherrschender Gesellschafter-Geschäftsführer von der Möglichkeit des vorzeitigen Renteneintritts Gebrauch macht.

BFH-Urteil vom 24.4.2002, BStBl. 2003 II, S. 416: Das Versprechen einer GmbH an ihren 56 Jahre alten beherrschenden Gesellschafter-Geschäftsführer, ihm ein Altersruhegeld für die Zeit nach der Vollendung seines 65. Lebensjahres zu zahlen, führt nicht notwendigerweise zur Annahme einer verdeckten Gewinnausschüttung. Dies gilt ebenso, wenn die Zusage auf Pensionszahlung erteilt wurde, weil der beherrschende Gesellschafter-Geschäftsführer nicht auf eine andere Art und Weise eine angemessene Altersversorgung aufbauen konnte.

BFH-Urteil vom 14.7.2004, NV 2005, S. 245: Die Erteilung einer Pensionszusage durch eine GmbH an ihren beherrschenden Gesellschafter-Geschäftsführer nach Vollendung seines 60. Lebensjahres spricht in der Regel für die Annahme einer gesellschaftsrechtlichen Mitveranlassung und einer verdeckten Gewinnausschüttung, wenn der Versorgungsfall auf das vollendete 70. Lebensjahr des Gesellschafters abgeschlossen wurde. Erfolgte die Pensionszusage kurz nach dem 60. Geburtstag des beherrschenden Gesellschafter-Geschäftsführers, kann eine Ausnahme vorliegen. Mindert der beherrschende Gesellschafter-Geschäftsführer seine Arbeitsleistung für die Gesellschaft und passt diese daraufhin das Gehalt des Gesellschafter-Geschäftsführers an, muss nicht auch gleichzeitig die ihm erteilte betriebliche Pensionszusage verringert werden.

BFH-Urteil vom 23.9.2008, NV 2009, S. 297: Der durch die Rechtsprechung festgelegte Grundsatz, dass sich der beherrschende Gesellschafter-Geschäftsführer einer Kapitalgesellschaft seinen Pensionsanspruch nur erdienen kann, wenn zwischen dem Zeitpunkt der Erteilung der Zusage und dem vorgesehenen Eintritt in den Ruhestand noch mindestens zehn Jahre liegen, gilt für Erstzusagen und nachträgliche Erhöhungen bereits erteilter Zusagen gleichermaßen.

Finanzgericht München, Urteil vom 22.12.2015, Az. 7 K 991/14: Erfolgt vor Ablauf von zehn Jahren die Auflösung des Anstellungsvertrags eines Geschäftsführers, liegen die Voraussetzungen für die Erdienbarkeit des Pensionsanspruchs nicht mehr vor. Die an den Geschäftsführer gezahlten Pensionsbeträge stellen verdeckte Gewinnausschüttungen dar.

Finanzgericht Hamburg, rechtskräftiges Urteil vom 15.4.2016, Az. 3 K 13/16: Hat der beherrschende Gesellschafter-Geschäftsführer bereits im Zeitpunkt einer nachträglich zugesagten/vereinbarten Dynamisierung das 60. Lebensjahr vollendet, führt die nachträgliche Dynamisierung zu einer verdeckten Gewinnausschüttung. Auf die Einhaltung der Zehnjahresfrist kommt es hierbei nicht an. Maßgeblich für die Erdienbarkeit der restlichen Dienstzeit des Gesellschafter-Geschäftsführers ist der Zeitraum zwischen dem Zusagezeitpunkt und dem frühestmöglichen Eintritt in die Altersrente.

BFH-Urteil vom 07.03.2018, Az. I R 89/15: Bestehende Gehaltsansprüche eines beherrschenden Gesellschafter-Geschäftsführers können in eine Anwartschaft auf betriebliche Altersversorgung umgewandelt werden, ohne dass die Erdienbarkeit im Weg steht.

Auch zum Thema des Fremdvergleichs bei Pensionszusagen an Gesellschafter-Geschäftsführer gibt es eine Reihe von wichtigen Urteilen des BFH. Hierüber der folgende Überblick:

Rechtsprechung zum Thema Fremdvergleich bei Gesellschafter-Geschäftsführern:

BFH-Urteil vom 03.04.1974, BStBl. 1974 II, S. 497: Mangels einer im Voraus klar und eindeutig getroffenen Vereinbarung werden Vergütungen einer Kapitalgesellschaft an ihren beherrschenden Gesellschafter-Geschäftsführer für eine in der Vergangenheit liegende Zeit steuerlich nicht anerkannt, wenn der Gesellschafter-Geschäftsführer in der Zeit seiner Leistungserbringung noch nicht Gesellschafter war oder bereits Gesellschafter war, jedoch ohne einen beherrschenden Einfluss.

BFH-Urteil vom 15.09.2004, NV 2005, S. 303: Ein fremder Dritter würde sich im Unterschied zu einem Gesellschafter-Geschäftsführer nicht auf eine Pensionszusage, die aus einem Barlohnverzicht finanziert wird, einlassen, jedenfalls dann nicht, wenn der Versorgungsanspruch nicht ausreichend abgesichert ist. Die Vereinbarung hält einem Fremdvergleich nicht stand.

BFH-Urteil vom 05.03.2008, NV 2008, S. 1273: Wird die Zusage einer Altersversorgung nicht vom Ausscheiden des Begünstigten aus dem Anstellungsverhältnis als Geschäftsführer mit Eintritt des Versorgungsfalls abhängig gemacht, ist das aus Sicht der körperschaftsteuerlichen Beurteilung nicht zu beanstanden. Ein ordentlicher und gewissenhafter Geschäftsführer bestünde aber darauf, dass das Einkommen aus dem weiterhin bestehenden Tätigkeitsverhältnis als Geschäftsführer auf die Versorgungsleistung angerechnet wird. Das muss auch beim versicherungsmathematischen Abschlag einer Kapitalabfindung Berücksichtigung finden. Darüber hinaus kann es zu einem weiteren versicherungsmathematischen Abschlag kommen, wenn die Kapitalabfindung der Altersrente bei gleichzeitiger Fortführung des Dienstverhältnisses als Gesellschafter-Geschäftsführer unter Aufrechterhaltung des Invaliditätsrisikos vorgenommen wird.

BFH-Urteil vom 17.05.1995, BStBl. 1996 II, S. 204: Trifft eine Kapitalgesellschaft mit ihrem Gesellschafter eine für sie günstige Vereinbarung, kann eine verdeckte Gewinnausschüttung vorliegen, wenn ein fremder Dritter einer solchen Vereinbarung nie zugestimmt hätte. Gibt die Kapitalgesellschaft ihrem Gesellschafter-Geschäftsführer die Zusage, für künftige Zahlungen einer Pension als Gegenleistung für seine Tätigkeit als Geschäftsführer zu zahlen (Nur-Pensionszusage), wird hierin eine verdeckte Gewinnausschüttung gesehen. Hierzu hat sich das BMF mit einem Schreiben vom 28.01.2005 geäußert: Wird die Nur-Pensionszusage vor dem 27.04.1996 erteilt, ist sie nach den Grundsätzen des BMF-Schreibens vom 28.01.2005 zu beurteilen. Wurde die Nur-Pensionszusage nach dem 26.04.1996 erteilt, ist sie als verdeckte Gewinnausschüttung zu behandeln. Für dieses geltend die im BMF-Schreiben vom 28.50.2002, BStBl. 2002 I, S. 603 aufgestellten Grundsätze (Grundsätze über Korrekturen einer verdeckten Gewinnausschüttung innerhalb und außerhalb der Steuerbilanz).

Mit dem BMF-Schreiben vom 28.01.2005, das auf die Rechtsprechung des BFH Bezug nimmt, stellt die Finanzverwaltung ihre Ansicht zur Vereinbarung einer Nur-Pensionszusage mit einem Gesellschafter-Geschäftsführer einer Kapitalgesellschaft klar.

BMF-Schreiben vom 28.01.2005 – IV B 7 – S 2742 – 9/05, BStBl. 2005 I, S. 387

Vereinbarung einer Nur-Pension mit dem Gesellschafter-Geschäftsführer einer Kapitalgesellschaft; Folgerungen aus dem BFH-Urteil vom 17. Mai 1995 BStBl. 1996 II S. 204

Der BFH hat mit Urteil vom 17. Mai 1995 (a. a. O.) unter Aufgabe seiner früheren Rechtsprechung entschieden, dass die Zusage einer Nur-Pension einer Kapitalgesellschaft gegenüber ihrem Gesellschafter-Geschäftsführer durch das Gesellschaftsverhältnis veranlasst ist. Die durch die Zusage bei der Gesellschaft eintretende Vermögensminderung führt zu einer verdeckten Gewinnausschüttung.

Nach dem Ergebnis der Erörterung mit den obersten Finanzbehörden der Länder gilt für die allgemeine Anwendung der Grundsätze des Urteils Folgendes:

A. Zusage einer Nur-Pension nach dem 26. April 1996

Für Zusagen einer Nur-Pension, die nach dem 26. April 1996 (Tag der Veröffentlichung des BFH-Urteils vom 17. Mai 1995 im BStBl. II) erteilt worden sind, gelten die Grundsätze des BMF-Schreibens vom 28. Mai 2002 (BStBl. I S. 603).

B. Zusage einer Nur-Pension vor dem 27. April 1996

I. Die Zusage bleibt bestehen

Auf der Ebene der Kapitalgesellschaft sind Zuführungen zur Pensionsrückstellung bis zum Ende des ersten nach dem 26. April 1996 endenden Wirtschaftsjahrs nicht als verdeckte Gewinnausschüttungen zu behandeln. Für spätere Zuführungen gelten die Grundsätze unter A.

Auf der Ebene des Gesellschafters führen Leistungen aus der Zusage nur insoweit zu sonstigen Bezügen i. S. d. § 20 Abs. 1 Nr. 1 EStG, als sie bei der Gesellschaft auf Zuführungen zur Pensionsrückstellung beruhen, die nach Ablauf des ersten nach dem 26. April 1996 endenden Wirtschaftsjahrs vorgenommen worden sind.

II. Die Zusage wird aufgehoben

Wurde bzw. wird die Zusage einer Nur-Pension im Hinblick auf das BFH-Urteil vom 17. Mai 1995 (a. a. O.) aufgehoben, ist die Pensionsrückstellung in vollem Umfang gewinnerhöhend aufzulösen.

Im Wirtschaftsjahr, in dem die Zusage einer Nur-Pension aufgehoben wurde bzw. wird, kann i. H. v. vier Fünftel des aufzulösenden Betrags der Pensionsrückstellung eine den Gewinn mindernde Rücklage gebildet werden, wenn die Aufhebung spätestens am 31. Dezember 2005 vereinbart wird. Der rücklagenfähige Betrag mindert sich um den Betrag, der nach Satz 3 der Rdnr. 9 des BMF-Schreibens vom 28. Mai 2002 (a. a. O.) außerhalb der Steuerbilanz vom Steuerbilanzgewinn abzuziehen ist. Die Rücklage ist i. H. v. mindestens je einem Viertel in den folgenden Wirtschaftsjahren gewinnerhöhend aufzulösen. § 5 Abs. 1 Satz 2 EStG ist insoweit nicht anzuwenden. Wird im Wirtschaftsjahr der Aufhebung der Zusage einer Nur-Pension eine neue Pensionszusage erteilt, ist die Rücklage nur i. H. v. vier Fünftel der Differenz aus aufzulösender und neu zu bildender Pensionsrückstellung zulässig; die Auflösung des in Satz 3 der Rdnr. 9 des o. g. BMF-Schreibens genannten Betrags mindert ebenfalls den rücklagefähigen Betrag. Wird die neue Zusage in einem späteren Wirtschaftsjahr erteilt, darf die Rücklage am Ende dieses Wirtschaftsjahrs nicht höher sein als der Betrag, der sich zu diesem Zeitpunkt ergeben hätte, wenn die neue Zusage bereits im Wirtschaftsjahr der Aufhebung der Zusage einer Nur-Pension erteilt worden wäre.

Erhält der Gesellschafter-Geschäftsführer im Gegenzug zur aufgehobenen Zusage einer Nur-Pension eine neue Zusage, die nach den Grundsätzen des BFH-Urteils vom 17. Mai 1995 (a. a. O.) nicht durch das Gesellschaftsverhältnis veranlasst ist, dann sind für die Frage der Erdienbarkeit die Verhältnisse maßgebend, die im Zeitpunkt der ursprünglich zugesagten Nur-Pension vorlagen.

III. Die Zusage wird an die Urteilsgrundsätze angepasst

Die Grundsätze unter II. gelten entsprechend, wenn die Zusage einer Nur-Pension dahin geändert wird, dass sie nach den Grundsätzen des BFH-Urteils vom 17. Mai 1995 (a. a. O.) als nicht durch das Gesellschaftsverhältnis veranlasst gilt (z. B. durch Herabsetzung des Pensionsanspruchs und der Vereinbarung zusätzlicher Aktivbezüge).

IV. Eintritt des Versorgungsfalls vor dem 22. März 2005

Ist der Versorgungsfall bis zum 22. März 2005 eingetreten, werden aus Billigkeitsgründen die vor Veröffentlichung des BFH-Urteils vom 17. Mai 1995 (a. a. O.) geltenden Grundsätze weiter angewandt.

Die Grundsätze, nach denen sich bei einer Pensionszusage aus anderen Gründen eine verdeckte Gewinnausschüttung ergeben kann, bleiben unberührt.

Neben den Themen »Erdienbarkeit« und »Fremdvergleich« ist auch die »Angemessenheit der Pensionszusage« in der Vergangenheit ein Streitthema zwischen den Steuerpflichtigen und dem BFH gewesen. Die wichtigsten Urteile zum Thema der Angemessenheit einer erteilten Pensionszusage finden Sie im Folgenden:

Rechtsprechung zum Thema Angemessenheit:

BFH-Urteil vom 05.02.1987, BStBl. 1987 II, S. 557: Wenn die Aufwendungen für die Altersversorgung des Arbeitnehmer-Ehegatten, also Arbeitgeber- und Arbeitnehmeranteile zur gesetzlichen Rentenversicherung, freiwillige Leistungen des Arbeitgebers für Zwecke der Altersversorgung und Zuführung zu einer Pensionsrückstellung, 30 % des Arbeitslohns nicht überschreiten, kann aus Vereinfachungsgründen angenommen werden, das bei Arbeitnehmer-Ehegatten keine Überversorgung vorliegt.

BFH-Urteil vom 17.05.1995, BStBl. 1996 II, S. 420, vom 28.01.2004, NV 2004, S. 890 und vom 31.03.2004, BMF-Schreiben vom 03.11.2004, BStBl. I 2004, S. 1045 (in vollem Umfang auf S. 251 ff. [Anm. der Redaktion: des folgenden BMF-Schreiben vom 03.11.2004] dargestellt): Wurden Versorgungsbezüge zugesagt, die am Bilanzstichtag im Verhältnis zu den Aktivbezügen überhöht sind, sind die nach § 6a EStG zulässigen Rückstellungen für Versorgungsanwartschaften in Höhe eines angemessenen Prozentsatzes der jeweiligen zuletzt gezahlten Aktivbezüge zu ermitteln.

BFH-Urteil vom 17.05.1995 BStBl. 1996 II, S. 204 und vom 29.10.1997, BStBl. 1999 II, S. 318: Die erteilte Pensionszusage darf nicht zu einer Überversorgung führen. Eine Überversorgung und damit eine verdeckte Gewinnausschüttung liegen vor, wenn die Gesamtausstattung (Pensionszusage sowie Ansprüche aus der gesetzlichen Rentenversicherung und Direktversicherungen) 75 % des letzten Aktivgehalts übersteigen.

BFH-Urteil vom 31.03.2004, NV 2004, S. 1343 und NV 2004, S. 1449: Sind Versorgungsbezüge durch Festbezüge zugesagt, ist durch die Ermittlung eines angemessenen Prozentsatzes der jeweils zuletzt gezahlten Aktivbezüge mittels der 75%-Grenze zu überprüfen, ob eine Überversorgung vorliegt.
BFH-Urteil vom 31.03.2004, NV 2004, S. 1343: Nach den Grundsätzen des formellen Bilanzenzusammenhangs ist eine überhöht gebildete Rückstellung in der ersten noch offenen Schlussbilanz aufzulösen.
BFH-Urteil vom 15.09.2004, NV 2005, S. 303: Rentenerhöhungen, die im Rahmen der jährlichen Steigerungsraten von regelmäßig 3% bleiben, haben keinen Einfluss auf das Vorliegen einer Überversorgung einer Versorgungsanwartschaft.
BFH-Urteil vom 20.12.2016, Az. I R 14/15: Der BFH hat in diesem Urteil erneut an den Grundsätzen der sog. Überversorgungsprüfung bei der stichtagsbezogenen Bewertung von Pensionsrückstellungen festgehalten. Der Maßstab der zeitanteiligen Betrachtung ist zu modifizieren, wenn bei der stichtagsbezogenen Prüfung zwar auf die aktuellen aktiven Bezüge des Empfängers der Zusage abzustellen ist, jedoch eine dauerhafte Herabsetzung der Bezüge vorliegt. Die aktiven Bezüge beinhalten auch die variablen Gehaltsbestandteile, die bei einer Durchschnittsberechnung für die vergangenen fünf Jahre zu ermitteln sind. Eigene Ansprüche des Zusageempfängers aus der gesetzlichen Rentenversicherung prägen auch dann das Versorgungsniveau, wenn die Ansprüche fast vollständig auf eigenen Beitragsleistungen beruhen.
BFH-Urteil vom 31.05.2017, Az. I R 91/15: Bei endgehaltsabhängigen Versorgungszusagen kommen die Grundsätze der Überversorgung nicht zur Anwendung.

Zur bilanzsteuerrechtlichen Berücksichtigung von überdurchschnittlich hohen Leistungszusagen auf betriebliche Altersversorgungen nimmt die Finanzverwaltung mit ihrem Schreiben vom 03.11.2004 Stellung. Das BMF-Schreiben wurde nach Abstimmung aller obersten Finanzbehörden der Länder erlassen.

BMF-Schreiben vom 03.11.2004 – IV B 2 – S 2176 – 13/04 – BStBl. 2004 I, S. 1045:

Zusagen auf Leistungen der betrieblichen Altersversorgung; Bilanzsteuerrechtliche Berücksichtigung von überdurchschnittlich hohen Versorgungsanwartschaften (Überversorgung)

Zur Frage der bilanzsteuerrechtlichen Berücksichtigung von überdurchschnittlich hohen Zusagen auf Leistungen der betrieblichen Altersversorgung wird nach Abstimmung mit den obersten Finanzbehörden der Länder wie folgt Stellung genommen:

I. Grundsatz

1. Überdurchschnittlich hohe Versorgungszusagen sind steuerrechtlich grundsätzlich anzuerkennen, soweit die Zusagen betrieblich veranlasst sind und

arbeitsrechtlich keine Reduzierung der Versorgungszusagen aufgrund planwidriger Überversorgung möglich ist (vgl. u. a. Urteile des Bundesarbeitsgerichtes vom 9. Juli 1985, BB 1986 S. 1088 und 28. Juli 1998, DB 1999 S. 389).

II. Versorgungszusagen über Direktversicherungen, Pensionskassen und Pensionsfonds

2. Der Betriebsausgabenabzug von Beiträgen an Direktversicherungen, Pensionskassen und Pensionsfonds ergibt sich aus den §§ 4 Abs. 4, 4c und 4e des Einkommensteuergesetzes (EStG). Das gilt auch für überdurchschnittlich hohe Versorgungszusagen. Weitere Beschränkungen bestehen – vorbehaltlich Randnummer 21 – grundsätzlich nicht.

III. Zuwendungen an Unterstützungskassen und Direktzusagen (Pensionszusagen)

3. Zuwendungen an Unterstützungskassen für Leistungsanwärter können nach § 4d Abs. 1 Satz 1 Nr. 1 Satz 1 Buchstabe b Satz 1 EStG nur nach den Verhältnissen am Schluss des Wirtschaftsjahres der Zuwendungen als Betriebsausgaben abgezogen werden. Änderungen, die erst nach dem Bilanzstichtag wirksam werden, sind nur zu berücksichtigen, wenn sie am Bilanzstichtag bereits feststehen (R 27a Abs. 4 Satz 8 Einkommensteuerrichtlinien – EStR). Liegen die Voraussetzungen einer rückgedeckten Unterstützungskasse im Sinne von § 4d Abs. 1 Satz 1 Nr. 1 Satz 1 Buchstabe c EStG vor, sind hinsichtlich der Zuwendungen für Leistungsanwärter oder Leistungsempfänger ebenfalls die Verhältnisse am Schluss des Wirtschaftsjahres maßgebend.
4. Nach § 6a Abs. 3 Satz 2 Nr. 1 Satz 4 EStG können bei der Teilwertberechnung von Versorgungsverpflichtungen gegenüber Pensionsberechtigten, deren Dienstverhältnis noch nicht beendet ist, Erhöhungen oder Verminderungen der Pensionsleistungen nach dem Schluss des Wirtschaftsjahres, die hinsichtlich des Zeitpunkts ihres Wirksamwerdens oder ihres Umfangs ungewiss sind, bei der Berechnung des Barwerts der künftigen Pensionsleistungen und der Jahresbeträge erst berücksichtigt werden, wenn sie eingetreten sind. Entsprechendes gilt beim Ansatz des Barwerts der künftigen Pensionsleistungen am Schluss des Wirtschaftsjahres nach Beendigung des Dienstverhältnisses unter Aufrechterhaltung der Pensionsanwaltschaft oder nach Eintritt des Versorgungsfalles (§ 6a Abs. 3 Satz 2 Nr. 2 zweiter Teilsatz EStG).
5. Versorgungszusagen, die über die üblicherweise durch Betriebsrenten abgedeckten Einkommensausfälle hinaus gehen und entgegen den in den Randnummern 3 und 4 genannten Regelungen künftige Einkommens- und Lohnentwicklungen vorwegnehmen, können steuerlich nur berücksichtigt werden, soweit sie im Verhältnis zum letzten Aktivlohn angemessen sind (vgl. Urteile des Bundesfinanzhofes – BFH – vom 17. Mai 1995, BStBl. 1996 II S. 420 und vom 31. März 2004).

IV. Unzulässige Vorwegnahme künftiger Einkommensentwicklungen durch überdurchschnittlich hohe betriebliche Versorgungszusagen

6. Die Frage, ob durch überdurchschnittlich hohe Versorgungszusagen künftige Einkommens- und Lohnentwicklungen vorweg genommen werden und somit ein Verstoß gegen die Regelungen in § 4d Abs. 1 Satz 1 Nr. 1 Satz 1 Buchstabe b und c EStG (Randnummer 3) oder § 6a Abs. 3 Satz 2 Nr. 1 Satz 4 EStG (Randnummer 4) vorliegt, richtet sich nach den Umständen des jeweiligen Einzelfalles. Maßgebend ist, ob unter Heranziehung objektiver Merkmale das überdurchschnittlich hohe Versorgungsniveau von vornherein beabsichtigt wurde oder eine Vorwegnahme künftiger Einkommens- und Lohnentwicklungen anzunehmen ist. Bei laufenden und ausfinanzierten Rentenleistungen kommt eine Vorwegnahme künftiger Lohnentwicklungen regelmäßig nicht in Betracht.

1. 75 %-Grenze im Sinne der BFH-Rechtsprechung

7. Von einer möglichen Vorwegnahme künftiger Einkommensentwicklungen kann regelmäßig ausgegangen werden, wenn die sog. 75 %-Grenze im Sinne der BFH-Urteile vom 17. Mai 1995 und 31. März 2004 (a. a. O.) überschritten wird. Danach kann eine Vorwegnahme künftiger Einkommenstrends anzunehmen sein, soweit die insgesamt zugesagten Leistungen der betrieblichen Altersversorgung (Direktzusage, Direktversicherung, Pensionskasse, Unterstützungskasse und Pensionsfonds) zusammen mit einer zu erwartenden Rente aus der gesetzlichen Rentenversicherung höher sind als 75 % der Bezüge des Versorgungsberechtigten. Dabei ist es unerheblich, ob der Versorgungsverpflichtete für die Verpflichtung eine Rückdeckungsversicherung abgeschlossen oder die Ansprüche aus der Rückdeckungsversicherung an den Berechtigten verpfändet hat.
   Bei der Prüfung der 75 %-Grenze sind folgende Bezugsgrößen maßgebend:

a) Grundsatz

8. Für die Höhe der insgesamt zugesagten Versorgungsleistungen und der Bezüge des Berechtigten sind die Verhältnisse am Bilanzstichtag maßgebend. Hat sich zu einem späteren Bilanzstichtag der Umfang der Stichtagsbezüge und/oder die Höhe der Ansprüche auf betriebliche Altersversorgung geändert, sind die geänderten Bezugsgrößen für diesen Bilanzstichtag zu berücksichtigen. Haben sich beispielsweise die laufenden Gehaltsansprüche des Berechtigten gemindert, gilt dies mit Ausnahme der in Randnummer 19 genannten Fälle unabhängig davon, welche Gründe für die Minderung dieser Ansprüche ausschlaggebend waren.

b) Bezüge des Versorgungsberechtigten

9. Es sind sämtliche Aktivbezüge des Versorgungsberechtigten am Bilanzstichtag zu berücksichtigen. Dabei ist es unerheblich, ob die Bezüge zu Rentenleistungen führen. Die Aktivbezüge entsprechen dem Arbeitslohn i. S. des § 2 Lohnsteuer-Durchführungsverordnung (LStDV).

10. Ist ein Leistungsanwärter mit unverfallbaren, nicht ausfinanzierten Versorgungsansprüchen ausgeschieden, sind die fiktiven Aktivbezüge zugrunde zu legen, die der Berechtigte erhalten hätte, wenn er nicht vorzeitig das Unternehmen verlassen hätte.
11. Soweit variable Gehaltsbestandteile (z. B. Tantiemen, Boni, Sachzuwendungen) einzubeziehen sind, ist der Durchschnitt dieser Bezüge aus den letzten fünf Jahren maßgebend.
    Beispiel:
    Der Versorgungsberechtigte hat in den letzten 6 Jahren folgende Gehälter bezogen:

	1997	1998	1999	2000	2001	2002
Grundgehalt:	3.000 €	3.100 €	3.300 €	3.300 €	3.400 €	3.450 €
Sonder-zuwendungen:	500 €	0 €	1.000 €	900 €	1.500 €	0 €

Zu prüfen ist die Zusage im Jahr 2002.
Bei der Prüfung der 75%-Grenze für 2002 sind als maßgebende Bezüge nicht nur das Grundgehalt von 3.450 € zu berücksichtigen, sondern auch der Durchschnitt der Sonderzuwendungen der letzten 5 Jahre. Dabei ist es unerheblich, dass der Versorgungsberechtigte in 2002 keine Sonderzuwendungen erhalten hat. Der Durchschnitt der Sonderzuwendungen beträgt
(0 €+1.000 €+900 €+1.500 €+0 €) ÷ 5=680 €.
Somit ergeben sich für das Jahr 2002 maßgebende Bezüge i. H. v.
3.450 €+680 €=4.130 €.

c) Zugesagte Versorgungsleistungen

12. Für die Prüfung der 75%-Grenze sind sämtliche am Bilanzstichtag vertraglich zugesagten Altersversorgungsansprüche (Direktzusage, Direktversicherung, Pensionskasse, Unterstützungskasse und Pensionsfonds) des Steuerpflichtigen im rechnerischen Pensionsalter (vgl. R 41 Abs. 12 EStR) einschließlich der zu erwartenden Rente aus der gesetzlichen Rentenversicherung maßgebend. Fest zugesagte Erhöhungen dieser Ansprüche während der Rentenlaufzeit zur Abgeltung von Verpflichtungen im Sinne von § 16 des Gesetzes zur Verbesserung der betrieblichen Altersversorgung (Betriebsrentengesetz – BetrAVG) bleiben dabei außer Betracht, soweit die jährlichen Steigerungsraten 3% nicht übersteigen (BFH-Urteil – I R 79/03 – vom 31. März 2004, a. a. O.). Das gilt auch für Leistungen der Invaliditäts- und Hinterbliebenenversorgung.
13. Bei Beitragszusagen mit Mindestleistung im Sinne von § 1 Abs. 2 Nr. 2 BetrAVG ist auf die Mindestleistung im rechnerischen Pensionsalter abzustellen.
14. Sieht die Versorgungszusage an Stelle von lebenslänglich laufenden Leistungen eine einmalige Kapitalleistung vor, gelten 10% der Kapitalleistung

als Jahresbetrag einer lebenslänglich laufenden Leistung (analog § 4d Abs. 1 Satz 1 Nr. 1 Satz 7 EStG).

15. Es ist nicht zu beanstanden, wenn die Höhe der zu erwartenden Rente aus der gesetzlichen Rentenversicherung nach dem steuerlichen Näherungsverfahren zur Berücksichtigung von Sozialversicherungsrenten bei der Bewertung von Pensionsverpflichtungen und bei der Ermittlung der als Betriebsausgaben abzugsfähigen Zuwendungen an Unterstützungskassen (BMF-Schreiben vom 5. Oktober 2001, BStBl. I S. 661, mit späteren Änderungen) berechnet wird. Unabhängig davon kann im Einzelfall die nachgewiesene Höhe der zu erwartenden Sozialversicherungsrente angesetzt werden.

d) Gehaltsabhängige Zusagen und Entgeltumwandlungen

16. Beruht die Versorgungszusage auf gehaltsabhängigen Leistungen, liegt ein Verstoß gegen das Stichtagsprinzip nach § 4d Abs. 1 Satz 1 Nr. 1 Satz 1 Buchstabe b und c EStG und § 6a Abs. 3 Satz 2 Nr. 1 Satz 4 EStG regelmäßig nicht vor. Gehaltsabhängige Versorgungsleistungen in diesem Sinne liegen nur dann vor, wenn die zugesagten Leistungen ausschließlich von einem erreichbaren, festgelegten Prozentsatz des letzten Aktivlohnes oder des Durchschnittes der letzten Aktivbezüge vor Eintritt des Versorgungsfalles abhängen (Endgehaltsplan) oder es sich ausschließlich um beitragsorientierte Versorgungszusagen im Sinne von § 1 Abs. 2 Nr. 1 BetrAVG handelt.
17. Wurden neben einem gehaltsabhängigen Bestandteil auch Festbetragsleistungen zugesagt, sind die auf die gehaltsabhängigen Leistungen entfallenden Bezüge in die Ermittlung der 75 %-Grenze einzubeziehen und nachfolgend von dem sich ergebenden Betrag abzusetzen.
18. Soweit die Versorgungsleistungen auf Entgeltumwandlungen beruhen, können die umgewandelten Entgelte und die diesen entsprechenden Versorgungsleistungen bei der Berechnung der 75 %-Grenze – vorbehaltlich der Randnummer 21 – unberücksichtigt bleiben.

Beispiel:

Der Versorgungsberechtigte V (fremder Arbeitnehmer) erzielt nach den Verhältnissen am Bilanzstichtag folgende jährliche Bezüge:

vereinbartes Festgehalt:	80.000 €
abzgl. Entgeltumwandlungen über Direktzusage:	5.000 €
auszuzahlendes Entgelt:	75.000 €
versorgungsfähiges Entgelt (»Schattengehalt«):	80.000 €

V hat keine Ansprüche aus der gesetzlichen Rentenversicherung. Der jährliche Versorgungsanspruch des V aus der Direktzusage setzt sich wie folgt zusammen:

a) 60 % des versorgungsfähigen Entgeltes (80.000 €)
b) 15.000 €
c) Leistungen aus den Entgeltumwandlungen

Der die gehaltsabhängigen Versorgungsleistungen zu a) betreffende Bestandteil des versorgungsfähigen Entgeltes ist in die Ermittlung der 75%-Grenze einzubeziehen und nachfolgend von dem sich ergebenden Betrag (Zwischenergebnis) abzusetzen. Die Entgeltumwandlungen zu c) bleiben vollständig unberücksichtigt. Lediglich hinsichtlich der Versorgungszusage zu b) kommt eine Vorwegnahme künftiger Lohnentwicklungen durch Überversorgung in Betracht. Die maßgebenden Bezugsgrößen ermitteln sich wie folgt:

Versorgungsfähiges Entgelt:	80.000 €
abzgl. Entgeltumwandlungen über die Direktzusage:	5.000 €
maßgebende Aktivbezüge (§ 2 LStDV):	75.000 €
davon 75%:	56.250 €
ab gehaltsabhängiger Bestandteil der Zusage: 60% × 80.000 €:	48.000 €
verbleiben:	8.250 €
Festbetragsrente:	15.000 €
übersteigender Betrag:	**6.750 €**

Nur hinsichtlich des übersteigenden Betrags kann eine Vorwegnahme künftiger Lohnentwicklungen vorliegen. Maßgebend sind die Verhältnisse des Einzelfalles.

e) Wechsel Vollzeit-/Teilzeitbeschäftigungsverhältnis

19. Sinkt oder steigt das Gehaltsniveau aufgrund eines Wechsels des Beschäftigungsgrades, z. B. infolge eines Wechsels von einem Vollzeit- zu einem Teilzeitbeschäftigungsverhältnis, ergibt sich in Bezug auf das maßgebende volle (fiktive) Gehalt anstelle der 75%-Grenze folgender prozentualer Grenzwert G:

$G = [g \times (m1 \div n)] + [g \times (b \div 100) \times (m2 \div n)]$

Erläuterungen

g	=	bislang gültige Prozent-Grenze (vor dem erstmaligen Wechsel des Beschäftigungsgrades beträgt diese immer 75%)
b	=	aufgrund des Wechsels des Beschäftigungsgrades geändertes Gehaltsniveau auf Basis des ursprünglichen Beschäftigungsgrades (= 100)
m1	=	Zeitraum, für den die bisherige Prozent-Grenze maßgebend war
m2	=	Zeitraum, für den die neue Prozent-Grenze maßgebend ist
n	=	Gesamtlaufzeit des Dienst- oder sonstigen Rechtsverhältnisses

Beispiel:

Der Versorgungsberechtigte N hat 20 Jahre ein (volles) Gehalt von monatlich 1.000 € (maßgebende Bezugsgröße) bezogen. Die letzten 5 Jahre bis zum Ein-

tritt in den Ruhestand erhält er aufgrund des Wechsels in ein Teilzeitbeschäftigungsverhältnis nur noch 50 % der vollen Bezüge.
Aufgrund der Änderung des Gehaltsniveaus ist die 75 %-Grenze auf den Grenzwert G wie oben anzupassen. Ab dem Wechsel des Beschäftigungsgrades folgenden Bilanzstichtag ergibt sich der folgende prozentuale Grenzwert in Bezug auf das maßgebende (fiktive) volle Gehalt von 1.000 €:
$G = [75 \times (20 \div 25)] + [75 \times (50 \div 100) \times (5 \div 25)] = [60] + [7,5] = 67,5\%$

2. Steuerrechtliche Folgen bei Verstoß gegen das Stichtagsprinzip nach § 4d Abs. 1 Satz 1 Nr. 1 Satz 1 Buchstabe b und c EStG oder § 6a Abs. 3 Satz 2 Nr. 1 Satz 4 EStG

20. Ist von einer unzulässigen Vorwegnahme künftiger Einkommens- und Lohnentwicklungen auszugehen, kann die Verpflichtung beim Betriebsausgabenabzug nach § 4d EStG oder bei der Bewertung der Pensionsrückstellung nach § 6a EStG nur insoweit berücksichtigt werden, wie sie die 75 %-Grenze (Randnummer 7) nicht überschreitet.

V. Zusagen auf Leistungen der betrieblichen Altersversorgung an mitarbeitende Ehegatten und in einem anderen Rechtsverhältnis stehende Versorgungsberechtigte

21. Die Grundsätze über die steuerliche Anerkennung von Aufwendungen für die betriebliche Altersversorgung der mitarbeitenden Ehegatten bleiben unberührt.
22. Die dargestellten Regelungen gelten auch für Zusagen an Pensionsberechtigte, die in einem anderen Rechtsverhältnis als einem Dienstverhältnis stehen.

VI. Zeitliche Anwendung

23. Die Grundsätze dieses Schreibens gelten für alle noch offenen Fälle. Die sog. Vereinfachungsregelung (Aufwendungen des Versorgungsverpflichteten übersteigen nicht 30 % der Stichtagsbezüge, vgl. u. a. BFH-Urteil vom 16. Mai 1995, BStBl. I S. 873, und Urteil – I R 70/03 – vom 31. März 2004, a. a. O., mit weiteren Nachweisen) ist letztmals für Wirtschaftsjahre anzuwenden, die vor dem 1. Januar 2005 beginnen.
BMF v. 03.11.2004 – — IV B 2 – S 2176 – 13/04 —

In der Steuerbilanz erfolgt die Bewertung der Pensionszusage gem. § 6a Abs. 3 EStG mit dem Teilwertverfahren. Der Teilwert darf dabei dem höchsten/maximalen Ansatz der Rückstellung entsprechen.

Nicht mit dem Teilwert in Ansatz gebracht werden dürfen Pensionsrückstellungen, die im Rahmen eines Betriebsübergangs entgeltlich erworben wurden. Die entgeltlich erworbenen Pensionsrückstellungen sind mit ihren Anschaffungskosten gem. § 6 Abs. 1 Nr. 3 EStG oder ihrem höheren Teilwert in der Bilanz des Betriebsübernehmers in Ansatz zu bringen. Ebenso ist zu verfahren, wenn die Pensionsrückstellung aus dem Unternehmen ausgegliedert wird.

Hierzu ist das BMF-Schreiben vom 30.11.2017 – Gz IV C 6 – S-2133/14/10001 zu beachten, das die wesentlichen Grundlagen in Bezug auf die Übernahme von Verpflichtungen regelt. Folgende wichtige Eckpunkte des BMF-Schreibens sind zu nennen:

- Für Wirtschaftsjahre, die vor dem 29.11.2013 enden, ist das in dem BMF-Schreiben genannte Urteil (BFH-Urteil vom 12.12.2012, AZ I R 69/11) anzuwenden, d.h., die übernommenen Verpflichtungen sind im Wirtschaftsjahr der Übernahme mit den Anschaffungskosten oder ihrem höheren Teilwert in Ansatz zu bringen.
- Für Wirtschaftsjahre, die nach dem 28.11.2013 enden, ist § 5 Abs. 7 EStG anzuwenden (§ 52 Abs. 9 Satz 2 EStG). Der Übernehmer hat demnach die Bilanzierungsvorschriften zu beachten, die für den Verpflichtungsabgebenden zum Bilanzstichtag gegolten hätten, wenn er die Verpflichtung nicht übertragen hätte.
- Für den Gewinn, der sich aus der Anwendung des § 5 Abs. 7 EStG ergibt, kann der übernehmende Unternehmer gem. § 5 Abs. 7 Satz 5 EStG eine gewinnmindernde Rücklage i.H.v. jeweils 14/15 bilden. Diese Rücklage wird dann in den folgenden 14 Wirtschaftsjahren jeweils mit mindestens 1/14 gewinnerhöhend aufgelöst. Wurde die Verpflichtung vor dem 14.12.2011 übernommen, können 19/20 des sich ergebenden Gewinns in eine gewinnmindernde Rücklage eingestellt werden. Hier erfolgt die Auflösung der Rücklage in den folgenden 19 Wirtschaftsjahren.
- Das Ausscheiden einer Verpflichtung vor Ablauf des Auflösungszeitraums hat die gewinnerhöhende Auflösung der Rücklage gem. § 5 Abs. 7 Satz 6 EStG zur Folge.

Grundlage für die Berechnung einer Pensionsrückstellung gem. § 6a Abs. 3 EStG sind biometrische Wahrscheinlichkeiten, z.B. die Wahrscheinlichkeit der Invalidität oder die Sterbewahrscheinlichkeit, aber auch das Renteneintrittsalter und bereits am Bilanzstichtag vereinbarte Lohn-, Gehalts- und Rentenerhöhungen werden in die Berechnung mit einbezogen.

Möchte ein Unternehmen spezifische, auf das Unternehmen zugeschnittene Berechnungsgrundlagen anwenden, müssen die Grundsätze des BMF-Schreibens vom 09.12.2011, IV C 6 – S-2176/07/10004 beachtet werden:

BMF-Schreiben vom 09.12.2011, IV C 6 – S-2176/07/10004

1. Notwendiges Datenmaterial

1. Die Herleitung vollständig neuer unternehmensspezifischer biometrischer Rechnungsgrundlagen kommt nur in besonderen Ausnahmefällen in Betracht. Das den Berechnungen zugrunde liegende Datenmaterial muss in der Regel über die Daten des betreffenden Unternehmens deutlich hinausgehen.
2. Wird dabei auf Datenmaterial zurückgegriffen, das als aussagekräftige Basis für die Herleitung von biometrischen Rechnungsgrundlagen angesehen werden kann, ist darzulegen, dass diese größere Datenbasis den Verhältnissen des Unternehmens noch gerecht wird. Als aussagekräftige Datenbasis können

ggf. unternehmensübergreifende Untersuchungen der gleichen Branche in Frage kommen.

3. Werden signifikante Abweichungen von den allgemein anerkannten biometrischen Rechnungsgrundlagen nachgewiesen, kommt deren Modifikation nur unter Berücksichtigung der in den Randnummern 4 bis 11 dargelegten Grundsätze in Betracht. Abweichungen sind als signifikant anzusehen, wenn mathematisch-statistische Tests auf einem Signifikanzniveau von mindestens 95 % (Irrtumswahrscheinlichkeit 5 %) bestätigen, dass die im untersuchten Datenbestand über einen Zeitraum von mindestens fünf Jahren beobachteten Häufigkeiten im Hinblick auf mindestens eine Ausscheideursache (z. B. Aktiven- bzw. Altersrentnertod) von den allgemein anerkannten biometrischen Rechnungsgrundlagen abweichen.

2. Prüfung des gesamten Bestandes der Pensionsverpflichtungen

4. Die Angemessenheit einer Modifikation ist für den gesamten Bestand der Pensionsverpflichtungen zu prüfen und nachzuweisen. Weicht ein Teilbestand signifikant vom gesamten Bestand des Unternehmens ab und werden für diesen Teilbestand die biometrischen Rechnungsgrundlagen modifiziert, ist für den Komplementärbestand zu diesem Teilbestand eine gegenläufig wirkende Modifikation zu den für den gesamten Bestand angemessenen biometrischen Rechnungsgrundlagen vorzunehmen.
5. Bei Konzernen im Sinne von § 18 des Aktiengesetzes (AktG) ist grundsätzlich auf den gesamten Bestand der Pensionsverpflichtungen der inländischen Konzerngesellschaften des jeweiligen Konzerns abzustellen.

3. Überprüfung aller Grundwerte

6. Bei der Prüfung modifizierter Rechnungsgrundlagen sind alle Grundwerte zu überprüfen. Allgemein anerkannte versicherungsmathematische Zusammenhänge zwischen den Grundwerten – beispielsweise zwischen der Sterblichkeit und der Invalidität – sind zu berücksichtigen und gegebenenfalls zu schätzen.

4. Sicherheitsniveau und Projektivität

7. Das Sicherheitsniveau muss demjenigen der allgemein anerkannten biometrischen Rechnungsgrundlagen entsprechen. Dabei ist auf Erwartungswerte ohne besondere Sicherheitszuschläge abzustellen. Art und Umfang der verwendeten Projektivität sind zu begründen.

5. Bestätigung modifizierter biometrischer Rechnungsgrundlagen

8. Zur Verifizierung von Modifikationen ist mittels mathematisch-statistischer Tests zu bestätigen, dass die aus dem untersuchten Datenbestand abgeleiteten modifizierten biometrischen Rechnungsgrundlagen nicht signifikant von den dort beobachteten Häufigkeiten abweichen.

6. Typisierende Modifikationen

9. Soweit von der Finanzverwaltung typisierende Modifikationen der allgemein anerkannten biometrischen Rechnungsgrundlagen bei Erfüllung bestimmter

Kriterien (z. B. Branchenzugehörigkeit oder Art der Beschäftigung) anerkannt werden, können diese bei Vorliegen der jeweiligen Kriterien im gesamten Bestand des Unternehmens ohne besonderen Nachweis der Angemessenheit angewendet werden.

7. Überprüfung modifizierter biometrischer Rechnungsgrundlagen

10. Die nach den Randnummern 1 bis 9 modifizierten biometrischen Rechnungsgrundlagen sind in regelmäßigen Abständen, spätestens jedoch nach fünf Jahren, zu überprüfen. Auch bei Umstrukturierungen innerhalb eines Konzerns (insbesondere bei Veräußerung oder Hinzuerwerb von Konzerngesellschaften) ist spätestens zum nächsten regulären Überprüfungszeitpunkt nach Satz 1 eine Untersuchung nach Maßgabe der Randnummern 4 und 5 für den nunmehr vorliegenden gesamten Bestand der Pensionsverpflichtungen durchzuführen.
11. Unabhängig davon, ist eine Überprüfung auch bei einer Änderung der allgemein anerkannten Rechnungsgrundlagen vorzunehmen, auf die sich die Modifikation bezieht.

In der Steuerbilanz gilt gem. § 6a Abs. 3 Satz 3 EStG ein Rechenzinsfuß von 6 %. Die Ermittlung des Teilwerts hat unter Zugrundelegung des Beginns des Dienstverhältnisses zu erfolgen. Es ist jedoch anzumerken, dass der Zinssatz von 6 % zur Ermittlung der Pensionsrückstellung durch § 6a EStG vom Finanzgericht Köln im Jahr 2015 für verfassungswidrig angesehen wurde und daraufhin das BVerfG angerufen hat. Dort wird das Verfahren unter dem Aktenzeichen BvL 22/17 seit dem 27.12.2017 geführt und ist derzeit noch anhängig.

Für Pensionsverpflichtungen, die auf nach dem 31.12.2000 vereinbarten Entgeltumwandlungen i. S. d. § 1 Abs. 2 Betriebsrentengesetz beruhen, ist vor Vollendung des 28. Lebensjahres (für nach dem 31.12.2018 erstmals erteilte Pensionszusagen gilt das 27. Lebensjahr) des Pensionsberechtigten eine Rückstellung in Höhe des Barwerts der nach §§ 1, 2 Betriebsrentengesetz unverfallbaren künftigen Pensionsleistung zu bilden; nach Vollendung des 28. Lebensjahres (für nach dem 31.12.2008 erstmals erteilte Pensionszusagen gilt das 27. Lebensjahr) des Pensionsberechtigen ist für diese Pensionsverpflichtungen für die Ermittlung des Teilwerts nach § 6a Abs. 3 Satz 2 Nr. 1 Satz 1 EStG eine Vergleichsrechnung erforderlich. Dabei sind der Wert nach § 6a Abs. 3 Satz 2 Nr. 1 Satz 1 1. Halbsatz EStG und der Barwert der unverfallbaren künftigen Pensionsleistungen zu berechnen; der höhere Wert ist anzusetzen (R 6a Abs. 12 Satz 1, 2 EStR).

Grundlage für die Ermittlung des Teilwerts der Pensionsverpflichtung ist das vertraglich vereinbarte Pensionsalter. Darüber hinaus gibt es zwei Wahlrechte:

- Für alle oder auch nur für einzelne Verpflichtungen aus Pensionsanwartschaften kann von einem höheren Pensionsalter ausgegangen werden, wenn mit einer Beschäftigung des Arbeitnehmers über das Pensionsalter hinaus gerechnet werden kann.

- Anstelle des vertraglichen Pensionsalters kann für die Ermittlung des Teilwerts mit Rücksicht auf § 6 Betriebsrentengesetz für alle oder einzelne Pensionsverpflichtungen als Eintrittszeitpunkt der Zeitpunkt der frühestmöglichen Inanspruchnahme der vorzeitigen Altersrente aus der gesetzlichen Rentenversicherung angenommen werden. Die Inanspruchnahme dieses Wahlrechts ist jedoch nur möglich, wenn in der Zusage über die Pension festgelegt wurde, in welcher Höhe die Versorgungsleistungen von diesem Zeitpunkt an gewährt werden.

Nach Anhebung der Altersgrenze in der gesetzlichen Rentenversicherung von 65 auf 67 Jahre ergibt sich keine Verpflichtung zur Anpassung der Pensionsrückstellung. Bei beherrschenden GmbH-Gesellschafter-Geschäftsführern ist trotz anderslautender Meinung der Finanzverwaltung in R 6a Abs. 8 EStR weiterhin auf den in der Pensionszusage vorgesehenen Zeitpunkt des Eintritts des Versorgungsfalls ab dem 65. Lebensjahr abzustellen (FG München, Beschluss vom 20.02.2012, EFG 2012, S. 135).

Pensionsverpflichtungen sind grundsätzlich über die Feststellung der pensionsberechtigten Personen und der Höhe ihrer jeweiligen Pensionsansprüche für jeden Bilanzstichtag neu zu ermitteln bzw. zu überprüfen (sog. Inventur). Darüber hinaus besteht eine Inventurvereinfachung, durch die die für die Berechnung der Pensionsrückstellungen maßgebende Anzahl der Personen auch auf einen Stichtag innerhalb von drei Monaten vor oder zwei Monaten nach dem Bilanzstichtag festgestellt werden kann. Es muss aber sichergestellt sein, dass die Pensionsverpflichtungen für den Bilanzstichtag ordnungsgemäß bewertet werden können. Gemäß R 6a Abs. 18 Satz 3 EStR ist es nicht zu beanstanden, wenn im Falle der Vorverlegung der Bestandsaufnahme bei der Berechnung der Pensionsrückstellungen wie folgt verfahren wird:

1. Die für den Inventurstichtag festgestellten Pensionsverpflichtungen sind bei der Berechnung der Pensionsrückstellungen für den Bilanzstichtag mit ihrem Wert vom Bilanzstichtag anzusetzen.
2. Aus Vereinfachungsgründen können bei der Berechnung der Pensionsrückstellungen für den Bilanzstichtag die folgenden Veränderungen der Pensionsverpflichtungen, die im Zeitraum vom Inventurstichtag bis zum Bilanzstichtag eintreten, unberücksichtigt bleiben:
   - Veränderungen, die auf biologischen Ursachen wie z. B. Tod oder Invalidität beruhen
   - Veränderungen durch normale Zu- oder Abgänge pensionsberechtigter Personen oder durch Übergang in eine andere Gehalts- oder Pensionsgruppe, z. B. Beförderung

Außergewöhnliche Veränderungen, z. B. Stilllegung oder Eröffnung eines Teilbetriebs, Massenentlassungen oder eine wesentliche Erweiterung des Kreises der pensionsberechtigten Personen, sind bei der Rückstellungsberechnung für den Bilanzstichtag zu berücksichtigen.

Gemäß § 6a Abs. 4 EStG muss der Unterschiedsbetrag zwischen dem Teilwert am Schluss des betrachteten und demjenigen am Schluss des vorangegangenen Wirtschaftsjahres der Rückstellung zugeführt werden. Hieraus ergibt sich ein Nachholverbot für früher mögliche, aber nicht erfolgte Zuführungen aus Pensionszusagen. Das Gleiche gilt bei Berechnungsfehlern.

Folgende Fälle sind ebenfalls vom Nachholverbot betroffen:
- Pensionsrückstellungen, die in einem zurückliegenden Wirtschaftsjahr durch eine zulässige Bewertungsmethode niedriger bewertet wurden, als es möglich war,
- wenn die fehlende oder fehlerhafte Pensionsrückstellung auf einem Rechtsirrtum basiert oder
- wenn die Pensionsrückstellung aufgrund eines Berechnungsfehlers in einer früheren Bilanz mit einem unterhalb des Teilwerts liegenden Wert in Ansatz gebracht wurde.

Wurde eine Rückstellung aufgrund der aktuellen BFH-Rechtsprechung nicht gebildet, führt die Tatsache, dass diese Rechtsprechung zu einem späteren Zeitraum aufgegeben wurde, nicht dazu, dass für den Zeitraum bis zur Aufgabe der Rechtsprechung das Nachholverbot gilt. Die Rückstellung kann spätestens in dem Jahr in vollem Umfang nachgeholt werden, in dem die Rechtsprechung vom BFH aufgegeben wurde. Die Aufgabe der Rechtsprechung führt zu einer Meinungsänderung des BFH hinsichtlich seiner bisherigen Rechtsauffassung. Die Meinungsänderung stellt ein Ereignis dar, das die Bildung einer Rückstellung, im Gegensatz zur Vergangenheit, zulässig macht.

Dem Grundsatz des formellen Bilanzenzusammenhangs geht das Nachholverbot vor.

In der Steuerbilanz sind eine Voll- oder Teilauflösung nur zulässig, wenn sich die Pensionsverpflichtung gemindert hat. Erfolgt ein Widerruf der Pensionszusage, muss die Pensionsrückstellung in der nächstfolgenden Bilanz gewinnerhöhend aufgelöst werden. Eine erneute Passivierung der Pensionsrückstellung ist erst wieder möglich, wenn die Pensionszusage mit unschädlichen Vorbehalten wieder in Kraft gesetzt wird. Das erneute Inkraftsetzen kann sich durch einen Vergleich, aber auch durch ein rechtskräftiges Urteil ergeben.

Im Rahmen einer Bilanzberichtigung gem. R 4.4 EStR ist ein Fehler, der auf einer vollständigen oder teilweisen Auflösung einer Rückstellung beruht, obwohl sich die Pensionsverpflichtung gar nicht geändert hat, zu korrigieren. Die Korrektur erfolgt in Höhe des Betrags, der nicht hätte aufgelöst werden dürfen. Der Ansatz darf jedoch den Teilwert der Pensionsverpflichtung nicht überschreiten.

Der Wegfall der Pensionsverpflichtung durch den Tod des Anspruchsberechtigten erfordert eine gewinnerhöhende Auflösung der Pensionsrückstellung in voller Höhe. Verringert sich die Rückstellung durch eine Herabsetzung aus betrieblichen Gründen, muss eine anteilige gewinnerhöhende Auflösung der Rückstellung vorgenommen werden. Ebenfalls muss eine gewinnerhöhende Auflösung vorgenommen werden, wenn der Gesellschafter-Geschäftsführer auf seine Pensionszusage verzichtet, so die Verwaltungsmeinung des Finanzministeriums des Landes Nordrhein-Westfalen. Das Finanzministerium geht in diesem Fall davon aus, dass der Verzicht des Gesellschafter-Geschäftsführers durch das Gesellschaftsverhältnis veranlasst ist, weil ein Nichtgesellschafter nicht auf die Pensionszusage verzichten würde, ohne wenigstens eine Abfindung zu verlangen. Es liegt sodann eine verdeckte Einlage des Gesellschafter-Geschäftsführers in Höhe des Teilwerts der Anwartschaft vor. Außerbilanziell muss die Einlage korrigiert werden.

Hinweis

Die verdeckte Einlage kann im Zusammenhang mit einem Verzicht auf die Ansprüche aus einer Pensionszusage nur umgangen werden, wenn dargelegt werden kann, dass auch ein fremder Geschäftsführer ohne Abfindung auf seine Pensionszusage verzichtet hätte.

Die Pensionsrückstellung muss auch dann aufgelöst werden, wenn der Anspruchsberechtigte nach dem Beginn des Versorgungsfalls weiterhin gegen Entgelt in dem Unternehmen beschäftigt wird. Wird das Dienstverhältnis fortgeführt, jedoch auch vom Unternehmen die vereinbarte/zugesagte Rente gezahlt, wird eine verdeckte Gewinnausschüttung angenommen, wenn die Bezüge des weiterhin arbeitenden Rentners nicht auf die ihm gezahlten Rentenbeträge angerechnet werden.

Wenn Versorgungszusagen nicht vom Ausscheiden des Begünstigten abhängig gemacht werden, verliert die Zusage trotzdem nicht den Charakter einer betrieblichen Altersversorgung. Diesbezüglich hat sich das BMF mit Schreiben vom 18.09.2017 – IV C 6 – S 2176/074/10006, BStBl. 2017 I, S. 1293 wie folgt geäußert:

BMF mit Schreiben vom 18.09.2017 – IV C 6 – S 2176/074/10006, BStBl. 2017 I, S. 1293

Zur bilanzsteuerrechtlichen Berücksichtigung von Versorgungsleistungen, die ohne die Voraussetzung des Ausscheidens aus dem Dienstverhältnis gewährt werden, und von vererblichen Versorgungsanwartschaften nehme ich nach Abstimmung mit den obersten Finanzbehörden der Länder wie folgt Stellung:

1. Grundsatz der Ausgeglichenheitsvermutung von Arbeitsleistung und Entgelt

1. Pensionsrückstellungen nach § 6a EStG können wegen der Ausgeglichenheitsvermutung von Arbeitsleistung und Entgelt grundsätzlich nur auf Basis

der nach dem Ausscheiden aus dem Dienstverhältnis zu gewährenden Leistungen angesetzt und bewertet werden.

2. Versorgungszusagen ohne Aussagen zum Ausscheiden aus dem Dienstverhältnis als Voraussetzung für die Gewährung von Pensionsleistungen

2. Enthält eine Pensionszusage im Sinne von § 6a EStG keine Aussagen zum Ausscheiden aus dem Dienstverhältnis als Voraussetzung für die Gewährung der Versorgungsleistungen nach Eintritt des Versorgungsfalles, ist davon auszugehen, dass zeitgleich mit der Inanspruchnahme der Leistungen auch das Arbeitsverhältnis beendet wird. Die Möglichkeit einer Ausübung des sog. zweiten Wahlrechtes nach R 6a Absatz 11 Satz 3 ff. EStR bleibt davon unberührt. In der Anwartschaftsphase ist die Versorgungsverpflichtung nach§ 6a Absatz 3 Satz 2 Nummer 1 EStG zu bewerten.
3. Werden bei Eintritt der Invalidität oder bei Erreichen einer vereinbarten Altersgrenze die schriftlich zugesagten Versorgungsleistungen gewährt, gilt der Versorgungsfall auch dann als eingetreten, wenn das Arbeitsverhältnis weiter bestehen bleibt. Ab diesem Zeitpunkt ist die Pensionsrückstellung nach § 6a Absatz 3 Satz 2 Nummer 2 EStG zu berechnen.
4. Randnummer 2 des BMF-Schreibens vom 11. November 1999 (BStBl. 1999 I S. 959) ist nicht weiter anzuwenden.
5. Beiträge an Direktversicherungen, Pensionskassen und Pensionsfonds sind unter den Voraussetzungen der §§ 4 Abs. 4, 4c und 4e EStG unabhängig davon als Betriebsausgaben abzugsfähig, ob das Arbeitsverhältnis für den Erhalt der zugesagten Leistungen beendet werden muss.
6. Zuwendungen an Unterstützungskassen sind nach Maßgabe des § 4d EStG abzugsfähig. Bei Zusagen auf lebenslänglich laufende Leistungen ist das Deckungskapital nach § 4d Absatz 1 Satz 1 Nummer 1 Satz 1 Buchstabe a EStG aber erst maßgebend, wenn der Berechtigte aus dem Dienstverhältnis ausgeschieden ist, da nur ehemalige Arbeitnehmer Leistungsempfänger im Sinne dieser Regelung sind.

3. Versorgungszusagen, die Versorgungsleistungen neben dem Arbeitslohn in Aussicht stellen

7. Steht bei Pensionszusagen, die den Bezug von Versorgungsleistungen neben dem laufenden Arbeitslohn eröffnen oder vorsehen, der Ausscheidezeitpunkt noch nicht fest, ist dieser wegen der Ausgeglichenheitsvermutung von Arbeitsleistung und Entgelt (Randnummer 1) sachgerecht zu schätzen und der Bewertung der Pensionsrückstellung nach § 6a EStG zugrunde zu legen. Ein Anhaltspunkt für die Schätzung kann die Regelaltersgrenze in der gesetzlichen Rentenversicherung oder das Ende des Anstellungsvertrages sein. Die Randnummer 3 sowie die Randnummern 5 und 6 bei den Durchführungswegen Direktversicherungen, Pensionskassen, Pensionsfonds und Unterstützungskassen gelten entsprechend.

4. Teilweise Inanspruchnahme von Versorgungsleistungen ohne Ausscheiden

8. Werden die zugesagten Versorgungsleistungen bei Erreichen einer bestimmten Altersgrenze oder bei Eintritt der Invalidität unter entsprechender Herabsetzung des Beschäftigungsgrades und des Arbeitslohns nur teilweise in Anspruch genommen, gilt der Versorgungsfall insoweit als eingetreten. In diesem Fall ist die Bewertung der Pensionsverpflichtung an Bilanzstichtagen zwischen der erstmaligen teilweisen Inanspruchnahme von Versorgungsleistungen und dem Erreichen des vom Steuerpflichtigen zulässigerweise gewählten Finanzierungsendalters (sog. rechnerisches Pensionsalter) für bilanzsteuerliche Zwecke aufzuteilen. Soweit Leistungen bereits gewährt werden, gilt Randnummer 3 entsprechend. Für die noch nicht laufenden Leistungen ist bis zum Erreichen des maßgebenden rechnerischen Pensionsalters weiterhin § 6a Absatz 3 Satz 2 Nummer 1 EStG maßgebend. Für Bilanzstichtage nach Erreichen des rechnerischen Pensionsalters bedarf es einer Aufteilung nicht, da in diesen Fällen die Bewertung der noch nicht laufenden Leistungen nach § 6a Absatz 3 Satz 2 Nummer 1 EStG (Teilwert eines sog. technischen Rentners) dem Barwert nach § 6a Absatz 3 Satz 2 Nummer 2 EStG entspricht. Die Nachholung von Fehlbeträgen gemäß § 6a Absatz 4 Satz 5 EStG ist nur insoweit zulässig, als der Versorgungsfall nach Satz 1 als eingetreten gilt.
9. Das BMF-Schreiben vom 25. April 1995 (BStBl. 1995 I S. 250) zu Pensionsrückstellungen für betriebliche Teilrenten ist nicht weiter anzuwenden und wird aufgehoben.

5. Körperschaftsteuerliche Regelungen

10. Die körperschaftsteuerlichen Regelungen für Gesellschafter-Geschäftsführer von Kapitalgesellschaften bleiben unberührt (BFH-Urteile vom 5. März 2008, a. a. O. und vom 23. Oktober 2013, a. a. O.).
    In der Anwartschaftsphase ist eine Pensionszusage an den Gesellschafter-Geschäftsführer, die zwar die Vollendung des vereinbarten Pensionsalters voraussetzt, nicht jedoch dessen Ausscheiden aus dem Betrieb oder die Beendigung des Dienstverhältnisses, körperschaftsteuerrechtlich grundsätzlich nicht zu beanstanden. Sie führt nicht von vorneherein wegen Unüblichkeit oder fehlender Ernsthaftigkeit zu einer verdeckten Gewinnausschüttung.
    In der Auszahlungsphase der Pension führt die parallele Zahlung von Geschäftsführergehalt und Pension – sowohl bei einem beherrschenden als auch bei einem nicht beherrschenden – Gesellschafter-Geschäftsführer zu einer verdeckten Gewinnausschüttung, soweit das Aktivgehalt nicht auf die Pensionsleistung angerechnet wird.
    Die Grundsätze gelten sowohl bei monatlicher Pensionsleistung als auch bei Ausübung eines vereinbarten Kapitalwahlrechts bei Erreichen der vereinbarten Altersgrenze.
    Die Auflösung der Pensionsrückstellung steht der Annahme einer verdeckten Gewinnausschüttung nicht entgegen. Eine verdeckte Gewinnausschüttung ist

auch dann zu bejahen, wenn das Aktivgehalt und die Arbeitszeit nach Eintritt des Versorgungsfalls deutlich reduziert werden, da eine »Teilzeittätigkeit« mit dem Aufgabenbild eines Gesellschafter-Geschäftsführers nicht vereinbar ist.

6. Vererbliche Versorgungsanwartschaften und Versorgungsleistungen

11. Sieht eine Pensionszusage die Vererblichkeit von Versorgungsanwartschaften oder Versorgungsleistungen vor und sind nach der Zusage vorrangig Hinterbliebene entsprechend der Randnummer 287 des BMF-Schreibens vom 24. Juli 2013 (BStBl. 2013 I S. 1022) Erben, ist die Pensionsverpflichtung nach § 6a EStG zu bewerten. Im Vererbungsfall ist für die Bewertung der Leistungen, soweit sie nicht an Hinterbliebene i. S. d. Satzes 1 erbracht werden, § 6 EStG maßgebend.

6.18.2 Heubeck-Richttafeln

Gemäß § 6a Abs. 3 Satz 3 EStG sind bei der Bewertung von Pensionsrückstellungen die anerkannten Regeln der Versicherungsmathematik anzuwenden. Grundlage dafür sind bestimmte ermittelte Eckdaten, unter anderem die voraussichtliche Lebensdauer des Arbeitnehmers, die Möglichkeit der Arbeitsunfähigkeit vor dem Erreichen des Rentenalters, die Frage, ob der Arbeitnehmer von seinem Ehepartner überlebt wird, usw. All diese Daten fließen in die sog. Sterbetafeln, auch Richttafeln genannt, ein.

Bislang wurden die Richttafeln – RT 2005 G – als Maßstab für die Berechnung der Pensionsrückstellungen benutzt. Die Finanzverwaltung hat in ihren BMF-Schreiben vom 16.12.2005, BStBl. 2005 I, S. 1054 und vom 09.12.2011, BStBl. 2011 I, S. 1247 die Heubeck-Richttafeln als Berechnungsstandard für Pensionsrückstellungen in der Steuerbilanz erklärt. Möchte man von einer anderen Berechnungsmethode ausgehen, sind hieran sehr hohe Anforderungen gestellt. Am 20.07.2018 veröffentlichte die Heubeck AG eine neue biometrische Richttafel, die RT 2018 G. Deren Daten basieren auf Daten der Deutschen Rentenversicherung und des Statistischen Bundesamtes. Die Richttafeln schätzen die voraussichtlichen Lebenserwartungen von Frauen und Männern pro Geburtsjahrgang. Maßgebender Faktor ist dabei die Veränderung der voraussichtlichen Lebenserwartung in den letzten Jahren. Die Lebenserwartung ist in den letzten Jahren für die späteren Geburtsjahrgänge angestiegen. Darüber hinaus wurde der Zusammenhang zwischen Einkommen und Lebenserwartung in der Richttafel berücksichtigt. Es wurde statistisch nachgewiesen, dass bei einem höheren verfügbaren Einkommen auch die Lebenserwartung steigt.

Am 26.09.2018 gab die Heubeck-Richttafeln-GmbH die Anpassungen der alten Richttafeln aus dem Jahr 2005 mittels Pressemitteilung bekannt. Am 02.10.2018 folgte bereits eine Korrektur der im September veröffentlichten Tafeln, weil die Heubeck-Richttafeln-GmbH eine Inkonsistenz in Bezug auf die verwendeten Datengrundlagen festgestellt hatte. Bei den am 20.07.2018 veröffentlichten Tafeln wurde der Trend zur Verringerung der Sterblichkeitsrate überschätzt. In der neuen Version vom 02.10.2018 wurden dann die erforderlichen Anpassungen vorgenommen.

Aufgrund der Daten der Deutschen Rentenversicherung und des Statistischen Bundesamtes wurde festgestellt – und so wurde es auch in die Richttafeln übernommen –, dass die Lebenserwartung um ein halbes (bei Frauen) bzw. ein ganzes Jahr (bei Männern) gestiegen ist. Besonders stark steigt die Lebenserwartung bei der jüngeren Generation; zugleich steigt sie auch für die Männer stärker, sodass es zu einer Annäherung an die Lebenserwartung der Frauen kommt. Dies wiederrum hat direkte Konsequenzen auf die Verpflichtungshöhe einer Pensionsrückstellung.

Hinzu kommt eine Reduzierung der erwarteten Invalidisierungshäufigkeiten, die in den Richttafeln berücksichtigt wurde.

6.18.2.1 Anwendungszeitpunkt für die RT 2018 G

Mit dem BMF-Schreiben vom 19.10.2018 wurden die Richttafeln 2018 von der Finanzverwaltung anerkannt, sodass eine Anwendung in der Steuerbilanz ab der Veröffentlichung der neuen Richttafeln am 20.07.2018 vorzunehmen ist. Da die Richttafeln für handelsrechtliche Zwecke ebenfalls mit dem BMF-Schreiben vom 19.10.2018 anerkannt wurden, gelten sie auch für die aufzustellende Handelsbilanz.

Demnach können die Heubeck-Richttafeln 2018 als Bewertungsmaßstab von Pensionsrückstellungen für Wirtschafsjahre, die nach dem Tag der Veröffentlichung enden, verwendet werden.

Die Heubeck-Richttafeln 2005 G können letztmals für das letzte Wirtschafsjahr verwendet werden, das vor dem 30.07.2019 endet.

Jahresabschluss mit Stichtag **nach** dem Tag der Veröffentlichung des BMF-Schreibens	Anwendung der Heubeck-Richttafeln 2018 G
Jahresabschluss mit **gleichem** Stichtag wie der Tag der Veröffentlichung des BMF-Schreibens	Anwendung der Heubeck-Richttafeln 2018 G
Jahresabschluss mit Stichtag **vor** dem Tag der Veröffentlichung des BMF-Schreibens	Anwendung der Heubeck-Richttafeln 2005 G oder freiwillige Anwendung der Heubeck-Richttafeln 2018 G

6.18.2.2 Unterschiedsbetrag nach § 6a Abs. 4 Satz 2 EStG

Der Unterschiedsbetrag, der sich aus der Bewertungshöhe unter Anwendung der alten und der neuen Richttafeln für die Pensionsrückstellung ergibt und auf der erstmaligen

Anwendung der Heubeck-Richttafeln 2018 G beruht, kann auf drei Wirtschaftsjahre gleichmäßig verteilt werden (sog. Verteilungszeitraum). Die Auswirkungen durch die Anwendung der neuen Heubeck-Richttafeln 2018 G belaufen sich im Durchschnitt auf 0,5% bis 1,2% für die Steuerbilanz und auf 1,0% bis 2,0% für die Handelsbilanz. Dies gilt sowohl für positive als auch für negative Unterschiedsbeträge. Grundsätzlich gilt der Einzelbewertungsgrundsatz, d.h., jede Pensionsrückstellung ist einzeln neu zu bewerten.

Für die Ermittlung des Unterschiedsbetrags ist wie folgt vorzugehen:
1. Die Pensionsrückstellung ist unter Anwendung der Richttafeln 2005 G zu ermitteln.
2. Die Pensionsrückstellung ist unter Anwendung der Richttafeln 2018 G zu ermitteln.
3. Der Unterschiedsbetrag zwischen diesen beiden Ermittlungsergebnissen ist um ein Drittel zu erhöhen bzw. zu mindern, je nachdem, ob sich ein positiver oder ein negativer Unterschiedsbetrag ergibt.
4. Zuführungen zu den Pensionsrückstellungen in den Folgejahren sind unter Anwendung der Heubeck-Richttafeln 2018 G zu ermitteln. Der sich daraus ergebene Wert ist um ein Drittel des Unterschiedsbetrags zu erhöhen oder zu vermindern, je nachdem, ob sich rechnerisch ein positiver oder ein negativer Betrag ergibt.
5. Für im Folgejahr neu oder verändert erteilte Pensionszusagen sind nur noch die Heubeck-Richttafeln 2018 G für die Bewertung anzuwenden. Mangels Unterschiedsbetrags erfolgt auch keine Verteilung.

Darüber hinaus ist im BMF-Schreiben eine Billigkeitsregelung enthalten, nach der es nicht zu beanstanden ist, wenn der Unterschiedsbetrag für sämtliche Pensionsverpflichtungen eines Betriebs insgesamt als Differenz zwischen den Teilwerten nach den Heubeck-Richttafeln 2018 und der bisherigen Ermittlung der Pensionsrückstellungen berechnet und als gesamter Unterschiedsbetrag auf das Jahr der erstmaligen Anwendung und die beiden folgenden Jahren gleichmäßig verteilt wird. Hierzu werden von der Summe der Pensionsrückstellungen am Ende des Übergangsjahres zwei Drittel und am Ende des Folgejahres ein Drittel des gesamten Unterschiedsbetrags abgezogen.

Beispiel:

Das Unternehmen hat bislang unter Anwendung der Heubeck-Richttafeln 2005 G seine Pensionsrückstellungen mit einem Wert i. H. v. 100.000 € bilanziert. Aufgrund der Anwendung der Heubeck-Richttafeln 2018 G ergibt sich zum 31.12.2021 ein Wert i. H. v. 110.000 €. Die Ermittlung des Unterschiedsbetrags und deren Auswirkungen für die Folgejahre lassen sich wie folgt darstellen:

Pensionsrückstellung	Übergangsjahr 31.12.2021	Folgejahr 1 31.12.2022	Folgejahr 2 31.12.2023
Bewertung nach Heubeck-Richttafeln 2005 G	100.000 €	115.000 €	125.000 €
Bewertung nach Heubeck-Richttafeln 2018 G	109.000 €	120.000 €	130.000 €
Unterschiedsbetrag	9.000 €		

Rückstellung nach Heubeck-Richttafeln 2005 G:	100.000 €
+ 1/3 des Unterschiedsbetrags:	3.000 €
Saldo	103.000 €
Bilanzansatz zum 31.12.2021 (Übergangsjahr):	103.000 €

Folgejahr 1

Rückstellung nach Heubeck-Richttafeln 2018 G:	120.000 €
./. 1/3 des Unterschiedsbetrags:	3.000 €
Saldo	117.000 €
Bilanzansatz zum 31.12.2022:	117.000 €
Bilanzansatz zum 31.12.2023:	130.000 €

In der Praxis würde wahrscheinlich folgende Lösung vorgenommen werden:

Rückstellung nach Heubeck-Richttafeln 2005 G:	100.000 €
./. 2/3 des Unterschiedsbetrags:	6.000 €
Saldo	94.000 €
Bilanzansatz zum 31.12.2021 (Übergangsjahr):	94.000 €

Folgejahr 1

Rückstellung nach Heubeck-Richttafeln 2018 G:	120.000 €
./. 1/3 des Unterschiedsbetrags:	3.000 €
Saldo	117.000 €
Bilanzansatz zum 31.12.2022:	117.000 €
Bilanzansatz zum 31.12.2023:	130.000 €

6.18.2.3 Angaben im Anhang und Lagebericht

Nach § 285 Nr. 24 HGB müssen im Anhang Angaben zu den Rückstellungen für Pensionen und ähnliche Verpflichtungen, zum angewandten versicherungsmathematischen Berechnungsverfahren und zu den grundlegenden Annahmen der Berechnung wie Zinssatz, erwartete Lohn- und Gehaltssteigerungen und die zugrunde gelegten Sterbetafeln gemacht werden.

Soweit sich aus der erstmaligen Anwendung der neuen Richttafeln 2018 G wesentliche Auswirkungen auf die Ertrags- und/oder Vermögenslage des Unternehmens ergeben, sind diese im Lagebericht entsprechend darzustellen und zu analysieren.

6.18.2.4 Übersicht: Ansatz und Bewertung im Handels- und im Steuerrecht

Die folgende Tabelle ist eine Übersicht über die Ansatz- und Bewertungsvorschriften, unterteilt nach Handels- und Steuerrecht. Sie soll Ihnen dabei helfen, die Unterschiede zwischen Handels- und Steuerrecht schnell zu erkennen.

	Handelsrecht	**Steuerrecht**
Ansatz	im Zeitpunkt der Erteilung der Zusage	• rechtsverbindliche Erteilung einer Zusage in Form einer Einzelzusage, einer Gesamtzusage, einer Betriebsvereinbarung oder eines Tarifvertrags • Schriftform, § 6a Abs. 1 Nr. 3 EStG • Tatbestandsmerkmal der Unverfallbarkeit • Unwiderruflichkeit • Voraussetzung: Vollendung des 27. Lebensjahres bis Mitte des Jahres, in dem die Pensionsrückstellung erstmals gebildet werden soll; § 6a Abs. 2 EStG
Bewertung	Künftige Lohn- und Gehaltssteigerungen sind zu berücksichtigen; § 253 Abs. 1 Satz 2 HGB	Künftige Lohn- und Kostensteigerungen sind nicht zu berücksichtigen; § 6 Abs. 1 Nr. 3a f EStG

	Handelsrecht	Steuerrecht
Abzinsung	Wahlrecht: • Abzinsung erfolgt pauschal für alle Pensionsverpflichtungen mit einem durchschnittlichen Marktzinssatz über 15 Jahre; Zinssatz wird ermittelt und durch die Deutsche Bundesbank bekannt gegeben; § 253 Abs. 2 Satz 2 HGB • ab 2016: Abzinsung der Einzelzusagen mit dem laufzeitabhängigen durchschnittlichen Marktzinssatz der vergangenen zehn Jahre; § 253 Abs. 2 Satz 1 HGB • bis 2015: Abzinsung der Einzelzusage mit dem laufzeitabhängigen durchschnittlichen Marktzinssatz der vergangenen 7 Jahre; § 253 Abs. 2 Satz 1 HGB a. F.	Abzinsung erfolgt mit 6 %, § 6a Abs. 3 Satz 3 EStG
Saldierungsmöglichkeit von Planvermögen und Pensionsverpflichtungen	Saldierungsgebot, § 246 Abs. 2 Satz 2 HGB	Saldierungsverbot, § 5 Abs. 1a EStG

Beispiel:

Mit dem Gesellschafter-Geschäftsführer der X-GmbH wurde am 02.01.1990 eine Pensionszusage vereinbart. In dieser Vereinbarung wurden dem Gesellschafter-Geschäftsführer folgende Versorgungsleistungen zugesagt:

- Berufsunfähigkeitsversicherung i. H. v. 4.500 €/Monat
- Altersrente i. H. v. 4.500 €/Monat

Am 30.06.2022 beschließen die X-GmbH und der Gesellschafter-Geschäftsführer in einer Änderungsvereinbarung zur Vereinbarung über die Pensionszusage eine Herabsetzung der o. g. Anwartschaften auf jeweils 4.000 €/Monat. Darüber hinaus findet ab dem Zeitpunkt der Änderungsvereinbarung kein weiteres Anwachsen der Versorgungsanwartschaften mehr statt. Weitere Versorgungsanwartschaften wurden auf null gesetzt.

Welche Auswirkungen hat die Herabsetzung der Anwartschaftsrechte ab dem 30.06.2022 für die X-GmbH und den Gesellschafter-Geschäftsführer?

Nach § 6a Abs. 2 Satz 3 EStG ist die Pensionsrückstellung bis zur Höhe des Teilwerts aufzulösen, der sich nach dem Bilanzstichtag des Teilverzichts ergeben hätte.

Für den Gesellschafter-Geschäftsführer ergibt sich eine verdeckte Einlage in die X-GmbH, weil ein Nichtgesellschafter einer Reduzierung seiner Pensionsanwartschaften ohne den Erhalt einer Gegenleistung im Zeitpunkt der Reduzierung nicht zugestimmt hätte. Die Reduzierung liegt demnach im Gesellschaftsverhältnis begründet. Die verdeckte Einlage ergibt sich aus dem Differenzbetrag zwischen dem Barwert der vormals zugesagten Pension und demjenigen der reduzierten Pensionszusage.

Beispiel:

Die P-GmbH hat in ihrem Jahresabschluss zum 31.12.2021 eine Pensionsrückstellung i. H. v. 300.000 € stehen. Diese Pensionsrückstellung wurde mit einer Rückdeckungsversicherung besichert. Die Rückdeckungsversicherung valutiert zum 31.12.2021 auf einen Betrag von 270.000 €.

Ein versicherungsmathematisches Gutachten hat eine handelsrechtliche Neubewertung der Pensionsrückstellung vorgenommen. Das Gutachten ergibt zum 01.01.2022 einen Wert i. H. v. 400.000 €. Die Gesellschaft hat entschieden, diesen Betrag der Rückstellung über 15 Jahre zuzuführen.

Die Differenz von 100.000 € wird somit über 15 Jahre mit je 6.667 € pro Kalenderjahr zugeführt.

Zum 31.12.2022 ergeben sich aus dem versicherungsmathematischen Gutachten folgende Beträge für die Handels- und die Steuerbilanz:

Pensionsrückstellung	Handelsrecht	Steuerrecht
Betrag	550.000 €	350.000 €
davon Personalaufwand	50.000 €	40.000 €
davon Zinsaufwand	75.000 €	64.000 €

Fall 1:
Die P-GmbH zahlt monatlich einen Betrag i. H. v. 7.000 € in die Versicherung ein, mithin 84.000 € pro Jahr. Laut Aussagen der Versicherung beträgt der Aktivwert der Rückdeckungsversicherung 330.000 €.

Lösung:
Aus dem versicherungsmathematischen Gutachten ergeben sich per 31.12.2023 für die Handels- und die Steuerbilanz folgende Werte:

Pensionsrückstellung	Handelsrecht	Steuerrecht
Betrag	690.000 €	430.000 €
davon Personalaufwand	55.000 €	35.000 €
davon Zinsaufwand	85.000 €	65.000 €

Fall 2:
Die P-GmbH zahlt monatlich einen Betrag i. H. v. 8.500 € in die Versicherung ein, mithin 102.000 € pro Jahr. Laut Aussagen der Versicherung beträgt der Aktivwert der Rückdeckungsversicherung 440.000 €.

Lösung:
Zuallererst sollte man sich anhand einer Übersicht die Entwicklung der Pensionsrückstellung sowohl im Handelsrecht als auch im Steuerrecht vor Augen führen:

	Handelsrecht	Steuerrecht
Pensionsrückstellung zum 31.12.2021	300.000 €	300.000 €
Wert der Pensionsrückstellung am 01.01.2022	400.000 €	300.000 €
Zuführung zum 01.01.2022 1/15 p. a. von 100.000 € wegen BilMoG	6.667 €	--
Buchwert der Pensionsrückstellung zum 01.01.2022	306.667 €	300.000 €
Wert der Pensionsrückstellung am 31.12.2022	550.000 €	350.000 €
Erhöhung der Pensionsrückstellung im Jahr 2022	150.000 €	104.000 €
davon Personalaufwand	65.000 €	40.000 €
davon Zinsanteil	85.000 €	64.000 €
Buchwert der Pensionsrückstellung zum 31.12.2022	456.667 €	404.000 €
Buchwert der Pensionsrückstellung zum 01.01.2023	456.667 €	404.000 €
Zuführung zum 01.01.2023 1/15 p. a. wegen BilMoG	6.667 €	--
Wert der Pensionsrückstellung zum 31.12.2023	690.000 €	440.000 €
Erhöhung der Pensionsrückstellung für das Jahr 2023	140.000 €	40.000 €
davon Personalaufwand	55.000 €	17.000 €
davon Zinsaufwand	85.000 €	23.000 €
Buchwert der Pensionsrückstellung zum 31.12.2023	463.474 €	440.000 €

In der **Handelsbilanz** sind folgende Buchungen vorzunehmen:

Zunächst muss ein Vortrag der EB-Werte aus dem Vorjahr erfolgen. Davon ausgehend, dass die Pensionsrückstellungen auf dem Konto »Rückstellungen für Pensionen und ähnliche Verpflichtungen« verbucht wurden, erfolgt der Vortrag ebenfalls über dieses Konto.

Die Rückdeckungsversicherung kann auf dem Konto 595 (SKR 03) bzw. 0990 (SKR 04) »Rückdeckungsansprüche aus Lebensversicherungen zum langfristigen Verbleib« oder auf dem Konto 1355 (SKR 03) bzw. 1378 (SKR 04) »Ansprüche aus Rückdeckungsversicherungen« verbucht worden sein. Je nachdem, welches Konto bebucht wurde, erfolgt der Saldenvortrag auch auf diesem Konto.

Buchungen: SKR 03/SKR 04

Datum	Umsatz	Gegenkonto	Konto	Buchungstext
01.01.2022	300.000 € (H)	9000/9000	0950/3000	Vortrag Rückstellung für Pensionen und ähnliche Verpflichtungen

Gewinnauswirkung: 0 €

Buchungen: SKR 03/SKR 04 – bei Buchung über Konto 0595/0990

Datum	Umsatz	Gegenkonto	Konto	Buchungstext
01.01.2022	270.000 € (S)	9000/9000	0595/0990	Rückdeckungsversicherung EB-Wert

Gewinnauswirkung: 0 €

Buchungen: SKR 03/SKR 04 – bei Buchung über Konto 1355/1378

Datum	Umsatz	Gegenkonto	Konto	Buchungstext
01.01.2022	270.000 € (S)	9000/9000	1355/1378	Ansprüche aus Rückdeckungsversicherungen EB-Wert

Gewinnauswirkung: 0 €

Das BilMoG führte dazu, dass Pensionsrückstellungen und das Planvermögen miteinander saldiert werden müssen. Die Saldierung erfolgt durch eine Umbuchung auf neue Konten.

Buchungen: SKR 03/SKR 04

Datum	Umsatz	Gegenkonto	Konto	Buchungstext
01.01.2022	300.000 € (H)	0950/3000	0951/3009	Umbuchung Pensionsrückstellungen aus 2022

Gewinnauswirkung: 0 €

Buchungen: SKR 03/SKR 04 – bei Buchung über Konto 0595/0990

Datum	Umsatz	Gegenkonto	Konto	Buchungstext
01.01.2022	270.000 € (S)	0595/0990	1357/1381	Rückdeckungsversicherung EB-Wert

Gewinnauswirkung: 0 €

Buchungen: SKR 03/SKR 04 – bei Buchung über Konto 1355/1378

Datum	Umsatz	Gegenkonto	Konto	Buchungstext
01.01.2022	270.000 € (S)	1355/1378	1357/1381	Rückdeckungsversicherung EB-Wert

Gewinnauswirkung: 0 €

Aufgrund des versicherungsmathematischen Gutachtens ergibt sich für die handelsrechtliche Pensionsrückstellung eine neue Bewertung i. H. v. 400.000 €. Die P-GmbH hatte entschieden den Differenzbetrag über einen Zeitraum von 15 Jahren zuzuführen. Es ergibt sich eine jährliche Zuführung i. H. v. 6.667 € (400.000 € ./. 300 .000 € = 100.000 €; 100.000 € ÷ 15 Jahre = 6.667 € p. a.).

Buchungen: SKR 03/SKR 04 – Zuführung zur Pensionsrückstellung

Datum	Umsatz	Gegenkonto	Konto	Buchungstext
01.01.2022	6.667 € (H)	2091/7561	0951/3009	Zuführung zur Pensionsrückstellung

Gewinnauswirkung: -6.667 €

Innerhalb des Wirtschaftsjahres sind die monatlich zu zahlenden Versicherungsbeiträge i. H. v. 7.000 € pro Monat (84.000 € im Jahr) zu verbuchen. Aus Vereinfachungsgründen erfolgt die Buchung als Jahresbuchung.

Buchungen: SKR 03/SKR 04

Datum	Umsatz	Gegenkonto	Konto	Buchungstext
31.12.2022	84.000 € (H)	4370/6410	1200/1800	Versicherungsbeitrag 7.000 €/Monat

Gewinnauswirkung: –84.000 €

Aufgrund des versicherungsmathematischen Gutachtens ergibt sich für die handelsrechtliche Pensionsrückstellung zum 31.12.2022 eine neue Bewertung i. H. v. 550.000 €. Darin enthalten sind ein Anteil für Personalaufwand i. H. v. 65.000 € und ein Anteil für Zinsen i. H. v. 85.000 €. Die handelsrechtliche Neubewertung führt zu folgenden Buchungen:

Buchungen: SKR 03/SKR 04

Datum	Umsatz	Gegenkonto	Konto	Buchungstext
31.12.2022	65.000 € (H)	4165/6140	0951/3009	Zuführung zur Pensionsrückstellung, Personalaufwand

Gewinnauswirkung: –65.000 €

Buchungen: SKR 03/SKR 04

Datum	Umsatz	Gegenkonto	Konto	Buchungstext
31.12.2022	85.000 € (H)	2146/7364	0951/3009	Zuführung zur Pensionsrückstellung

Gewinnauswirkung: –85.000 €

Buchungen: SKR 03/SKR 04 – Differenz zum Zeitwert

Datum	Umsatz	Gegenkonto	Konto	Buchungstext
31.12.2022	60.000 € (H)	2687/7145	1357/1381	Differenz zum Zeitwert

Gewinnauswirkung: –60.000 €

Darüber hinaus sind die monatlich gezahlten Versicherungsbeiträge am Ende des Wirtschaftsjahres umzubuchen:

Buchungen: SKR 03/SKR 04

Datum	Umsatz	Gegenkonto	Konto	Buchungstext
31.12.2022	84.000 € (H)	2147/7365	4370/6410	Umbuchung der Versicherungsbeiträge

Gewinnauswirkung: +84.000 €

In das Wirtschaftsjahr 2010 sind dann die EB-Werte der Bestandskonten vorzutragen.

Buchungen: SKR 03/SKR 04

Datum	Umsatz	Gegenkonto	Konto	Buchungstext
01.01.2023	456.667 € (H)	9000/9000	0951/3009	Vortrag EB-Wert Pensionsrückstellung

Gewinnauswirkung: 0 €

Buchungen: SKR 03/SKR 04

Datum	Umsatz	Gegenkonto	Konto	Buchungstext
01.01.2023	330.000 € (S)	9000/9000	1357/1381	Vortrag EB-Wert Rückdeckungsversicherung

Gewinnauswirkung: 0 €

Aufgrund des versicherungsmathematischen Gutachtens ergibt sich für die handelsrechtliche Pensionsrückstellung eine neue Bewertung i. H. v. 400.000 €. Die P-GmbH hatte sich entschieden, den Differenzbetrag über einen Zeitraum von 15 Jahren zuzuführen. Es ergibt sich eine jährliche Zuführung i. H. v. 6.667 € (400.000 € ./. 300.000 € = 100.000 €; 100.000 € ÷ 15 Jahre = 6.667 € p. a.).

Buchungen: SKR 03/SKR 04 – Zuführung zur Pensionsrückstellung

Datum	Umsatz	Gegenkonto	Konto	Buchungstext
01.01.2023	6.667 € (H)	2091/7561	0951/3009	Zuführung zur Pensionsrückstellung

Gewinnauswirkung: –6.667 €

Innerhalb des Wirtschaftsjahres sind die monatlich zu zahlenden Versicherungsbeiträge i. H. v. 8.500 € pro Monat (102.000 € im Jahr) zu verbuchen. Aus Vereinfachungsgründen erfolgt die Buchung als Jahresbuchung.

Buchungen: SKR 03/SKR 04

Datum	Umsatz	Gegenkonto	Konto	Buchungstext
31.12.2023	102.000 € (H)	4370/6410	1200/1800	Versicherungsbeitrag 8.500 €/Monat

Gewinnauswirkung: –102.000 €

Aufgrund des versicherungsmathematischen Gutachtens ergibt sich für die handelsrechtliche Pensionsrückstellung zum 31.12.2023 eine neue Bewertung i. H. v. 690.000 €. Darin enthalten sind ein Anteil für Personalaufwand i. H. v. 55.000 € und ein Anteil für Zinsen i. H. v. 85.000 €. Die handelsrechtliche Neubewertung führt zu folgenden Buchungen:

Buchungen: SKR 03/SKR 04

Datum	Umsatz	Gegenkonto	Konto	Buchungstext
31.12.2023	55.000 € (H)	4165/6140	0951/3009	Zuführung zur Pensionsrückstellung, Personalaufwand

Gewinnauswirkung: –55.000 €

Buchungen: SKR 03/SKR 04

Datum	Umsatz	Gegenkonto	Konto	Buchungstext
31.12.2023	85.000 € (H)	2146/7364	0951/3009	Zuführung zur Pensionsrückstellung

Gewinnauswirkung: –85.000 €

Buchungen: SKR 03/SKR 04 – Differenz zum Zeitwert

Datum	Umsatz	Gegenkonto	Konto	Buchungstext
31.12.2023	90.000 € (H)	2687/7145	1357/1381	Differenz zum Zeitwert

Gewinnauswirkung: –90.000 €

Darüber hinaus sind die monatlich gezahlten Versicherungsbeiträge am Ende des Wirtschaftsjahres umzubuchen:

Buchungen: SKR 03/SKR 04

Datum	Umsatz	Gegenkonto	Konto	Buchungstext
31.12.2023	102.000 € (H)	2147/7365	4370/6410	Umbuchung der Versicherungsbeiträge

Gewinnauswirkung: + 102.000 €

In der **Steuerbilanz** sind folgende Buchungen vorzunehmen:

Zunächst muss ein Vortrag der EB-Werte aus dem Vorjahr erfolgen. Davon ausgehend, dass die Pensionsrückstellungen auf dem Konto »Rückstellungen für Pensionen und ähnliche Verpflichtungen« verbucht wurden, erfolgt der Vortrag ebenfalls über dieses Konto.

Die Rückdeckungsversicherung kann auf dem Konto 595 (SKR 03) bzw. 0990 (SKR 04) »Rückdeckungsansprüche aus Lebensversicherungen zum langfristigen Verbleib« oder auf dem Konto 1355 (SKR 03) bzw. 1378 (SKR 04) »Ansprüche aus Rückdeckungsversicherungen« verbucht worden sein. Je nachdem, welches Konto bebucht wurde, erfolgt der Saldenvortrag auch auf diesem Konto.

Buchungen: SKR 03/SKR 04

Datum	Umsatz	Gegenkonto	Konto	Buchungstext
01.01.2022	300.000 € (H)	9000/9000	0950/3000	Vortrag Rückstellung für Pensionen und ähnliche Verpflichtungen

Gewinnauswirkung: 0 €

Buchungen: SKR 03/SKR 04 – bei Buchung über Konto 0595/0990

Datum	Umsatz	Gegenkonto	Konto	Buchungstext
01.01.2022	270.000 € (S)	9000/9000	0595/0990	Rückdeckungsversicherung EB-Wert

Gewinnauswirkung: 0 €

Buchungen: SKR 03/SKR 04 – bei Buchung über Konto 1355/1378

Datum	Umsatz	Gegenkonto	Konto	Buchungstext
01.01.2022	270.000 € (S)	9000/9000	1355/1378	Ansprüche aus Rückdeckungsversicherungen EB-Wert

Gewinnauswirkung: 0 €

Für die Nutzung des Kontos 1356/1380 im Umlaufvermögen muss eine Umbuchung vorgenommen werden:

Buchungen: SKR 03/SKR 04 – bei Buchung über Konto 0595/0990

Datum	Umsatz	Gegenkonto	Konto	Buchungstext
01.01.2022	270.000 € (S)	0595/0990	1356/1380	Rückdeckungsversicherung EB-Wert

Gewinnauswirkung: 0 €

Buchungen: SKR 03/SKR 04 – bei Buchung über Konto 1355/1378

Datum	Umsatz	Gegenkonto	Konto	Buchungstext
01.01.2022	270.000 € (S)	1355/1378	1356/1380	Ansprüche aus Rückdeckungsversicherungen EB-Wert

Gewinnauswirkung: 0 €

Innerhalb des Wirtschaftsjahres sind die monatlich zu zahlenden Versicherungsbeiträge i. H. v. 7.000 € pro Monat (84.000 € im Jahr) zu verbuchen. Aus Vereinfachungsgründen erfolgt die Buchung als Jahresbuchung.

Buchungen: SKR 03/SKR 04

Datum	Umsatz	Gegenkonto	Konto	Buchungstext
31.12.2022	84.000 € (H)	4370/6410	1200/1800	Versicherungsbeitrag 7.000 €/Monat

Gewinnauswirkung: –84.000 €

Aufgrund des versicherungsmathematischen Gutachtens ergibt sich für die steuerrechtliche Pensionsrückstellung zum 31.12.2022 eine neue Bewertung i. H. v. 350.000 €. Darin enthalten sind ein Anteil für Personalaufwand i. H. v.

40.000 € und ein Anteil für Zinsen i. H. v. 64.000 €. Die steuerrechtliche Neubewertung führt zu folgenden Buchungen:

Buchungen: SKR 03/SKR 04

Datum	Umsatz	Gegenkonto	Konto	Buchungstext
31.12.2022	40.000 € (H)	4165/6140	0950/3000	Zuführung zur Pensionsrückstellung, Personalaufwand

Gewinnauswirkung: –40.000 €

Buchungen: SKR 03/SKR 04

Datum	Umsatz	Gegenkonto	Konto	Buchungstext
31.12.2022	64.000 € (H)	2146/7364	0950/3000	Zuführung zur Pensionsrückstellung

Gewinnauswirkung: –64.000 €

Buchungen: SKR 03/SKR 04 – Differenz zum Zeitwert

Datum	Umsatz	Gegenkonto	Konto	Buchungstext
31.12.2022	60.000 € (H)	1356/1380	4370/6410	Differenz zum Zeitwert

Gewinnauswirkung: –60.000 €

In das Wirtschaftsjahr 2010 sind dann die EB-Werte der Bestandskonten vorzutragen.

Buchungen: SKR 03/SKR 04

Datum	Umsatz	Gegenkonto	Konto	Buchungstext
01.01.2023	404.000 € (H)	9000/9000	0950/3000	Vortrag EB-Wert Pensionsrückstellung

Gewinnauswirkung: 0 €

Buchungen: SKR 03/SKR 04

Datum	Umsatz	Gegenkonto	Konto	Buchungstext
01.01.2023	330.000 € (S)	9000/9000	1356/1380	Vortrag EB-Wert Rückdeckungsversicherung

Gewinnauswirkung: 0 €

Innerhalb des Wirtschaftsjahres sind die monatlich zu zahlenden Versicherungsbeiträge i. H. v. 8.500 € pro Monat (102.000 € im Jahr) zu verbuchen. Aus Vereinfachungsgründen erfolgt die Buchung als Jahresbuchung.

Buchungen: SKR 03/SKR 04

Datum	Umsatz	Gegenkonto	Konto	Buchungstext
31.12.2023	102.000 € (H)	4370/6410	1200/1800	Versicherungsbeitrag 8.500 €/Monat

Gewinnauswirkung: –102.000 €

Aufgrund des versicherungsmathematischen Gutachtens ergibt sich für die steuerrechtliche Pensionsrückstellung zum 31.12.2023 eine neue Bewertung i. H. v. 440.000 €. Darin enthalten sind ein Anteil für Personalaufwand i. H. v. 17.000 € und ein Anteil für Zinsen i. H. v. 23.000 €. Die steuerrechtliche Neubewertung führt zu folgenden Buchungen:

Buchungen: SKR 03/SKR 04

Datum	Umsatz	Gegenkonto	Konto	Buchungstext
31.12.2023	17.000 € (H)	4165/6140	0950/3000	Zuführung zur Pensionsrückstellung, Personalaufwand

Gewinnauswirkung: –17.000 €

Buchungen: SKR 03/SKR 04

Datum	Umsatz	Gegenkonto	Konto	Buchungstext
31.12.2023	23.000 € (H)	2145/7363	0950/3000	Zuführung zur Pensionsrückstellung

Gewinnauswirkung: –23.000 €

Buchungen: SKR 03/SKR 04 – Differenz zum Zeitwert

Datum	Umsatz	Gegenkonto	Konto	Buchungstext
31.12.2023	90.000 € (H)	1356/1380	4370/6410	Differenz zum Zeitwert

Gewinnauswirkung: –90.000 €

Hinweis

Alle Buchungen, die in der Lösung im handelsrechtlichen Jahresabschluss genauso gebucht werden wie im steuerrechtlichen, müssen in der Steuerbilanz nicht gesondert gebucht werden. In der Praxis ist es (zumindest bei DATEV) so, dass alle Buchungen, die in der handelsrechtlichen Bilanz vorgenommen werden, auch für die Steuerbilanz gelten. Hat man nun abweichende steuerbilanzielle Buchungen, so sind diese im Bereich »Steuerbilanz« extra zu verbuchen. Das Ergebnis sind eine Handels- und eine Steuerbilanz.

6.18.3 Personengesellschaften

Nach § 249 Abs. 1 Satz 1 HGB sind in der Handelsbilanz Pensionsrückstellungen für die Gesellschafter einer Personengesellschaft zu bilden, wenn die Pensionszusage nach dem 31.12.1968 erteilt wurde. Für Altzusagen, deren Zusage vor dem 31.12.1986 erfolgte, besteht ein Wahlrecht zur Bildung einer Rückstellung.

Die Bewertung der Pensionsrückstellungen erfolgt mit dem nach vernünftiger kaufmännischer Beurteilung notwendigen Erfüllungsbetrag gem. § 253 Abs. 1 Satz 1 HGB. Eventuelle Preis- und Kostensteigerungen, die bis zum Zeitpunkt der Erfüllung der Pensionsrückstellung eintreten, sind bei der Bewertung zu berücksichtigen (betrifft Gehalts- und Rentenentwicklungen).

Für wertpapiergebundene Pensionsrückstellungen ist die Rückstellung grundsätzlich in Höhe des beizulegenden Zeitwerts der Wertpapiere anzusetzen, wenn die garantierte Mindestzusage den beizulegenden Zeitwert nicht übersteigt, § 253 Abs. 1 Satz 3 HGB.

§ 246 Abs. 2 Satz 2 HGB schreibt darüber hinaus eine zwingende Verrechnung von Vermögensgegenständen vor, die ausschließlich und unmittelbar der Erfüllung einer Pensionsverpflichtung dienen. Die Bewertung des zweckgebundenen Planvermögens erfolgt mit dem beizulegenden Zeitwert.

Die Rückstellung für Pensionsverpflichtungen ist bei haftungsbeschränkten Personenhandelsgesellschaften in einem Betrag unter der Position »Rückstellung für Pensionen und ähnliche Verpflichtungen« auszuweisen. Kleine haftungsbeschränkte

Personenhandelsgesellschaften müssen den Ausweis nicht in einem Betrag vornehmen. Darüber hinaus ist gem. § 284 Abs. 2 Nr. 1 HGB die angewandte Bewertungsmethode für die Pensionsrückstellung im Anhang anzugeben.

Pensionsverpflichtungen, deren Restlaufzeiten zum Bilanzstichtag mehr als ein Jahr betragen, sind gem. § 253 Abs. 2 Satz 1 HGB mit dem durchschnittlichen Marktzinssatz aus den vergangenen zehn Geschäftsjahren abzuzinsen. Es ist jedoch auch möglich, die Pensionsverpflichtungen pauschal mit dem durchschnittlichen Marktzinssatz, der sich bei einer angenommenen Restlaufzeit von 15 Jahren ergibt, abzuzinsen. Der Abzinsungszinssatz wird gem. § 253 Abs. 2 Satz 4 HGB von der Deutschen Bundesbank nach Maßgabe einer Rechtsverordnung ermittelt und monatlich bekannt gegeben.

Die Auflösung der Pensionsrückstellung darf, genauso wie bei den Kapitalgesellschaften, erst vorgenommen werden, wenn der Grund für ihre Bildung nach § 249 Abs. 2 Satz 2 HGB entfallen ist. Gründe für die Auflösung sind z.B. der Austritt des Arbeitnehmers aus dem Betrieb. Außerdem erfolgt die Auflösung beim Eintritt des Arbeitnehmers in die Rente, also wenn der Pensionsfall eintritt. Die laufenden Pensionszahlungen sind Aufwand. Die Auflösung in Höhe des Unterschiedsbetrags zwischen den Teilwerten erfolgt an zwei aufeinanderfolgenden Bilanzstichtagen.

Achtung

Die Auflösungsmethode, nach der die Pensionszahlung erfolgsneutral so lange gegen die Pensionsrückstellung gebucht wird, bis diese vollständig aufgebraucht ist, ist nicht zulässig. Diese Methode hätte zur Folge, dass die Rentenzahlungen an den Pensionsberechtigten ab dem Zeitpunkt des vollständigen Verbrauchs der Pensionsrückstellung aufwandswirksam verbucht werden. Das ist jedoch ein Verstoß gegen das gesetzliche Auflösungsverbot und gilt sowohl handels- als auch steuerrechtlich.

Die Behandlung von Versorgungszahlungen bei technischen Rentnern, also Rentnern, die trotz des Erreichens der Pensionsaltersgrenze weiterhin im Unternehmen arbeiten, und auch im Falle des Versterbens von Pensionsberechtigten vor dem Eintritt des Versorgungsfalls erfolgt jeweils wie bei den Kapitalgesellschaften (s. Kapitel 6.18.1).

Zu den Pensionszusagen an einen Gesellschafter der Komplementär-GmbH einer GmbH&Co. KG nimmt das BMF-Schreiben vom 29.01.2008 – IV B 2 – S 2176/07/0001, BStBl. 2008 I, S. 317 Stellung.

Unter Punkt II. des BMF-Schreibens heißt es, dass durch die von der Komplementär-GmbH gewährte Pensionszusage die Gesamthandsbilanz der GmbH&Co. KG nicht berührt wird. Die Komplementär-GmbH hat die Pensionsverpflichtung in ihrer Steuerbilanz unter Berücksichtigung der Vorgaben des § 6a EStG zu bilden. Für die Zeit nach dem vertraglich vorgesehenen Versorgungsfall sind die laufenden Pensionszahlungen als Betriebsausgaben auf Gesellschafterebene abziehbar. Die gebildete Pensionsrückstellung ist anteilig gewinnerhöhend aufzulösen. Die Rückstellung ist in vollem Umfang aufzulösen, wenn die Pensionsverpflichtung im Falle des Todes des Gesellschafters ohne Hinterbliebenenversorgung entfällt. Es ergibt sich ein außerordentlicher, allen Gesellschaftern zuzurechnender Ertrag. Der Aufwand aus der zu bildenden Rückstellung stellt für die Komplementär-GmbH eine Sonderbetriebsausgabe im Rahmen der Gewinnermittlung der Personengesellschaft nach § 15 Abs. 1 Satz 1 Nr. 2 EStG dar.

Für den begünstigten Gesellschafter stellt die Pensionszusage eine Forderung in seiner Sonderbilanz gem. § 15 Abs. 1 Satz 1 Nr. 2 EStG dar. Er hat die Forderung auf künftige Pensionsleistungen zu aktivieren. Sie ist unter Berücksichtigung der korrespondierenden Bilanzierung in der Höhe zu bilanzieren, in der auch die Gesellschaft die Passivierung der Pensionsverpflichtung vorgenommen hat. Die laufenden Pensionsleistungen stellen beim begünstigen Gesellschafter Sonderbetriebseinnahmen dar. Im Rahmen der Bilanzierung ist zwischen den nach Rechtsgrund unterschiedlich erteilten Pensionszusagen zu unterscheiden:

1. Die Pensionszusagen an noch beteiligte Gesellschafter stellen nach § 15 Abs. 1 Satz 1 Nr. 2 EStG für die begünstigen Gesellschafter Sonderbetriebseinnahmen dar. Im Rahmen der korrespondierenden Bilanzierung ist die in der Sonderbilanz aktivierte Forderung entsprechend der gewinnerhöhenden Auflösung der Pensionsrückstellungen in der Gesellschaftsbilanz gewinnmindernd aufzulösen.
2. Die laufenden Pensionszahlungen an die ehemaligen Gesellschafter stellen nach § 15 Abs. 1 Satz 2 EStG Sonderbetriebseinnahmen dieser Gesellschafter dar. Die ehemaligen Gesellschafter sind mit den nachträglichen Einkünften in die gesonderte und einheitliche Feststellungserklärung einzubeziehen. Die ausgewiesene Forderung eines ehemaligen Gesellschafters bleibt gem. § 15 Abs. 1 Satz 2 EStG auch nach dessen Ausscheiden aus der Gesellschaft Sonderbetriebsvermögen dieses Gesellschafters. Die Forderung ist gewinnmindernd aufzulösen, soweit die Pensionsrückstellung in der Gesamthandsbilanz der Gesellschaft gewinnerhöhend aufgelöst wird.

Bei Pensionszusagen im Rahmen einer doppelstöckigen Personengesellschaft gilt:

Der mittelbar über eine oder mehrere Personengesellschaften beteiligte Gesellschafter steht dem unmittelbar beteiligten Gesellschafter gleich, § 15 Abs. 1 Satz 1 Nr. 2 Satz 2 EStG. Für Zusagen über Pensionsverpflichtungen, die ein Gesellschafter von der Gesellschaft erhält, an der er mittelbar beteiligt ist, sind die Grundsätze wie bei einer Pensionszusage an einen unmittelbar beteiligten Gesellschafter entsprechend anzuwenden. Erhält der Gesellschafter die Pensionszusage von der Komplementär-GmbH, an der er mittelbar beteiligt ist, gelten die Grundsätze wie unter II. des BMF-Schreibens vom 29.01.2008 aufgeführt entsprechend.

Hat die GmbH&Co. KG die Pensionszusage an einen ihrer Gesellschafter und dessen Hinterbliebene durch einen Versicherungsvertrag rückgedeckt, gehört der Versicherungs-/Rückdeckungsanspruch nicht zum Betriebsvermögen der Gesellschaft. Dementsprechend stellen auch die Prämien, die für die Rückdeckungsversicherung zu zahlen sind, keine Betriebsausgaben dar. Es handelt sich vielmehr um Entnahmen, die allen Gesellschaftern entsprechend ihrem Beteiligungsverhältnis zuzurechnen sind.

In der Steuerbilanz sind aufgrund des Prinzips der Maßgeblichkeit nach § 5 Abs. 1 Satz 1 EStG die handelsrechtlichen Pensionsrückstellungen zu übernehmen. Damit wird aus dem steuerrechtlichen Ansatzwahlrecht des § 6a EStG ein Ansatzgebot.

Unter den Voraussetzungen des § 6a EStG sind Pensionszusagen Verpflichtungen, die in der Bilanz zu passivieren sind. Die Gewinnminderung durch die Passivierung der Pensionsrückstellung ist in der Steuerbilanz zu korrigieren. Der Gesellschafter hat korrespondierend in seiner Sonderbilanz den Pensionsanspruch als Forderung zu aktivieren. Diese Bilanzierung in der Sonderbilanz des Gesellschafters führt dazu, dass der Gesellschafter allein den steuerlichen Mehrgewinn zu tragen hat.

Besonderheiten bei Arbeitnehmer-Ehegatten

Unter Berücksichtigung der besonderen persönlichen Beziehungen bei Ehegatten stellt die Finanzverwaltung bei Pensionszusagen an Arbeitnehmer-Ehegatten strenge Anforderungen. Es ist zu prüfen, ob die Pensionszusage nach den Umständen des Einzelfalls dem Grunde und der Höhe nach angemessen ist, so der BFH vom 14.07.1989, BStBl. II, S. 969. Für Pensionszusagen, die dem Arbeitnehmer-Ehegatten im Rahmen eines steuerlich anzuerkennenden Arbeitsverhältnisses gegeben werden, sind Pensionsrückstellungen gem. H 6a Abs. 9 »Anerkennungsgrundsätze« zu bilden, wenn

1. eine ernstlich gewollte, klar und eindeutig vereinbarte Verpflichtung vorliegt,
2. die Zusage dem Grunde nach angemessen ist und
3. der Arbeitgeber-Ehegatte auch tatsächlich mit der Inanspruchnahme aus der gegebenen Pensionszusage rechnen muss.

Darüber hinaus gelten die unter R 4.8 EStR genannten Grundsätze für die Anerkennung eines Arbeitsverhältnisses zwischen Ehegatten:

> ***Arbeitsverhältnisse zwischen Ehegatten***
> *(1) Arbeitsverhältnisse zwischen Ehegatten können steuerrechtlich nur anerkannt werden, wenn sie ernsthaft vereinbart und entsprechend der Vereinbarung tatsächlich durchgeführt werden.*
> ***Arbeitsverhältnisse mit Personengesellschaften***
> *(2) [1]Für die einkommensteuerrechtliche Beurteilung des Arbeitsverhältnisses eines Ehegatten mit einer Personengesellschaft, die von dem anderen Ehegatten*

auf Grund seiner wirtschaftlichen Machtstellung beherrscht wird, z. B. in der Regel bei einer Beteiligung zu mehr als 50 %, gelten die Grundsätze für die steuerliche Anerkennung von Ehegattenarbeitsverhältnissen im Allgemeinen entsprechend. [2]Beherrscht der Mitunternehmer-Ehegatte die Personengesellschaft nicht, kann allgemein davon ausgegangen werden, dass der mitarbeitende Ehegatte in der Gesellschaft die gleiche Stellung wie ein fremder Arbeitnehmer hat und das Arbeitsverhältnis deshalb steuerrechtlich anzuerkennen ist.

Arbeitsverhältnisse zwischen Eltern und Kindern

(3) [1]Für die bürgerlich-rechtliche Wirksamkeit eines Arbeits- oder Ausbildungsvertrages mit einem minderjährigen Kind ist die Bestellung eines Ergänzungspflegers nicht erforderlich. [2]Arbeitsverhältnisse mit Kindern unter 15 Jahren verstoßen jedoch im Allgemeinen gegen das Jugendarbeitsschutzgesetz; sie sind nichtig und können deshalb auch steuerrechtlich nicht anerkannt werden. [3]Die Gewährung freier Wohnung und Verpflegung kann als Teil der Arbeitsvergütung zu behandeln sein, wenn die Leistungen auf arbeitsvertraglichen Vereinbarungen beruhen.

Unter H 4.8 EStH wird als Abgrenzung aufgeführt, was steuerrechtlich der Anerkennung eines Arbeitsverhältnisses entgegensteht:

- *Arbeitnehmer-Ehegatte hebt monatlich vom betrieblichen Bankkonto des Arbeitgeber-Ehegatten einen größeren Geldbetrag ab und teilt diesen selbst in das benötigte Haushaltsgeld und den ihm zustehenden monatlichen Arbeitslohn (BFH-Urteil vom 20.4.1989, BStBl II S. 655)*
- *Fehlen einer Vereinbarung über die Höhe des Arbeitslohns (BFH-Urteil vom 8.3.1962, BStBl III S. 218)*
- *Langzeitige Nichtauszahlung des vereinbarten Arbeitslohns zum üblichen Zahlungszeitpunkt; stattdessen z. B. jährliche Einmalzahlungen (BFH vom 14.10.1981, BStBl 1982 II S. 119). Das gilt auch dann, wenn das Arbeitsverhältnis bereits seit mehreren Jahren ordnungsgemäß durchgeführt wurde und im Veranlagungsjahr Lohnsteuer und Sozialabgaben abgeführt wurden (BFH-Urteil vom 25.7.1991, BStBl II S. 842)*
- *Wechselseitige Verpflichtung zur Arbeitsleistung; ein Arbeitsvertrag ist nicht durchführbar, wenn sich Ehegatten, die beide einen Betrieb unterhalten, wechselseitig verpflichten, mit ihrer vollen Arbeitskraft jeweils im Betrieb des anderen tätig zu sein. Wechselseitige Teilzeitarbeitsverträge können jedoch anerkannt werden, wenn die Vertragsgestaltungen insgesamt einem Fremdvergleich standhalten (BFH-Urteil vom 12.10.1988, BStBl 1989 II S. 354)*

Der steuerrechtlichen Anerkennung **können** gem. H 4.8 EStH folgende Sachverhalte entgegenstehen:

- *Arbeitslohnzahlungen in Form von Schecks, die der Arbeitnehmer-Ehegatte regelmäßig auf das private Konto des Arbeitgeber-Ehegatten einzahlt (BFH-Urteil vom 28.2.1990, BStBl II S. 548)*

- *Überweisungen des Arbeitsentgelts des Arbeitnehmer-Ehegatten auf ein Konto des Arbeitgeber-Ehegatten, über das dem Arbeitnehmer-Ehegatten nur ein Mitverfügungsrecht zusteht (BFH-Urteil vom 24.3.1983, BStBl II S. 663) oder auf ein Bankkonto des Gesellschafter-Ehegatten, über das dem Arbeitnehmer-Ehegatten nur ein Mitverfügungsrecht zusteht (BFH-Urteil vom 20.10.1983, BStBl 1984 II S. 298)*

Nicht der steuerrechtlichen Anerkennung eines Arbeitsverhältnisses entgegen stehen die folgenden Sachverhalte:

- *Darlehensgewährung des Arbeitnehmer-Ehegatten an den Arbeitgeber-Ehegatten in Höhe des Arbeitsentgelts ohne rechtliche Verpflichtung, nachdem dieses in die Verfügungsmacht des Arbeitnehmer-Ehegatten gelangt ist. Dies gilt auch, wenn der Arbeitnehmer-Ehegatte jeweils im Fälligkeitszeitpunkt über den an ihn ausgezahlten Nettoarbeitslohn ausdrücklich dadurch verfügt, dass er den Auszahlungsanspruch in eine Darlehensforderung umwandelt (BFH vom 17.7.1984, BStBl 1986 II S. 48). Werden dagegen Arbeits- und Darlehensvereinbarungen von Ehegatten in einer Weise miteinander verknüpft, dass das Arbeitsentgelt ganz oder teilweise bereits als Darlehen behandelt wird, bevor es in die Verfügungsmacht des Arbeitnehmer-Ehegatten gelangt ist, so ist zur Anerkennung des Arbeitsverhältnisses erforderlich, dass auch der Darlehensvertrag wie ein unter Fremden üblicher Vertrag mit eindeutigen Zins- und Rückzahlungsvereinbarungen abgeschlossen und durchgeführt wird (BFH-Urteil vom 23.4.1975, BStBl II S. 579).*
- *Schenkung – Laufende Überweisung des Arbeitsentgelt auf ein Sparbuch des Arbeitnehmer-Ehegatten, von dem dieser ohne zeitlichen Zusammenhang mit den Lohnzahlungen größere Beträge abhebt und dem Arbeitgeber-Ehegatten schenkt (BFH-Urteil vom 4.11.1986, BStBl 1987 II S. 336),*
- *Teilüberweisung des Arbeitsentgelts als vermögenswirksame Leistungen nach dem Vermögensbildungsgesetz auf Verlangen des Arbeitnehmer-Ehegatten auf ein Konto des Arbeitgeber-Ehegatten oder auf ein gemeinschaftliches Konto beider Ehegatten (BFH-Urteil vom 19.9.1975, BStBl 1976 II S. 81),*
- *Überweisung des Arbeitsentgelts auf ein Bankkonto des Arbeitnehmer-Ehegatten, für das der Arbeitgeber-Ehegatte unbeschränkte Verfügungsvollmacht besitzt (BFH-Urteil vom 16.1.1974, BStBl II S. 294).*
- *Vereinbartes Arbeitsentgelt ist unüblich niedrig, es sei denn, das Arbeitsentgelt ist so niedrig bemessen, dass es sich nicht mehr als Gegenleistung für eine begrenzte Tätigkeit des Arbeitnehmer-Ehegatten angesehen werden kann, weil ein rechtsgeschäftlicher Bindungswille fehlt (BFH- Urteil vom 22.3.1990, BStBl II S. 776),*
- *Gehaltsumwandlung, -verzicht,*
- *Zahlung des Arbeitsentgelts auf ein »Oder-Konto« bei im übrigen ernsthaft vereinbarten und tatsächlich durchgeführten Ehegatten-Arbeitsverhältnissen (BVerfG-Urteil vom 7.11.1995, BStBl 1996 II S. 34).*

Bei einer Pensionszusage an den Arbeitnehmer-Ehegatten, die an die Stelle einer fehlenden Anwartschaft aus der gesetzlichen Rentenversicherung getreten ist, können sich die Rückstellungsbeträge grundsätzlich nicht gewinnmindernd auswirken, soweit die Aufwendungen die wirtschaftliche Funktion von Arbeitnehmerbeiträgen haben. Fiktive Arbeitgeberbeiträge in der Zeit zwischen dem Beginn des steuerrechtlich anerkannten Arbeitsverhältnisses und der Erteilung der Pensionszusage können nicht als Betriebsausgabe berücksichtigt werden (BFH-Urteil vom 14.07.1989, BStBl. II, S. 969), vgl. H 4.8 »Rückstellungen für Pensionsverpflichtungen« EStH.

Gemäß H 6a Abs. 9 »Fremdvergleich« EStH ist die betriebliche Veranlassung einer Pensionszusage an einen Arbeitnehmer, der naher Angehöriger des Arbeitgebers ist, nicht allein deshalb zu verneinen, weil keine fremden Arbeitnehmer mit vergleichbaren Tätigkeitsmerkmalen im Betrieb beschäftigt werden und auch bei anderen Betrieben gleicher Größenordnung keine vergleichbaren Beschäftigungsverhältnisse ermittelt werden konnten. Maßgebend ist eine Gesamtwürdigung aller Umstände des konkreten Einzelfalls (BFH-Urteil vom 18.12.2001, BStBl. 2002 II, S. 353).

Darüber hinaus können Prämienzahlungen, die für eine Rückdeckungsversicherung einer Pensionszusage an den Arbeitnehmer-Ehegatten gezahlt werden, als Betriebsausgaben behandelt werden, wenn die der Rückdeckungsversicherung zugrunde liegende Pensionszusage steuerrechtlich anerkannt wurde bzw. wird und damit die Rückstellung passiviert werden darf (BMF vom 04.09.1984, BStBl. I, S. 495). Ebenfalls in dem BMF-Schreiben vom 04.09.1984 ist geregelt, dass eine Pensionsrückstellung bei Pensionszusagen zwischen Ehegatten in Einzelunternehmen nur in Betracht kommt, wenn es sich um Zusagen für Alters-, Invaliden- und Waisenrenten handelt. Eine Zusage auf Witwen- oder Witwerversorgung ist im Rahmen von Ehegatten-Pensionszusagen in Einzelunternehmen nicht rückstellungsfähig, da hier bei Eintritt des Versorgungsfalls Anspruch und Verpflichtung in einer Person zusammenfallen.

Auch die Rechtsprechung zum Thema »einem Fremdvergleich von Verträgen, die mit nahen Angehörigen geschlossen werden, standzuhalten« ist umfangreich. Einen kurzen Überblick verschaffen Ihnen die folgenden Beispiele aus der Rechtsprechung des BFH.

Rechtsprechung zum Thema Fremdvergleich bei nahen Angehörigen:

BFH-Urteil vom 10.03.1993, BStBl. 1993 II, S. 604: Eine Versorgungszusagen kann steuerlich nicht anerkannt werden, wenn der Arbeitgeber-Ehegatte vergleichbaren anderen Angestellten keine vergleichbaren Versorgungszusagen erteilt.
BFH-Urteil vom 18.12.2001, BStBl. 2002 II, S. 353: Ein betriebsexterner Vergleich kann ein wichtiges Indiz im Rahmen einer Gesamtwürdigung aller Umstände sein, wenn ein interner Betriebsvergleich mangels Arbeitnehmern, die mit keiner vergleichbaren Tätigkeit in demselben Betrieb beschäftigt sind, nicht möglich ist.

BFH-Urteil vom 04.09.2002, NV 2003 S. 347: Die gewinnerhöhende Auflösung einer Pensionsrückstellung ist nicht gerechtfertigt, wenn die Pensionszusage allein durch das Gesellschaftsverhältnis veranlasst ist. Es sind nur die im Veranlagungszeitraum vorgenommenen Zuführungen zur Pensionsrückstellung außerhalb der Bilanz rückgängig zu machen. Zuführungen, die früheren Veranlagungszeiträumen zuzuordnen sind, rechtfertigen keine nachträgliche Korrektur.

6.18.4 Rückdeckungsversicherung

Sowohl Kapital- als auch Personengesellschaften erteilen ihren Gesellschaftern und Gesellschafter-Geschäftsführern Pensionszusagen. Zur Absicherung dieser Pensionszusagen werden Rückdeckungsversicherungen durch die Gesellschaften abgeschlossen. Aus den Versicherungen werden im Zeitpunkt des Eintritts des Versorgungsfalls die Leistungen an den Pensionsberechtigten gezahlt. Während der Versicherungslaufzeit erwirbt die Gesellschaft den Rückdeckungsanspruch.

Für das Vorliegen einer Rückdeckungsversicherung müssen bestimmte Voraussetzungen erfüllt sein:

- Die Gesellschaft muss dem Arbeitnehmer die zugesagte Versorgungsleistung aus eigenen Mitteln finanzieren.
- Zur Sicherung der Finanzierung muss sie eine Versicherung abgeschlossen haben.

Jedoch zahlt nur die Gesellschaft Beiträge an die Versicherung, nicht hingegen der spätere Versorgungsempfänger. Dementsprechend erwirbt auch nur die Gesellschaft Ansprüche aus der abgeschlossenen Rückdeckungsversicherung, nicht aber der Arbeitnehmer selbst. Der Barwert dieser Rückdeckungsversicherungen muss aktiviert werden.

Bei **Kapitalgesellschaften** erfolgt die Aktivierung des Rückdeckungsversicherungsanspruchs als sonstiger Vermögensgegenstand im Umlaufvermögen, § 266 Abs. 2 HGB Punkt B II 4.

Auch die Zusage auf Witwen- bzw. Witwerversorgung, die durch eine Rückdeckungsversicherung abgesichert wird, ist in der Bilanz zu aktivieren.

Wird der Anspruch aus der Rückdeckungsversicherung zur Insolvenzsicherung an den Arbeitnehmer verpfändet, ist deren Barwert dennoch bei der Gesellschaft, die die Zusage erteilt hat, zu aktivieren.

Handelt es sich bei der Rückdeckungsversicherung um eine Kapitallebensversicherung, die mit einer Berufsunfähigkeitszusatzversicherung verbunden ist, ist sie ein einheitlich zu bilanzierender Vermögensgegenstand bzw. ein einheitlich zu bilanzierendes Wirtschaftsgut.

Durch die Änderungen im Rahmen des BilMoG muss spätestens in Abschlüssen für Geschäftsjahre, die nach dem 31.12.2009 beginnen, für Vermögensgegenstände, die ausschließlich der Erfüllung von Schulden aus Altersvorsorgeverpflichtungen oder vergleichbaren langfristig fälligen Verpflichtungen dienen und dem Zugriff aller übrigen Gläubiger entzogen sind, ein saldierter Ausweis mit den dazugehörigen Schulden erfolgen, § 246 Abs. 2 Satz 2 HGB.

Bei **Personengesellschaften**, die einen Pensionsanspruch gegenüber einem oder mehreren Gesellschaftern mittels einer Rückdeckungsversicherung absichern, erfolgt die Bilanzierung unter dem Finanzanlagevermögen.

Gemäß § 246 Abs. 2 HGB sind saldierungspflichtige Vermögensgegenstände mit dem beizulegenden Zeitwert zu bilanzieren. Änderungen bei der stetigen Bewertung zum nächsten Bilanzstichtag sind erfolgswirksam zu erfassen.

Bislang versehentlich nicht bilanzierte Rückdeckungsversicherungen sind im ersten offenen Jahr einzubuchen, damit den Grundsätzen des formellen Bilanzenzusammenhangs Rechnung getragen wird. Ein Nachholverbot gilt nach § 6a Abs. 4 Satz 1 EStG nur für die Pensionsrückstellungen an sich, nicht aber für die Rückdeckungsversicherungen. Dies liegt im Grundsatz der Einzelbewertung nach § 246 Abs. 2 HGB i.V.m. § 5 Abs. 1 Satz 1 EStG begründet. Der Ansatz eines niedrigeren Teilwerts ist nicht zulässig. Beabsichtigt die Gesellschaft jedoch eine Auflösung der Rückdeckungsversicherung, kann ausnahmsweise der niedrigere Rückkaufswert in Ansatz gebracht werden.

In der Steuerbilanz ist die Forderung aus der Rückdeckungsversicherung nach dem Grundsatz der Maßgeblichkeit der Handelsbilanz für die Steuerbilanz gem. § 5 Abs. 1 Satz 1 EStG ebenfalls zu bilanzieren. Da der Anspruch aus der Rückdeckungsversicherung steuerrechtlich nicht zum Betriebsvermögen der Gesellschaft gehört, weil die Versicherung ein privates Risiko des beteiligten Mitunternehmers abdeckt, kommt eine Bilanzierung bei der Gesellschaft nicht in Betracht. Im Saldo bleibt der Anspruch aus einer Rückdeckungsversicherung in der Steuerbilanz erfolgsneutral.

Wird der Rückdeckungsversicherungsanspruch bilanziert, so muss dies mit den Anschaffungskosten geschehen. Anschaffungskosten sind in diesem Fall der Saldo aus den Sparanteilen der Versicherungsprämien und den rechnungsmäßigen Verzinsungen der Sparbeiträge (vertraglich garantierte Verzinsungen). Der Saldo entspricht dem planmäßigen Deckungskapital der Versicherung. Handelt es sich bei der Rückdeckungsversicherung um eine Kapitallebensversicherung, ist der Rechnungszinssatz der Zinssatz, den der Versicherer für die Berechnung der Deckungsrückstellung für die

Lebensversicherung angewendet hat. Versehentlich nicht bilanzierte Wertsteigerungen der Versicherung sind nach den Grundsätzen des formellen Bilanzenzusammenhangs in der ersten noch offenen Schlussbilanz nachzuholen. Dem steht § 6a Abs. 4 Satz 1 EStG nicht entgegen.

7 Kontierungslexikon

In diesem Kapitel finden Sie eine Zusammenstellung der für Rückstellungen relevanten Konten.

7.1 Steuerrückstellungen

Kontobezeichnung	SKR 03	SKR 04
Körperschaftsteuerrückstellung	0963	3040
Steuerrückstellungen	0955	3020
Gewerbesteuerrückstellung § 4 Abs. 5b EStG	0956	3035
Rückstellungen für latente Steuern	0969	3060
Umsatzsteuer nicht fällig	1760	3810
Umsatzsteuer nicht fällig 7 %	1761	3811
Umsatzsteuer nicht fällig aus im Inland steuerpflichtigen EU-Lieferungen	1762	3812
Umsatzsteuer nicht fällig aus im Inland steuerpflichtigen EU-Lieferungen 19 %	1764	3814
Umsatzsteuer nicht fällig 16 %	1765	3815
Umsatzsteuer nicht fällig 19 %	1766	3816

7.2 Sonstige Rückstellungen

Kontobezeichnung	SKR 03	SKR 04
Rückstellung für Pensionen und ähnliche Verpflichtungen	0950	3000
Rückstellungen für Pensionen und ähnliche Verpflichtungen zur Saldierung mit Vermögensgegenständen zum langfristigen Verbleib nach § 246 Abs. 2 HGB	0951	3009
Rückstellungen für Pensionen und ähnliche Verpflichtungen gegenüber Gesellschaftern oder nahestehenden Personen (10 % Beteiligung am Kapital)	0952	3005
Rückstellungen für Direktzusagen	0953	3010

Kontobezeichnung	SKR 03	SKR 04
Rückstellungen für Zuschussverpflichtungen für Pensionskassen und Lebensversicherung	0954	3011
Rückstellungen für pensionsähnliche Verpflichtungen		3015
Urlaubsrückstellungen	0961	3079
Rückstellung zur Erfüllung der Aufbewahrungs-pflichten	0966	3096
Sonstige Rückstellungen	0970	3070
Rückstellung für unterlassene Aufwendungen für Instandhaltung, Nachholung in den ersten drei Monaten	0971	3075
Rückstellung für Abraum- und Abfallbeseitigung	0973	3085
Rückstellung für Gewährleistungen	0974	3090
Rückstellung für drohende Verluste aus schwebenden Geschäften	0976	3092
Rückstellung für Abschluss- und Prüfungskosten	0977	3095

7.3 Gewinn- und Verlustkonten im Zusammenhang mit Rückstellungen

Kontobezeichnung	SKR 03	SKR 04
Körperschaftsteuer	2200	7600
Solidaritätszuschlag	2208	7608
Gewerbesteuer	4320	7610
Erträge aus der Auflösung von Rückstellungen	2735	4930
Reparaturen und Instandhaltung von Bauten	4801	6450
Abschluss- und Prüfungskosten	4957	6827
Sonstige betriebliche Aufwendungen	4900	6300
Aufwendungen aus der Veränderung von Urlaubsrückstellungen	4156	6076
Aufwendungen aus der Veränderung von Urlaubsrückstellungen für Gesellschafter-Geschäftsführer	4157	6077

Kontobezeichnung	SKR 03	SKR 04
Aufwendungen aus der Veränderung von Urlaubsrückstellungen für angestellte Mitunternehmer § 15 EStG (mit Sonderbetriebseinnahmen korrespondierend)	4158	6078
Aufwendungen aus der Veränderung von Urlaubsrückstellungen für Minijobber	4159	6079
Aufwendungen für Altersversorgung	4165	6140
Aufwendungen für Altersversorgung für Gesellschafter-Geschäftsführer	4166	6149
Aufwendungen für Altersversorgung für Mitunternehmer § 15 EStG (mit Sonderbetriebseinnahme korrespondierend)	4168	6148

7.4 Konten im Zusammenhang mit der Abzinsung von Rückstellungen

Kontobezeichnung	SKR 03	SKR 04
Zinsaufwendungen aus der Abzinsung von Rückstellungen	2144	7362
Zinsaufwendungen aus der Abzinsung von Pensionsrückstellungen und ähnlichen/vergleichbaren Verpflichtungen	2145	7363
Zinsaufwendungen aus der Abzinsung von Pensionsrückstellungen und ähnlichen/vergleichbaren Verpflichtungen zur Verrechnung nach § 246 Abs. 2 HGB	2146	7364
Steuerlich nicht abzugsfähige Zinsaufwendungen aus der Abzinsung von Rückstellungen	2148	7366
Steuerfreie Zinserträge aus der Abzinsung von Rückstellungen	2682	7140
Zinserträge aus der Abzinsung von Rückstellungen	2684	7142
Zinserträge aus der Abzinsung von Pensionsrückstellungen und ähnlichen/vergleichbaren Verpflichtungen	2685	7143
Zinserträge aus der Abzinsung von Pensionsrückstellungen und ähnlichen/vergleichbaren Verpflichtungen zur Verrechnung nach § 246 Abs. 2 HGB	2686	7144

8 Anhang

8.1 Berechnungsschema Rückstellungen für die Aufbewahrung von Geschäftsunterlagen

Wenn Sie Ihre Geschäftsunterlagen in **gemieteten Räumen** aufbewahren, können Sie Ihre Rückstellungen mithilfe des folgenden Schemas berechnen:

	Aufwandsart pro Kalenderjahr	**Betrag in €**
	anteilige Kaltmiete	
+	anteilige Stromkosten	
+	anteilige Kosten für Heizung	
+	anteilige Reinigungskosten	
+	anteilige Personalkosten (Hauswart etc.)	
+	AfA auf Einrichtungsgegenstände	
+	sofort abzugsfähige Kosten für Einrichtungsgegenstände	
+	anteilige sonstige Raumkosten	
+	Kosten für die Lesbarmachung der Daten	
=	**Saldo Archivaufwand pro Jahr**	
./.	20 % Abschlag für freiwillig aufbewahrte Unterlagen	
=	**Saldo Archivaufwand pro Jahr für aufbewahrungspfl. Unterlagen**	
×	5,5 Jahre (Steuerbilanz)/durchschnittliche Marktzinssatz der vergangenen 7 Jahre (Handelsbilanz)	
+	Aufwendungen für Digitalisierung und Einlagerung	
=	**Rückstellung zum 31.12.20xx**	

Wenn Sie Ihre Geschäftsunterlagen in **eigenen Räumen** aufbewahren, können Sie Ihre Rückstellungen mithilfe des folgenden Schemas berechnen:

	Aufwandsart pro Kalenderjahr	**Betrag in €**
	anteilige Gebäudeabschreibung	
+	anteilige Stromkosten	
+	anteilige Kosten für Heizung	
+	anteilige Reinigungskosten	
+	anteilige Personalkosten (Hauswart etc.)	

Aufwandsart pro Kalenderjahr		Betrag in €
+	anteilige Grundsteuer	
+	anteilige Reparaturaufwendungen	
+	anteilige Versicherungskosten	
+	anteilige Instandhaltungskosten	
+	AfA auf Einrichtungsgegenstände	
+	sofort abzugsfähige Kosten für Einrichtungsgegenstände	
+	anteilige sonstige Raumkosten	
+	Kosten für die Lesbarmachung der Daten	
=	**Saldo Archivaufwand pro Jahr**	
./.	20 % Abschlag für freiwillig aufbewahrte Unterlagen	
=	**Saldo Archivaufwand pro Jahr für aufbewahrungspfl. Unterlagen**	
×	5,5 Jahre (Steuerbilanz)/durchschnittlicher Marktzinssatz der vergangenen 7 Jahre (Handelsbilanz)	
+	Aufwendungen für Digitalisierung und Einlagerung	
=	**Rückstellung zum 31.12.20xx**	

8.2 Berechnungsschema zur Ermittlung der Körperschaftsteuerrückstellung

Das folgende Schema zeigt, wie Sie Ihre Körperschaftsteuerrückstellungen berechnen können:

Berechnungsschema Körperschaftsteuerrückstellungen	
	Steuerbilanzgewinn/Steuerbilanzverlust
+	verdeckte Gewinnausschüttungen § 8 Abs. 3 Satz 2 KStG
+	nicht abziehbare Betriebsausgaben §§ 4 Abs. 5 EStG, 10 KStG
./.	verdeckte Einlagen § 8 Abs. 3 Satz 3 KStG
./.	steuerfreie Vermögensmehrungen (Investitionszulage etc.)
./.	abziehbare Spenden § 9 Abs. 1 Nr. 2 KStG
±	Kürzungen/Hinzurechnungen nach §§ 8b KStG und 3c EStG
±	Korrekturen und Einkommenszurechnungen bei Organschaften
=	Gesamtbetrag der Einkünfte
./.	Verlustabzug § 10d EStG

Berechnungsschema Körperschaftsteuerrückstellungen	
=	zu versteuerndes Einkommen
×	Steuersatz 15 %
./.	geleistete Vorauszahlungen zur Körperschaftsteuer
=	Körperschaftsteuerrückstellung

8.3 Berechnungsschema zur Ermittlung der Gewerbesteuerrückstellung

Mithilfe des folgenden Schemas können Sie Ihre Gewerbesteuerrückstellungen berechnen:

Berechnungsschema Gewerbesteuerrückstellungen		
	Gewinn aus Gewerbebetrieb § 7 GewStG	
+	Hinzurechnungen § 8 GewStG (soweit sie bei der Ermittlung des Gewinns abgezogen wurden)	
	§ 8 Nr. 1 GewStG	
	Entgelte für Schulden; § 8 Nr. 1 Buchst. a GewStG	
	+	Renten und dauernde Lasten; § 8 Nr. 1 Buchst. b GewStG
	+	Gewinnanteile stiller Gesellschafter; § 8 Nr. 1 Buchst. c GewStG
	+	1/5 der Miet- und Pachtzinsen (einschließlich Leasingraten) für bewegliche Wirtschaftsgüter; § 8 Nr. 1 Buchst. d GewStG. Eine Hinzurechnung ist nur zur Hälfte vorzunehmen bei dd) Fahrzeugen mit Antrieb ausschließlich durch Elektromotoren, die ganz oder überwiegend aus mechanischen oder elektromechanischen Energiespeichern oder aus emissionsfrei betriebenen Energiewandlern gespeist werden (Elektrofahrzeugen), ee) extern aufladbaren Hybridelektrofahrzeugen, für die sich aus der Übereinstimmungsbescheinigung nach Anhang IX der Richtlinie 2007/46/EG oder aus der Übereinstimmungsbescheinigung nach Artikel 38 der Verordnung (EU) Nr. 168/2013 ergibt, dass das Fahrzeug eine Kohlendioxidemission von höchstens 50 Gramm je gefahrenem Kilometer hat oder die Reichweite des Fahrzeugs unter ausschließlicher Nutzung der elektronischen Antriebsmaschine mindestens 80 Kilometer beträgt, und ff) Fahrrädern, die keine Kraftfahrzeuge sind,
	+	1/5 der Miet- und Pachtzinsen (einschließlich Leasingraten) für bewegliche Wirtschaftsgüter; § 8 Nr. 1 Buchst. d GewStG
	+	1/2 der Miet- u. Pachtzinsen für unbewegliche Wirtschaftsgüter; § 8 Nr. 1 Buchst. e GewStG

Berechnungsschema Gewerbesteuerrückstellungen		
	+	1/4 der Aufwendungen für die befristete Rechteüberlassung; § 8 Nr. 1 Buchst. f GewStG
	=	Summe vor Freibetrag von 200.000 €
	./.	200.000 €
	=	Summe nach Freibetrag
+	Gewinnanteile, die an persönlich haftende Gesellschafter einer KGaA gezahlt wurden; § 8 Nr. 4 GewStG	
+	Streubesitzdividenden bei einer Beteiligungsquote von unter 15%; § 8 Nr. 5 GewStG	
+	Anteile am Verlust von in- oder ausländischen Personengesellschaften; § 8 Nr. 8 GewStG	
+	Spenden nach § 9 Abs. 1 Nr. 2 KStG; § 8 Nr. 9 GewStG	
+	ausschüttungsbedingte Gewinnminderungen; § 8 Nr. 10 Buchst. a GewStG	
+	die nach § 34c EStG abgezogenen ausländischen Steuern; § 8 Nr. 12 GewStG	
./.	Kürzungen nach § 9 GewStG	
./.	1,2% des Einheitswerts des zum Betriebsvermögen des Unternehmers gehörenden Grundbesitzes; § 9 Nr. 1 Satz 1 GewStG	
./.	Anteile am Gewinn einer in- oder ausländischen Personengesellschaft; § 9 Nr. 2 GewStG	
./.	Gewinnanteile aus inländischen Kapitalgesellschaften, bei denen die Beteiligungsquote bei mind. 15% liegt; § 9 Nr. 2a EStG	
./.	Gewinnanteile einer KGaA, die nach § 8 Nr. 4 GewStG hinzugerechnet wurden; § 9 Nr. 2b GewStG	
./.	Gewinne einer ausländischen Betriebsstätte; § 9 Nr. 3 GewStG	
./.	Zuwendungen zur Förderung steuerbegünstigter Zwecke; § 9 Nr. 5 GewStG	
./.	Gewinne aus ausländischen Kapitalgesellschaften bei einer Beteiligungsquote von mindestens 15%; § 9 Nr. 7 GewStG	
./.	Gewinne aus einer Beteiligung an einer Auslandsgesellschaft bei Bestehen eines DBA; § 9 Nr. 8 GewStG	
=	maßgebender Gewerbeertrag nach § 10 GewStG	
./.	Gewerbeverlust nach § 10a GewStG	
=	Gewerbeertrag, der auf volle 100 € abzurunden ist; § 11 Abs. 1 Satz 3 GewStG	
./.	Freibetrag nach § 11 Abs. 1 GewStG	
=	verbleibender Gewerbeertrag	
×	Gewerbesteuermesszahl 3,5%; § 11 Abs. 2 GewStG	
=	Steuermessbetrag	
×	Hebesatz der Gemeinde (mindestens 200%); § 16 GewStG	

Berechnungsschema Gewerbesteuerrückstellungen	
=	Gewerbesteuer
./.	geleistete Vorauszahlungen zur Gewerbesteuer
=	Gewerbesteuerrückstellung

8.4 Berechnungsschema Rückstellungen für latente Steuern

Nach § 274 HGB ergibt sich folgendes Berechnungsschema für Rückstellungen für latente Steuern:

Berechnungsschema Rückstellungen für latente Steuern	
	Vermögensgegenstand/Schuldposten laut HB
±	Vermögensgegenstand/Schuldposten laut StB
=	Ansatz-/Bewertungsdifferenz zw. HB und StB
±	permanente Differenz
=	zeitliche Differenz
×	individuellem Steuersatz
=	aktiv/passiv latente Steuern
±	aktiv/passiv latente Steuern auf Verlustvorträge
=	aktiv/passiv latente Steuern (Bilanzansatz zum Bilanzstichtag)

8.5 Berechnungsschema für Urlaubsrückstellungen

Die folgenden beiden Berechnungsschemata zeigen, wie die Urlaubsrückstellung berechnet wird, wobei zwischen dem Berechnungsschema für die Handelsbilanz und für die Steuerbilanz unterschieden wird.

Berechnungsschema Urlaubsrückstellungen für die Handelsbilanz		Betrag in €
	Lohn-/Gehaltsaufwand	
+	Arbeitgeberanteile zur Sozialversicherung	
+	erwartete/vereinbarte Lohn- und Gehaltssteigerungen nach dem Bilanzstichtag	
+	Zuführung zu Pensions- und Jubiläumsrückstellungen	
+	vermögenswirksame Leistungen	

Berechnungsschema Urlaubsrückstellungen für die Handelsbilanz		Betrag in €
+	zugesagte Tantiemen	
+	Urlaubsgeld	
=	Bemessungsgrundlage Urlaubsentgelt	
÷	tatsächliche Arbeitstage	
=	durchschnittliches Arbeitsentgelt/Tag	
	Bemessungsgrundlage Urlaubsentgelt	
÷	Anzahl der Arbeitnehmer	
=	durchschnittliches Arbeitsentgelt je Tag und Arbeitnehmer	
×	Anzahl der nicht genommenen Urlaubstage	
=	zu passivierende Urlaubsrückstellung	

Berechnungsschema Urlaubsrückstellungen für die Steuerbilanz		Betrag in €
	Lohn-/Gehaltsaufwand	
+	Arbeitgeberanteile zur Sozialversicherung	
./.	Urlaubsgeld (wenn einzelvertraglich oder tarifvertraglich vereinbart)	
+	Weihnachtsgeld	
./.	Sondervergütungen (Tantieme, Gratifikation, Überstundenvergütung)	
./.	Zuführung zu Pensions- und Jubiläumsrückstellungen (soweit im Lohnaufwand enthalten)	
./.	vermögenswirksame Leistungen (soweit im Lohnaufwand enthalten)	
=	Bemessungsgrundlage Urlaubsentgelt	
÷	reguläre Arbeitstage	
=	durchschnittliches Arbeitsentgelt/Tag	
	Bemessungsgrundlage Urlaubsentgelt	
	Anzahl der Arbeitnehmer	
=	durchschnittliches Arbeitsentgelt je Tag und Arbeitnehmer	
×	Anzahl der nicht genommenen Urlaubstage	
=	zu passivierende Urlaubsrückstellung	

8.6 Bewertung von Rückstellungen in der Handels- und der Steuerbilanz

Zusammenfassend ergibt sich folgende Übersicht hinsichtlich der Bewertung von Rückstellungen in der Handels- und der Steuerbilanz:

Sachverhalt	Bewertung im Handelsrecht	Bewertung im Steuerrecht
Bewertung mit	Erfüllungsbetrag, § 253Abs. 1 Satz 2 HGB	Anschaffungskosten bzw. höherer Teilwert
vorübergehende Erhöhung der Belastung	Pflicht zur Erhöhung der Rückstellung	Verbot zur Erhöhung der Rückstellung
dauerhafte Erhöhung der Belastung	Pflicht zur Erhöhung der Rückstellung	Wahlrecht zur Erhöhung der Rückstellung
Wertaufholung	Wertaufholungsgebot	Wertaufholungsgebot
Sachleistungsverpflichtungen	kaufmännisches Ermessen	Einzelkosten zzgl. angemessene Teile der Gemeinkosten, § 6 Abs. 1 EStG
Ansammlungsrückstellung	Ansammlung zeitanteilig nach Belastungsverlauf	Ansammlung zeitanteilig nach Belastungsverlauf, § 5 Abs. 1 EStG, R 6.11 Abs. 2 Satz 2 EStR
künftige Preis- und Kostensteigerungen	Berücksichtigungspflicht, § 253 Abs. 1 Satz 2 HGB	Berücksichtigungsverbot, § 6 Abs. 1 EStG
Abzinsung	Abzinsungsgebot	Abzinsungsgebot
Zinssatz	Durchschnittlicher Marktzinssatz der vergangenen sieben Geschäftsjahre, § 253 Abs. 2 Satz 1 HGB	5,5 %, § 6 Abs. 1 EStG
Bewertungsvereinfachung (Kulanzrückstellungen)	kaufmännisches Ermessen	Bezugnahme auf die Erfahrungen der Vergangenheit

8.7 Übersicht – Ansatz und Bewertung im Handels- und im Steuerrecht

Die folgende Tabelle ist eine Übersicht über die Ansatz- und Bewertungsvorschriften für Pensionsverpflichtungen, unterteilt nach Handels- und Steuerrecht.

	Handelsrecht	Steuerrecht
Ansatz	im Zeitpunkt der Erteilung der Zusage	• rechtsverbindliche Erteilung einer Zusage in Form einer Einzelzusage, einer Gesamtzusage, einer Betriebsvereinbarung oder eines Tarifvertrags • Schriftform, § 6a Abs. 1 Nr. 3 EStG • Tatbestandsmerkmal der Unverfallbarkeit • Unwiderruflichkeit • Voraussetzung: Vollendung des 27. Lebensjahres bis Mitte des Jahres, in dem die Pensionsrückstellung erstmals gebildet werden soll; § 6a Abs. 2 EStG
Bewertung	Künftige Lohn- und Gehaltssteigerungen sind zu berücksichtigen; § 253 Abs. 1 Satz 2 HGB	Künftige Lohn- und Kostensteigerungen sind nicht zu berücksichtigen; § 6 Abs. 1 Nr. 3a f EStG
Abzinsung	Wahlrecht: • Abzinsung erfolgt pauschal für alle Pensionsverpflichtungen mit einem durchschnittlichen Marktzinssatz über 15 Jahre; Zinssatz wird ermittelt und durch die Deutsche Bundesbank bekannt gegeben; § 253 Abs. 2 Satz 2 HGB • ab 2016: Abzinsung der Einzelzusagen mit dem laufzeitabhängigen durchschnittlichen Marktzinssatz der vergangenen zehn Jahre; § 253 Abs. 2 Satz 1 HGB • bis 2015: Abzinsung der Einzelzusage mit dem laufzeitabhängigen durchschnittlichen Marktzinssatz der vergangenen 7 Jahre; § 253 Abs. 2 Satz 1 HGB a. F.	Abzinsung erfolgt mit 6 %, § 6a Abs. 3 Satz 3 EStG
Saldierungsmöglichkeit von Planvermögen und Pensionsverpflichtungen	Saldierungsgebot, § 246 Abs. 2 Satz 2 HGB	Saldierungsverbot, § 5 Abs. 1a EStG

8.8 Bilanzposition der Rückstellungen

Die folgende Bilanzgliederung nach § 266 HGB zeigt, an welcher Position die Rückstellungen einzuordnen sind.

Aktivseite

A. Anlagevermögen:
   I. Immaterielle Vermögensgegenstände:
      1. Selbst geschaffene gewerbliche Schutzrechte und ähnliche Rechte und Werte;
      2. entgeltlich erworbene Konzessionen, gewerbliche Schutzrechte und ähnliche Rechte und Werte sowie Lizenzen an solchen Rechten und Werten;
      3. Geschäfts- oder Firmenwert;
      4. geleistete Anzahlungen;
   II. Sachanlagen:
      1. Grundstücke, grundstücksgleiche Rechte und Bauten einschließlich der Bauten auf fremden Grundstücken;
      2. technische Anlagen und Maschinen;
      3. andere Anlagen, Betriebs- und Geschäftsausstattung;
      4. geleistete Anzahlungen und Anlagen im Bau;
   III. Finanzanlagen:
      1. Anteile an verbundenen Unternehmen;
      2. Ausleihungen an verbundene Unternehmen;
      3. Beteiligungen;
      4. Ausleihungen an Unternehmen, mit denen ein Beteiligungsverhältnis besteht;
      5. Wertpapiere des Anlagevermögens;
      6. sonstige Ausleihungen.
B. Umlaufvermögen:
   I. Vorräte:
      1. Roh-, Hilfs- und Betriebsstoffe;
      2. unfertige Erzeugnisse, unfertige Leistungen;
      3. fertige Erzeugnisse und Waren;
      4. geleistete Anzahlungen;
   II. Forderungen und sonstige Vermögensgegenstände:
      1. Forderungen aus Lieferungen und Leistungen;
      2. Forderungen gegen verbundene Unternehmen;
      3. Forderungen gegen Unternehmen, mit denen ein Beteiligungsverhältnis besteht;
      4. sonstige Vermögensgegenstände;
   III. Wertpapiere:
      1. Anteile an verbundenen Unternehmen;
      2. sonstige Wertpapiere;
   IV. Kassenbestand, Bundesbankguthaben, Guthaben bei Kreditinstituten und Schecks.
C. Rechnungsabgrenzungsposten.
D. Aktive latente Steuern.
E. Aktiver Unterschiedsbetrag aus der Vermögensverrechnung.

Passivseite

A. Eigenkapital:
- I. Gezeichnetes Kapital;
- II. Kapitalrücklage;
- III. Gewinnrücklagen:
  1. gesetzliche Rücklage;
  2. Rücklage für Anteile an einem herrschenden oder mehrheitlich beteiligten Unternehmen;
  3. satzungsmäßige Rücklagen;
  4. andere Gewinnrücklagen;
- IV. Gewinnvortrag/Verlustvortrag;
- V. Jahresüberschuß/Jahresfehlbetrag.

B. Rückstellungen:
1. Rückstellungen für Pensionen und ähnliche Verpflichtungen;
2. Steuerrückstellungen;
3. sonstige Rückstellungen.

C. Verbindlichkeiten:
1. Anleihen
   davon konvertibel;
2. Verbindlichkeiten gegenüber Kreditinstituten;
3. erhaltene Anzahlungen auf Bestellungen;
4. Verbindlichkeiten aus Lieferungen und Leistungen;
5. Verbindlichkeiten aus der Annahme gezogener Wechsel und der Ausstellung eigener Wechsel;
6. Verbindlichkeiten gegenüber verbundenen Unternehmen;
7. Verbindlichkeiten gegenüber Unternehmen, mit denen ein Beteiligungsverhältnis
   \+ besteht;
8. sonstige Verbindlichkeiten,
   davon aus Steuern,
   davon im Rahmen der sozialen Sicherheit.

D. Rechnungsabgrenzungsposten.

E. Passive latente Steuern.

Stichwortverzeichnis

P

Q

R